지식탐구를 위한 과학 ①

현대생물학의 기초

나남
nanam

한국연구재단 학술명저번역총서
서양편 371

지식탐구를 위한 과학 ①
현대생물학의 기초

2015년 10월 15일 발행
2015년 10월 15일   1쇄

지은이_ 존 무어
옮긴이_ 전성수
발행자_ 趙相浩
발행처_ (주)나남
주소_ 413-120 경기도 파주시 회동길 193
전화_ (031) 955-4601 (代)
FAX_ (031) 955-4555
등록_ 제 1-71호(1979. 5. 12)
홈페이지_ http://www.nanam.net
전자우편_ post@nanam.net
인쇄인_ 유성근(삼화인쇄주식회사)

ISBN 978-89-300-8781-0
ISBN 978-89-300-8215-0 (세트)

지식탐구를 위한 과학 ①

현대생물학의 기초

존 무어 지음 | 전성수 옮김

나남
nanam

Science as a Way of Knowing

The Foundations of Modern Biology

이 책을 깊은 감사와 함께 아내 베티 무어(Betty C. Moore)와 거의 반세기 동안 과학 분야에서 나의 친구이자 동반자였던 잉그리드 데 이럽-올센(Ingrith Deyrup-Olsen)에게 바칩니다. 이들의 끊임없는 격려와 지지, 그리고 생물학 분야의 꼼꼼한 조언이 없었다면 출간되 지 못했을 것입니다.

《지식탐구를 위한 과학: 현대생물학의 기초》(*Science as a Way of Knowing: The Foundations of Modern Biology*)는 원래 1984년부터 1990년에 이르기까지 〈미국 동물학자〉(*American Zoologist*)지에 "지식탐구를 위한 과학" 프로젝트의 일환으로 연재한 8개의 에세이를 바탕으로 엮은 책이다. 무어 교수는 이 저서를 통하여 지난 시대 동안 생물학적 개념이 어떻게 확립되었는가를 설명하고, 생물학의 가장 중요한 분야인 진화와 고전 유전학 및 발생학 분야를 간요하면서도 명쾌하게 설명하여 고등학생과 생물학을 전공하지 않은 일반인들에게 크게 도움이 되는 책을 만들어내는 데 성공했다.

인류는 그리스 시대 이후로 줄곧 생명은 무엇인가에 대한 의문을 품어 왔었고, 이에 대한 답과 아울러 생명체의 생식법과 다양성에 대해 깊은 관심을 보였다. 근세 이후 현대 과학의 발달로 생명의 본질과 생명체의 신비에 대해 많은 것이 밝혀졌지만 그 내용과 개념이 복잡하고 어려워 일반인이 쉽게 이해하기는 어려운 실정이다. 무어 교수는 지난 수십 년간 철학자와 과학자가 추구하던 생명의 본질에 대한 질문을 강조하여 생물학 강사와 교사에게 어떻게 생물학을 가르쳐야 하는지에 대한 방법을 깨우치도록 도왔으며 《창세기에서 유전학까지: 진화와 창조론의 경우》(*From Genesis to Genetics: The Case of Evolution and Creationism*)와 《유전과 발생》(*Heredity and Development*) 등의 일반인을 대상으로 한 책을 비롯하여 다수의 생물학 및 유전학 대학교재를 저술하여 생물학적 지식의 보급에 힘써왔다. 이 책은 그런 그의 노력의 절정으로 원래의 기획의도대로 고등학생과 일반대중에게 생물학의 기초를 명료하면서도 알기 쉽게 설명하고 있어 이들이 생명을 이해하는 데 많은 도움이 될 것으로 믿는다.

이 책은 크게 네 부분으로 구성되어 있다. 제1부에서는 유사 이전 구석기시대부터 근세에 이르기까지 생물학적 개념의 변화와 확립을 설명하면서 중요한 생물학적 발견도 다루고 있다. 제2부는 다윈에 의해 처음 진화론이 제창된 이래로 진화론이 어떻게 받아들여지게 되었는지를 설명하고 과거에서부터 생명체가 어떻게 변천했는지를 보여주고 있다. 제3부에서는 세포학과 고전 유전학이 어떻게 탄생했는지를 보여주곤 초파리로 인한 유전학의 발달과 유전자의 실체를 다루고 있다. 마지막으로 제4부에서는 발생학의 발전 및 원리를 다루었다.

따라서 대부분의 대학교재가 분량이 너무 많은 데다 생물학 전 분야를 다루다보니 장황해진 약점을 가지고 있어 일반인에게 접근이 힘든 반면에 이 저서는 정말로 필요한 분야만 알기 쉽게 집중적으로 다루고 있어 대중의 접근이 용이하도록 만든 것이 커다란 장점이라고 할 수 있다. 또한 생물학 분야에서 중요한 여러 가지 개념의 발전과 연구가 어떻게 이루어졌는지를 한눈에 볼 수 있도록 해주는 생물학의 역사에 대한 고전적 저서이기도 하다. 따라서 거의 20년간 대학에서 많은 학생을 대상으로 생물학 교육을 담당했던 역자에게도 알려지지 않은 많은 지식을 전달해주었으며 여러모로 유익한 책이었다.

이 저서에서 저자는 단순한 생물학적 지식만 다루지 않고 역사적 배경 및 일화, 당시의 사회적 분위기 등도 다루어 글 뒤에 숨은 내용을 역자가 완전히 파악하는 데 어려움을 겪기도 했다. 역자는 이 책의 번역과정 동안 오역을 최대한 배제하면서 저자의 의도를 살리려고 노력했지만 부족한 느낌을 지울 수 없어 아쉬움이 남지만 한편으로는 생물학적으로 가치 있는 저서를 번역했다는 점에서 커다란 만족감을 느낀다.

2015년 9월
전 성 수

우리는 일반적으로 16세기와 17세기의 과학혁명을 현대세계를 형성한 운동으로 생각한다. 코페르니쿠스(Nicholaus Copernicus, 1473~1543), 베살리우스(Andreas Vesalius, 1514~1564), 베이컨(Francis Bacon, 1561~1626), 갈릴레이(Galileo Galilei, 1564~1642), 케플러(Johann Kepler, 1571~1630), 하비(William Harvey, 1578~1657), 훅(Robert Hooke, 1636~1703), 뉴턴(Isaac Newton, 1642~1727) 등과 같은 이들이 기존에 수용된 진실을 거부하고 자연적인 용어로 자연계를 이해하고자 했던 새로운 부류의 사람들을 대변했다. 그러나 이것은 아주 느리게 진행된 혁명으로서 코페르니쿠스의 출생에서 뉴턴의 죽음까지는 시기적으로 두 세기 반이나 떨어져 있다.

극명하게 대조적으로 우리는 빠른 속도와 엄청난 성취로 특징짓는 과학혁명의 시대에 살고 있다. 19세기 동안 천문학, 물리학, 화학, 지질학, 그리고 생물학 등에서 현대적인 발달이 시작되었다. 이 학문들은 더 활발해지고 개념이 더 발달했으며 학문 간의 연계가 더 많이 이루어졌다. 오늘날에는 과학에서 대부분의 주요 의문에 대해 비록 최종적이지는 않더라도 의심의 여지가 없이 사실인 것으로 확립된 일반적인 답이 나와 있다. 그렇지만 과학이 결코 완성된 것은 아니며 각각의 새로운 발견은 새로운 질문을 낳았다. 사실상 우리는 이제 더 복잡하고 미묘한 질문을 할 단계에 도달했으며 이 중 많은 것에 대한 답을 찾는 데 새로운 테크닉의 이용이 가능하다.

이 책 《지식탐구를 위한 과학》은 생명의 과학인 생물학에서 개념의 발달에 대한 이야기를 할 것이다. 생명 자체의 복잡성으로 이런 지적 탐구의 여행이 힘들게 되었다. 그렇다고 하더라도 우리 시대에서 생물학은 범상치 않은 활력과 예측력으로 특징지어진 가장 활발하고 타당하며 가장 개인적인 과학이 되었다. 20세기가 막을 내리게 됨에 따라 우리는 생명의 가장 독특하고 당혹스런 특징인 자기복제능력을 과학자와 비과학자를 막론하고 거의 모든 이가 만족할 만큼 깊이 이해하게 되었다. 과학적인 과정을 밟음으로서 가능했던 이 자기복제의 이해는 지성사에서 뛰어난 성취가 되었다. 다음에 이어질 페이지들에서 이러한 이해의 진보에 대한 설명으로부터 이를 위해 얼마나 많은 시간이 걸렸으며 종국에 답을 제공한 관찰과 실험들이 얼마나 간접적이고 외견상 관련이 없었는지를 보게 될 것이다.

이 책에서는 4가지 주요 토픽이 진행되는데 "자연의 이해", "진화적 사고의 성장", "고전 유전학", 그리고 "발생의 수수께끼"가 바로 그 주제이다. 진화, 유전학, 그리고 발달생물학이 개념생물학의 정수가 되는데, 모두 생명의 근본적 특징인 시간에 걸친 생명체의 복제능력을 다룬다. 이러한 장들의 많은 자료들은 "지식탐구를 위한 과학" 프로젝트의 일부로서 1984년부터 1990년까지 〈미국 동물학자〉지의 여덟 가지 에세이로 처음 발간되었다. 12개 과학 또는 교육기관의 후원을 받은 이 프로젝트를 착수하게 된 것은 인구가 너무 많이 늘어나면서 지구의 자원을 너무나 탐욕스럽게 소모하여 지구가 오랫동안 우리 인간의 생활방식을 계속 지탱할 수 없다는 만연된 생각 탓이었다. 우리는 거의 40억 년 가까이 지구상에서 생명이 가능토록 한 자연 사이클을 압도하여 망가뜨리고 있다. "지식탐구를 위한 과학" 프로젝트는 이해를 도울 자료를 제공함으로써 이러한 문제를 바로잡는 데 도움이 되고자 했다. 자연법칙이 우리의 활동을 제한하며 이러한 문제들에 대한 우리의 해결책이 일시적 유행이 아니라 지식에 바탕을 두어야만 된다는 것을 이 일에 관여하는 상당수의 인원이 이해하지 않고는 우리 인간의 실험에 더 이상 장래가 있을 수 없다.

이 에세이들의 원본을 발전시키는 데 많은 이들의 충고가 뒤따랐다. 이전에 이들에게 진지한 감사의 글을 올렸지만 베티 무어(Betty C. Moore)와 잉그리드 다이럽올센(Ingrith Deyrup-Olsen)의 충고가 책 전반에 걸쳐 필수적이었음을 다시 한 번 강조하고자 한다. 하버드 대학 출판사의 하워드 보이어(Howard Boyer)가 처음으로 일반대중을 위해 에세이들을 개정할 것을 제안했고 마이클 피셔(Michael Fisher)가 재고과정 동안 원고를 감수했으며 수잔 월러스(Sasan Wallace)가 능숙하게 에세이들을 이 한 권의 책으로 엮어냈다. 모두에게 깊이 감사드린다.

지식탐구를 위한 과학 ①
현대생물학의 기초

차 례

제 2 부 진화적 사고의 성장

서 론

거의 40억 년 전에 죽음의 신 하데스(Hades, 제우스의 형제로 저승의 신이며 플루톤이라고도 부름 — 역자)의 지하세계처럼 격렬했던 수천 년간, 일부 유기분자는 자신을 생성했던 원시대양의 더 간단한 화학물질로부터 자신과 동일한 것을 더 많이 만들어내는 능력을 갖게 되었다. 환경을 대가로 자기복제를 하는 이 능력이 지구상에서 발생한 생명의 시작이었다. 생명 그 자체에는 두 가지 상반된 현상의 충돌이 포함되어 있다. 자기복제는 이론상 무한대의 산물을 생산할 수 있지만 실제로 복제를 위한 재료를 제공하는 세상은 한정적이다. 그러기에 생명은 무한과 유한 간의 긴장관계이다. 결국 유한이 이기는 것이 불가피하다.

생명체의 요구와 유한한 주변 세상 간의 투쟁 결과, 퇴적암층에서 발견된 아주 오래전에 살았던 신기한 화석 생명체뿐만 아니라 오늘날의 믿기 어려울 정도의 다양한 생명체가 생겨났다. 많은 종류의 생물체 각각, 즉 개개의 생물학적 종은 생물계와 무생물계를 활용하는 다른 방식을 드러내고 있다. 자기복제의 메커니즘이 결코 변하지 않았다면 오늘날 지구상의 생명체는 설사 살아남았다고 하더라도 오직 동일한 원시 연질덩이리로 구성되었을 것이다. 그러나 다양화가 뒤따랐고, 그 결과로 각각이 서로 다른 삶의 방식과 후손을 남기는 방식을 대표하는, 기재도 되지 않은데다 대부분은 알려지지도 않은 수백만의 종이 오늘날 존재하게 되었다. 이 다양화는 다양화하고자 하는 '욕망'(desire)의 결과가 아니라 유한세상에서 복제 자체가 갖는 불완전한 본성의 결과이다.

그러나 생명의 영위는 쉽지 않았고 지난 40억 년 동안 많은 위기가 닥쳐왔다. 최근 만 년 전만 하더라도 북미 대륙은 이제는 더 이상 존재하지 않는 말, 낙타, 매머드, 마스토돈[mastodon, 신생대 제3기의 거상(巨像) ─ 역자], 사브르(saber) 모양의 송곳니를 가진 고양잇과 동물 등의 거주지였다. 그러나 이제 그들은 완전히 사라져버려 포유류의 다양성이 매우 줄었다. 그 원인은 알려져 있지 않다. 약 2억 3천만 년 전에 또 다른 재앙이 약 90%의 해양생물을 박멸하였다. 역시 그 원인은 알려져 있지 않다.

가장 대규모의 생물 대학살은 이제 벌어지는 중이다. 당장은 아닐지라도 가까운 장래에 확실히 가능한 일로 대두되고 있다. 이전 대멸종의 경우와는 다르게 현재진행형이며 수천 년에 걸쳐서가 아니라 수십 년에 걸쳐서 일어나고 있다. 그 원인은 생물체의 자원 필요성이 양적으로 제한된 환경의 자원과 상충되기 때문이다. 인간의 시대 이전까지는 그러한 필요성과 환경의 제공능력 간에 항상 평형이 이루어져 있었다. 생물체는 삶을 위해 사용하는 화학물질을 파괴하기보다는 단지 빌릴 뿐이다. 예를 들자면 인간은 주로 탄소, 수소, 산소, 질소, 황 등으로 이루어진 화합물로 구성된 음식과 물, 그리고 공기를 받아들여 살아 있는 동안에 이러한 분자들을 이산화탄소, 물, 요소, 그리고 배변물의 형태로 제거한다. 죽을 때면 빌린 모든 분자들이 주변 세계로 되돌아가게 된다. 녹색식물과 미생물은 인간과 다른 동물에 의해 제거된 분자를 먹이와 자신의 몸체를 위한 물질로 사용한다. 동물은 그들의 삶에 필요한 대기의 산소를 고갈시키지도 않으며 그들 대사의 노폐물인 이산화탄소로 대기를 포화시키지도 않는다. 그 이유는 녹색식물 세포의 광합성 반응이 이산화탄소와 다른 분자들을 유기물 생성에 사용하며 산소를 노폐물로 남기기 때문이다. 그러기에 동물과 녹색식물의 활동은 미묘한 평형상태에 있고, 때문에 대기의 산소와 이산화탄소는 거의 일정한 상태이다. 환경을 고갈시키는 게 아니라 활용하기 때문에 생명체와 환경은 모두 유지된다.

이제 시대가 바뀌었다. 인간이 이제 환경에 너무 지나친 요구를 하기에 자연 사이클은 더 이상 겉보기에 무한한 자원을 공급할 수 없게 되었다. 우리의 차용속도가 너무 빨라졌다. 목재나 새로운 경작지를 구하기 위해 열대림은 빠른 속도로 벌목되고 있다. 세계의 많은 지역에서 잘못된 영농법으로 비옥한 토양이 황폐화되고 있다. 인간 활동에 의해 전에는 겪어보지도 못한 빠른 속도로 종과 그들의 서식처가 파멸되고 있다. 공기, 물, 식량, 목재 등처럼 보통 재생 가능한 자원뿐만 아니라 재생이 불가능한 자원도 과다하게 사용되고 있다. 문명의 근간이 된 광석과 화석연료는 앞으로 더 많은 세대가 지나기 전에 고갈될 수밖에 없는 속도로 소비되고 있다.

그리고 이제 문명의 폐기물은 환경이 효과적으로 처리할 수 있는 능력 이상으로 초과되었다. 몇 세대 전만 하더라도 읍 수준의 마을에서 마을의 강물을 식용수로 사용하고 처리하지 않은 폐수를 강으로 흘려보내는 게 흔한 일이었다. 강의 하류 쪽에 위치한 읍들도 바로 그 강물을 수자원으로 사용하며 폐수를 방출하는 곳으로 사용하곤 했다.

이것은 흔히 말하듯이 "강물은 16㎞만 흘러가면 스스로 정화된다"는 사실 때문에 가능했다. 읍의 폐기물은 강물과 바닥의 진흙에 사는 박테리아와 다른 미생물의 먹이가 되었다. 그 박테리아의 정화 체계는 도시가 아니라 읍 수준까지만 작용한다. 만일 인구가 너무 많아지면 하수 오물의 양이 짧은 거리 동안 물을 정화할 미생물의 능력을 압도하게 된다.

오늘날에는 또 다른 어려움이 있다. 미생물은 인간의 육체적 노폐물과 쓰레기는 먹이로 사용할 수 있지만 추가로 생긴 많은 산업적 독소—즉, 광산, 원자로, 공장, 자동차, 그리고 가정에서 방출된 엄청난 종류의 유독물질들을 대사화할 수가 없다. 적당한 양일 경우 대다수는 환경에 의해 자연처리가 가능하지만 대량으로 버려지게 되면 수용할 수 없는 결과가 생길 수도 있다.

인간이 종종 망각하게 되는 것은 자연계에서 동일군집 내의 여러 종들의 삶을 증진하는 서로 다른 종들이 하나의 군집을 형성한다는 사실이다. 식물은 새의 안식처와 많은 동물들에게 먹이를 제공한다. 미생물은 사체의 물질을 다시 군집의 동식물에게 되돌려주어 순환시킨다. 자연계의 군집은 서로 작용하고 의존하는 종들의 균형을 이루고 있다. 이러한 균형이 깨지면 그 군집의 일부 또는 전 구성원이 심각한 영향을 받게 된다.

생물체의 상호의존과 상호관계는 매우 중요하다. 생물체는 서로 필요할 뿐만 아니라 이들의 활동이 비생물적인 환경을 개선하여 더 살기 좋은 장소로 만든다. 예를 들면, 오늘날의 대기조성은 생명의 결과로 생긴 산물이다. 원시지구의 대기에는 산소가 없었고 생물체는 (산소를 필요치 않는) 무기적인 대사과정에 의존했다. 녹색식물이 등장하자 광합성의 최종산물인 산소가 대기로 유입되기 시작했다. 그 이후에야 에너지를 만드는 대사과정에서 산소를 사용하는 생물체가 진화했다. 그로 인한 차이는 매우 크다. 에너지원으로 포도당이 사용되었을 때 유기대사는 무기대사보다 18배나 많은 에너지를 제공한다. 오늘날 거의 모든 복잡한 동식물은 호기성 생물이다.

현대 도시의 크기와 거기서 나오는 노폐물의 양으로 대부분의 대도시 지역에서 자연 사이클은 대기를 깨끗한 상태로 유지할 수가 없다. 배기가스가 생물체를 해로운 방사선으로부터 보호하는 오존층을 파괴하고 있으며 그 중 일부는 지구 온난화를 초래하여 광범위하게 농업에 해를 끼치는 결과를 가져왔다. 우리의 생명 지탱체계가 남용되는 리스트는 넘쳐나 우려할 정도인데 지금도 계속 늘어나고 있다.

이러한 문제는 대중매체들에 의해 아주 두드러지게 논의되기에 더 상세히 다룰 필요가 없다. 많은 사려 깊은 과학자들이 내린 결론에 의하면 지금 환경에 대한 인간의 요구는 더 이상 충족될 수 없다.

만일 우리가 지속 가능한 환경에서 지속될 수 있는 인간 사회를 유지코자 한다면 아주 어려운 결정을 내려야만 한다. 그러한 결정의 대다수는 광범위한 생물학적 지식을 필요로 한다. 따라서 이제 우리는 역사상 생물학적 지식이 인류의 미래 생존에 필요 불가결의 것이 된 지점에 도달했다. 그러한 지식은 정부, 산업계, 재계, 교육계 등의 사회적 지도자들에게 특히 필요하지만 어려운 결정은 교육받은 유권자의 지지를 받아야만 한다. 중요한 사회계층 그룹은 생명의 본성, 생명체와 그들 환경 간의 상호작용, 그리고 과학 자체의 데이터와 과정에 대한 강점과 한계점을 이해해야 한다. 아주 오랫동안 농업과 의학에 관련된 이들을 제외하곤 사치로 여겨졌던 생물학적 지식의 습득이 이제는 모든 이에게 필요한 것이 되었다.

그 이해를 돕기 위한 자료가 바로 이 책의 내용이다. 먼저 인간이 어떻게 수천 년에 걸쳐 자연을 이해하고자 했는지에 대한 설명이 있을 것이다. 다음으로 개념생물학의 일부 기본 분야 — 즉, 진화, 유전학, 그리고 발생생물학에 대해 훑어 볼 것이다.

이것은 길고도 상세한 이야기이기에 전체를 관망케 할 생물학의 기본 개념에 대한 간략한 스케치를 제공하는 것이 도움이 될 것이다. 그러한 개관은 간략할지라도 각 부분 부분이 전체에 들어맞도록 할 것이다. 각 부분은 전체 구조와 관련하여 볼 때에 가장 잘 이해될 것인데 이 경우에는 생물학의 개념적 구조를 의미한다.

생물학의 간략한 개념적 뼈대

어떤 주어진 시간대로 보면 생명체는 (공기나 해양의 경우처럼) 연속적인 것이 아니라 각 개체로 격리된 것처럼 보인다. 이러한 개체들은 무생물 세계에서도 흔한 원소들로 구성되어 있지만 이러한 원소들은 보통 핵산, (효소를 포함한) 단백질, 탄수화물, 지방 등의 엄청나게 복잡한 분자들을 구성한다. 그렇다면 생명은 복잡하고 동적인 화학반응들의 표현이라고 할 수 있다. 이러한 반응들은 죽음에 달해 끝날 때까지 지속적으로 일어나며 신체로 유입되고 방출되는 화학물질을 포함한다. 대부분의 이러한 반응들은 에너지를 필요로 하는데, 이 에너지는 결국 궁극적으로 보면 거의 전적으로 태양 빛에서 나온다. 이러한 생명의 복잡한 반응들은 핵산인 DNA와 RNA에 의해 프로그램화되어 있다.

생물체의 주요 특징은 환경의 화학물질로부터 자신을 더 많이 만드는 능력, 즉 복제능력이다. 후손은 유전 물질인 DNA(일부 미생물에서는 유사한 핵산인 RNA)를 받게 된 결과로 부모를 밀접하게 닮는다. 새로운 개체를 만드는 데 이용될 환경자원은 유한하기 때문에 생물체들은 자원의 획득을 최대화시킬 수많은 방법들을 고안해냈다. 녹색식물은 단지 간단한 화학물질, 즉 이산화탄소, 물, 그리고 염과 태양 빛만 필요로 한다. 동물은 녹색식물의 몸체를 자원으로 직접 이용하거나(먹거나) 아니면 간접적으로 이용한다(식물을 먹은 동물을 먹는다). 미생물은 죽은 동식물의 사체를 자원으로 이용한다. 이러한 여러 생물체들의 상호작용은 재생 가능한 자원이 거의 일정하게 유지되도록 아주 정확하게 순환시킨다.

다른 자원이나 같은 자원을 다르게 활용할 수 있는 종의 기원은 자기복제의 본성으로 인해 가능하다. 자기복제의 기본적 요구는 정확성이다. 만일 한 생물체가 특정 환경에서 생존을 가능케 한 유전적 구성, 즉 DNA를 갖고 있다면 그 유전적 프로그램을 자손에게 전달하는 것이 중요하다("제대로 작동하면 바꾸지 말라"). 그러나 DNA가 완벽한 정확성으로 전달된다면 생물체는 항상 그 특정 환경과 생활방식에만 한정되어 있거나 적어도 어떤 대재앙적인 변화가 그 환경의 모든 생물체를 제거할 때까지만 존재한다. 다행히도 생물체의 존재 이래로 유전 프로그램의 복제는 완전히 정확하지는 않아서 유전 프로그램이 부모에서 자손으로 전달될 때 약간의 변이가 생긴다. 장기적으로는 이러한 약간의 변이가 새로운 자원의 활용을 허용하여 전에는 이용되지 않았던 환경에서 식물을 자라게 한다. 해양동물이 육상에서 살게 되거나 보통은 독립생활을 하던 종이 기생생활을 하도록 하는 등 새로운 서식처와 생활양식이 이용 가능해지는 것이다. 시간이 오래 지날수록 기나긴 일련의 변이를 거치면서 다른 구조와 생리학, 그리고 행동을 가진 생물체가 진화된다. 각각의 독특한 종은 특정한 방식으로 특정한 서식처에 대처하는 당분간은 성공적인 실험으로서 여겨져야 할 것이다.

따라서 유기체 생식의 현상에 생물계의 확장과 생물체의 다양화에 대한 끊임없는 압력이 유입되었다. 그 결과 오늘날 개개가 약간 다른 방식으로 자원을 확보하고, 다른 생활방식을 갖는 확인되지 않은 수백만의 종들이 존재하게 되었다. 생물의 3가지 중요한 분야, 즉 유전학, 발생생물학, 진화생물학은 이 기본 현상에 관한 것이다.

유전학은 생물체의 궁극적인 물리적 기본이 되는 개체가 어떻게 구성되어 있으며 행동을 조절하는 유전 프로그램, 그 프로그램의 변화, 그리고 다음 세대로의 유전 프로그램 전달을 다룬다. 생물계 전반에 걸쳐 유전 프로그램은 마치 분량이 많은 책의 문자나 단어처럼 염색체상에서 특정 선형구조로 배열된 네 종류의 DNA(드물게 RNA) 뉴클레오티드로 구성되어 있다. 생식 시 DNA는 보통 정확히 복제되지만 드물게 뉴클레오티드 배열에서 변화가 일어난다. 이러한 변화가 돌연변이로서, 이는 개체를 다소간 다른 형태나 생리를 갖도록 프로그램하기도 한다. 더 흔한 변이의 원천은 유성생식의 결과이다. 특히 더 복잡한 동식물의 생식에는 보통 남성과 여성의 상호작용이 관여한다. 유성생식 동안 여성의 난자와 남성의 정자 형성 시에 유전자가 뒤섞인다. 유전적으로 다른 종류의 난자와 정자가 합쳐지면 추가적인 유전적 변이가 생겨난다.

세포는 생물체에서 기본적인 구조적, 기능적 요소이다. 이들은 독립적으로 존재할 수 있는 가장 단순한 단계의 조직체제이다. 난자와 정자는 아주 특화된 세포이며 수정 시 합쳐지면 부모와 유사하지만 똑같지는 않은 유전 프로그램을 가진 새로운 개체를 만든다.

발생생물학은 수정 시 형성된 단일 세포를 수천이나 수백만 개의 세포로 구성된 성체 개체로 전환하는 사건과 과정을 다룬다. 발달의 기본 문제는 어떻게 단일 유전 프로그램을 가진 단일 세포가 수십 개 또는 수백 개의 다른 유형의 세포를 가진 성체를 낳는 것이 가능한가 이다. 일반적인 대답은 발생의 기간 동안 다른 시기에 서로 다른 유형의 세포에서 다른 유전자가 활성화된다는 것이다.

　생존할 자원을 확보할 수 있는 것보다 훨씬 더 많은 후손이 생산되기 때문에 자원을 획득하는 데 더 나은 유전 프로그램을 갖춘 개체가 다른 개체보다 유리할 것이다. 이렇게 더 잘 갖추어진 개체를 '선택되었다'고 말한다. 그러기에 진화는 개체가 생존하여 자손을 남길 확률이 더 높은 유전적 변이의 자연선택으로 이루어진다. 시간이 흐름에 따라 한 세대의 개체들은 자신의 먼 조상보다 크게 달라질 것이다.

　모든 수목, 관목, 곤충, 그리고 새는 40억 년 전 생명체가 처음 등장했던 시기로 거슬러 올라가서야 선조가 나타난다. 그 긴 조상의 계보기간 동안 생명의 형태는 다변화되었고 모든 종은 특이한 생활방식을 대표한다. 새가 벌이나 참나무보다 더 낫다고 할 수 없다. 모두 각각 아주 작은 수정란이나 어떤 종류의 싹에서 시작하여 성체 단계에 도달하고자 종의 유전 프로그램에 따라 복잡한 발달과정을 겪었다. 모든 생물체는 서로 상호작용하며 상호의존적인 생물군집의 일부이다. 생명체가 생명체를 부양한다.

　우리가 어떻게 생명을 이해하는가에 대한 이러한 간략한 스케치는 비교적 최근에 성취된 것이다. 이러한 이해의 선례는 유사 이래부터 있었지만 대부분은 20세기 과학의 산물이다. 19세기와 20세기의 진화생물학, 유전학, 그리고 발생생물학에 대한 상세한 설명에 들어가기 전에 먼저 선사시대부터 다윈의 시대에 이르기까지 어떻게 과학이 자연세계를 인지하는 방식이 되었는지 살펴볼 것이다.

제1부

자연의 이해

제1장

과학적 사고의 선례들

모든 생명체가 의존하는 자연계는 인류의 긴 역사에 걸쳐 항상 하나
의 수수께끼로 존재해왔다. 어떤 면에서는 서구 문명이 동을 텄던 시
기에 살았던 고대 수메르인(Sumerian)이 아마도 오늘날의 평균적인
도시민보다 자연에 대해 더 많이 알고 있었을 것이다. 식량, 섬유소,
의약, 도구, 목재, 그리고 다른 자원들을 제공하는 생물체에 대해 우
리 인간은 의존성이 높음에도 불구하고 문명의 발달과 병행하여 자연
과의 개별적인 접촉은 계속 줄어들었다.

   최근에 와서 너무나 많은 사람들이 자연과의 직접적인 접촉을 단절
하자 엄청난 결과가 나타나게 되었다―인간이 더 이상 자신이 필요
한 식량과 다른 자원을 직접적으로 획득할 수 없게 되면서 삶은 새로
운 방향을 취하고 새로운 의미를 지니게 되었다. 선진화된 국가에 사
는 많은 사람들은 바람, 비, 혹성과 고정 별자리, 달의 변화 상태,
동식물의 자연군집, 조수의 간만, 그리고 계절의 순환 등을 직접 경
험해볼 일이 거의 없다. 아주 오래전에는 자연으로부터 자원을 개별
적으로 취득하는 데 자신의 삶이 달려 있었던 거의 모든 인간이 이러

한 자연현상에 익숙해 있었다. 그러나 최초의 도시가 출현한 약 5천 년 전부터 수렵이나 농경을 통하여 직접 식량을 확보하는 인구비가 차츰 줄어들었고 그와 더불어 자연에 대한 경험도 줄어들었다.

이러한 인구비의 감소는 심지어 기술 선진국에서도 점진적으로 일어났다. 1790년 최초의 미국 인구조사에 따르면 시골 지역에 사는 인구가 95%에 달하여 372만 8천 명이었던 데 반해 도시인구는 20만 2천 명에 불과했다. 1910년에도 농촌인구가 여전히 도시인구보다 약간 더 많아 전체의 54%였다. 더 근래의 통계는 농촌인구를 농업과 비농업인구로 다시 나누고 있다. 1960년에 이르러서 농업인구는 전체의 8.7%로 감소했고 1988년에 이르러서는 2%로 감소했다.

애니미즘, 토테미즘, 그리고 샤머니즘

인간이 생물체를 이해하고자 시도하는 방식은 "실제 세계는 무엇인가"라는 질문에 어떻게 답하는가에 따라 달라진다. 역사적으로 보면 본질적으로 융합될 수 없는 두 가지 답이 존재해왔다. 하나는 실제 세상이 물질이나 에너지를 비롯한 명백한 것들로 이루어져 있다는 것이고 다른 답은 실제 세계가 명백한 것을 벗어나서 존재한다는 것이다. 현대 인류학의 창시자 중 하나인 제임스 프레이저 경(Sir James Frazer)이 지적했듯이 "한 면으로 보면 세상은 본질적으로 물질적이지만 다른 면에서는 근본적으로 정신적인 것이다. 넓은 의미로 과학은 적어도 작업가설(*working hypothesis*)로서 전자의 견해를 수용하지만 종교는 주저 없이 후자의 견해를 포용한다"(《토테미즘과 족외혼》, 1926: 3). 선사시대의 사람들이 어떻게 이 질문에 답했는지 우리는 결코 알 수 없지만 남아 있는 유물과 오늘날의 인류학자가 자신의 연구대상 부족들의 신앙에 대해 밝힌 바를 바탕으로 추측할 수는 있다. 여러 가지 정보원 또는 자료에 따르면 과학자가 실제 사는 세상을 희망, 상상, 감정, 종교, 그리고 미신의 세상과 통합시킨 견해가 존재했다는 일반적인 결론을 제시하고 있다.

이 결론은 지난 2세기 동안 인류학자가 연구한 유사 이전의 사회에서 전 세계적으로 유사한 유형의 신앙이 발견되었다는 사실에 바탕을 두고 있다. 즉, 우리 감각이 느끼는 실제 세상의 '사물' 각각에는 자연과 그 '사물'의 본성과 행동을 설명하는 초자연적인 힘 — 정신, 영혼, 특정 에너지, 생기 등이 있다.

이 신앙체계가 애니미즘(animism; 물활론, 물체 같은 것에도 영혼이 있다고 생각하는 미신 — 역자)으로 알려져 있다. 이 용어는 '동물' (animal)에서가 아니라 애니미즘과 동물이라는 두 단어의 공통된 어근인 영혼이나 생명을 뜻하는 라틴어 애니마(anima)에서 유래되었다. 애니미즘은 자연현상에서 나타나는 이중성으로 인해, 현상과 현상의 정령이 있다고 여긴다. 애니미즘은 자연적이거나 초자연적인 설명을 찾으려는 문제를 피하게 된다. 즉, 정령과 물질은 같은 물체의 다른 면이다.

이런 방식의 세계관은 한때 전 대륙에 만연하였는데 그 이유를 묻는 게 중요하다. 한 가지 가설로 그러한 아이디어가 한 장소에서 생겨나 수천 년에 걸쳐 서서히 전 세계에 퍼졌다고 할 수 있다. 이보다 더 그럴싸한 가설은 일반화된 애니미즘이 유사 이전 시대의 사람들이 죽음, 꿈, 잠, 유령, 질병, 무의식 등과 심지어는 생각 자체의 어떤 면과 같이 애니미즘을 통해 그렇게 믿지 않으면 설명되지 않는 현상을 다루기 위한 자연적 방식이라는 것이다. 다음은 프레이저와 더불어 인류학의 창시자로 여겨지는 에드워드 타일러(Edward B. Tylor, 19세기 영국 인류학의 창시자 — 역자)의 분석이다.

미개한 종족이 가졌던 종교의 바탕이 되는 영혼에 대한 생각은 우리가 과학의 가장 기초적인 것도 모르면서 감각에 의해 느끼는 대로 생명의 의미를 이해하려는 그들의 위치에 몰입해보면 이해하기 어렵지는 않다. 그들의 마음을 짓누른 중대한 질문은 우리의 모든 지식을 동원하더라도 그 반도 답할 수 없는 생명의 실체로서 항상은 아니더라도 때때로 우리 속에도 존재한다. 몇 분 전만 하더라도 모든 감각이 활발한 채로 걷고 말하던 사람이 깊은 잠에 들면 동작과 의식을 멈추었다가 한참 후에 새로 생기를 얻어서 깨어나게 된다. 기절하거나 혼수상태에 빠지게 될 때와 같은 또 다른 조건에서는 생명이 더욱 완전히 중단되어 심장의 박동과 호흡이 멈추는 것처럼 보인다. 신체는 죽은 듯이 창백하고 무감각하여 깨어날 수가 없는데, 이런 현상은 몇 분, 몇 시간 또는 며칠간 계속되기도 하지만 결국 모든 환자는 다시 깨어나게 된다. 이를 보고 미개인은 사람이 한동안 죽었다가 다시 그 영혼이 돌아온 것이라고 말할 것이다. 그들은 실제 죽음과 이러한 혼수상태를 구분하기 매우 어려웠다. 그들은 시체에게 말을 걸며 깨어나게 하거나 음식을 먹이려고 시도하다가 악취가 나기 시작하여 산 자로부터 분리해야 할 때에 이르러서야 생명이 다시는 돌아오지 않는다는 것을 확신하였다. 그렇다면 수면이나 혼수상태, 그리고 죽음으로 들어갔다가 나왔다 하는 이 영혼 또는 생명이란 무엇인가? 미개한 철학자는 이 질문을 자신의 감각적 증거로서 답할 수 있는 것처럼 여긴다. 몽유병 환자가 꿈에서 깨어나면 자신이 정말로 어디로 떠나 있었거나 아니면 다른 사람이 자신에게로 들어왔다고 믿게 된다. 사람의 신체가 이러한 여행을 다니지 않는 것을 경험상으로 잘 알기에 자연적인 설명은 모든 사람의 살아 있는 자신 또는 영혼은 신체 밖으로 나갈 수 있어서 꿈에서 보거나 보이게 할 수 있는 그의 유령이나 이미지이다. 심지어 백주 대낮에 깨어 있는 사람도 때로는 환상이나 허상이라고 부르는 이러한 사람의 유령을 보게 된다. 더 나아가 이들은 영혼이 신체와 함께 죽는 것이 아니라 신체가 죽고 난 후에도 계속 살아남는다고 믿게 된다. 왜냐하면 사람이 죽어서 묻혀도 그 유령은 꿈속이나 환상 속에서 산 자에게 계속 나타나기 때문이다. 그러기에 생명, 마음, 숨결, 그림자, 반영, 꿈, 환상 등이 함께 어우러져 교육받지 못한 추론자를 만족시킬 만한 어떤 애매하고도 혼돈된 방식을 통해서만 서로 설명되는 몇 마디 단어에 미개인의 영혼에 대한 이론이 담겨 있다.

미개인 세계의 철학자도 정확히 같은 근거로 자신의 말이나 개도 자기 몸체의 유령과 같은 영혼을 가진다고 믿을 수밖에 없었다고 일부 독자는 생각할 수 있을 것이다. 사실상 이것은 미개종족이 항상 생각해왔고 지금도 여전히 생각하는 바이다. 이들은 비록 야만인적 관점에서는 매우 일관적이지만 현대인에게는 놀라운 방식의 추론을 따른다. 만일 꿈에서 보이는 인간의 영혼이 실체라면 그가 가진 창과 방패, 그리고 어깨 위에 두른 망토도 실제적인 물건일 것이기에 모든 무생물적 물체들도 흔적 없는 그림자와 같은 영혼을 갖고 있어야 한다(타일러, 《인류학: 인간과 문명의 연구개론》, 1881: 342~343, 346).

빅토리아 시대의 사람들보다는 '미개하다'(savage) 거나 '야만적'(barbarian) 이라는 개념으로 생각할 가능성이 적은 오늘날의 독자는 철학과 과학이 먼 장래의 학문이었던 문자가 발명되기 이전의 문명단계에서 사람이 자신과 자연에 대해 그렇게 일관된 관점을 발달시켰다는 사실에 긍지를 가질 수도 있다.

애니미즘에서 우리는 먼 과거의 우리 조상이 자신들이 이해할 수 없었던 것을 이해하고자, 통제할 수 없었던 것을 통제하고자 추구했던 방식의 시초를 보게 된다. 그들에게 세상은 눈에 보이며 들리고 느껴지는 모든 세상 현상의 일부인 보이지 않는 초자연적 힘이나 정령 또는 영혼에 의해 지배를 받았다. 정령은 자신만의 생명을 가진 아마도 불멸인 소멸과 쇠퇴를 극복하는 진정한 본질이다. 전반적으로 정령은 두려움의 대상으로 재앙은 이들의 소행이다. 그러나 일부는 공물의 제공으로 달랠 수가 있었다.

토테미즘(*totemism*; 부족의 상징으로 여기는 자연물이나 동물인 토템을 숭배하는 미신 ─ 역자)은 종족이나 같은 종족의 구성원이 어떤 살아 있는 대상이나 드물게는 무생물을 존경의 초점대상이나 보호의 원천으로 선택하는 경우를 말한다. 보통 토템은 종족의 모든 구성원에게 대를 물려준 조상으로 여긴다. 곰 종족의 조상은 곰이다. 토테미즘은 전 세계에 걸쳐 문맹인 사람들에게서 발견되는데, 특히 북아메리카와 호주에서 매우 발달했다. 이름 자체는 북아메리카의 오지브와(*Ojibwa*)족의 언어에서 기원하였다. 토템은 지역에 따라 차이를 보여 일부 아메리카 원주민에게는 거북, 곰, 늑대, 가재, 잉어, 개, 학, 물소, 달팽이, 해리, 독수리, 비둘기, 뱀, 코요테, 칠면조, 갈까마귀 등이 토템이다. 종족 구성원이 의식행위 때 토템을 닮은 모습으로 복장을 차려입고 춤을 출 때 토템의 행동을 모방하는 것이 이상한 일은 아니다. 일부 종족은 천둥, 번개, 얼음, 물, 홍수, 바람, 비, 뼈 또는 무지개와 같은 무생물 토템을 갖기도 한다. 모든 부족은 적어도 두 종족으로 구성되는데, 같은 종족의 구성원끼리는 성관계나 결혼이 엄격하게 금지되어 있기 때문이다. 이러한 금기사항을 어길 시에 그에 상응하는 벌은 죽음이 될 수도 있다.

샤머니즘(*shamanism*; 무당을 중시한 원시종교의 하나 ─ 역자)은 자연 현상을 기원의 대상으로 삼는 또 다른 신앙체계로서 근래의 문자가 없던 시대의 사람들과 더 나아가 선사시대의 사람들이 어떻게 생각하고 믿었는지를 제시하고 있다. 샤머니즘은 시베리아에서 가장 잘 발달했지만 그 요소는 전 세계에 걸쳐 나타나고 있다. 샤먼(*shaman*; 무당 또는 현자)은 무아경에 이르는 능력을 통해 육체를 떠나 여러 가지 임무를 담당할 수 있는 종족의 의술인이다. 샤머니즘이 실행된 사회에서는 샤먼의 기능이 유전된다고 믿어졌다.

샤먼의 주요 역할은 아픈 사람의 영혼이 육체를 떠남으로써 초래되는 병환을 치유하는 것이다. 샤먼은 종종 떠나간 영혼을 추적하고 붙잡아서 원래의 소유자에게 되돌아가게 할 수 있다. 그러나 모든 과정이 실패하여 환자가 죽게 되면 샤먼은 다른 세계로의 멀고도 힘든 여정에 이 영혼과 동반하게 된다. 이 의식의 일부로 샤먼은 여정에서 벌어졌던 사건을 무아경 상태에서 생생하게 재현한다.

유사 이전 시대의 민족 가운데에서 애니미즘이 전 세계적으로 분포되어 있는데다 이것이 역사적 기록이 처음 알려졌을 때 주된 신앙의 형태였기 때문에 애니미즘이 아주 오래된 이전 역사를 지녀 아마도 인간이 최초로 "설명"을 하고자 할 때까지로 거슬러 올라간다고 가정해도 타당할 것이다. 토테미즘과 샤머니즘은 상대적으로 덜 알려져 있지만 역시 아주 오래전에 생겨난 것이 틀림없다.

구석기시대의 자연관

이제 현대 인류학에서 인류 초기의 시대와 당시 선사시대 인간이 자연에 대해 어떻게 생각했는지를 일부나마 밝혀줄 유골, 도구, 그리고 다른 문화적 유물들 등 또 다른 종류의 증거로 화제를 바꾸어보자.

동물과 인간을 연결하는 가장 최초의 증거는 동굴이나 화로 터(불의 처음 사용은 약 150만 년 전으로 거슬러 올라간다)와 같은 초기 인류 거주지와 이와 연관된 부러진 뼈들이다. 외견상 뼈는 고의적으로 부러져 있고 골수가 섭취된 것을 제시하고 있다. 이러한 데이터로부터 우리는 원시인이 굶주림을 겪었고 골수를 좋아했다는 것을 알 수 있다.

현재까지 발견된 가장 초기의 석기유물은 약 250만 년 전의 것으로 추정된다(《문명의 연구》, Gowlett, 1984). 여러 종의 오스트랄로피테쿠스(*Australopithecus*, 남방의 원숭이라는 뜻으로서 인류의 조상으로 여겨지는 약 5백만 년 전의 최초 화석원인 3가지 종을 포함하는 속을 일컬음)가 당시에 살았으며 아마도 호모(*Homo*, 속의 인간 종)도 역시 살았을 것이다. 새로운 유골과 유물의 발견에 대한 해석에 근거를 두면 상세한 세부사항은 여전히 의문에 싸여 있다. 하지만 약 160만 년 전 북유럽과 북아메리카의 뚜렷한 기후가 인류의 역사에 엄청난 영향을 미쳤던 것은 분명하다. 이 홍적세(*Pleistocene epoch*, 지질학적 용어를 사용하면) 시기 동안 대빙하판이 남진과 북진을 거듭하면서 구석기시대(*Paleolithic age*)가 도래하였다. 구석기시대는 약 만 년 전 농경생활이 시작되었을 때 끝이 났다.

우리가 속하는 인간의 아종인 호모 사피엔스 사피엔스(*Homo sapiens sapiens*)는 유럽에서는 약 3만 년 전, 중동에서는 약 4만 년 전, 중국에서는 약 5만 년 전, 그리고 아프리카에서는 아마도 10만 년보다 더 오래전에 처음 나타났다. 유럽에서는 이 상구석기(후기 구석기) 시대에 돌이나 뼈, 그리고 아마도 나무나 다른 식물재료(대부분은 부패되었을)로부터 도구를 만드는 데 아주 숙련된 크로마뇽인이 등장하였을 것이다. 이 수렵인의 캠프 부지에 버려진 뼈가 그들이 척추동물을 사냥했다는 증거인데, 그 뼈는 주로 말과 순록의 것이다.

　구상미술(*representational art*)은 약 3만 년 전 이 시기에 시작되었다. 현재까지 발견된 많은 예술품은 이 초기의 인류가 생각한 바의 일부나마 우리에게 전해줄 수 있다 — 그리고 이들은 먹이로 사용했거나 아마도 두려운 대상이었던 동물에 대해 아주 많이 생각했다.

　중요한 유적지 두 곳으로 프랑스의 라스코(*Lascaux*) 동굴과 스페인의 알타미라(*Altamira*) 동굴을 들 수 있다. 방사성 탄소 추정법에 의하면 알타미라는 13,450년 전의 것이고, 라스코는 이보다 약 2천 년 정도 더 오래된 것이다. 라스코 동굴은 1940년에 개가 구멍 속으로 빠지는 사건을 통해 발견되었다. 개를 동반한 어린이들이 개를 구하려고 구멍 속으로 들어가 보니 커다란 동굴이 나타났다. 큰 방은 길이가 약 30m, 폭이 약 10m, 높이가 약 7m 정도나 되었다. 벽에는 검은색, 노란색, 빨간색으로 백 가지 이상의 그림이 덮여 있었다. 기름과 심지를 담아둔 단순한 받침접시 모양의 램프가 동굴의 바닥에 흩어져 있었다. 이와 유사한 램프는 20세기 초에 이르기까지 알래스카의 에스키모와 알류샨 열도 주민에 의해서도 사용되었다.

　그림 자체는 현대적 관점에서도 관심을 끄는 원시적인 힘과 절제된 선으로 되어 있었다. 라스코 동굴의 화가가 사후 거의 2백 세기가 지나서도 위대한 예술가로 여겨질 수 있다는 사실은 문화예술과 과학의 중요한 차이를 강조하고 있다. 위대한 예술은 영원하지만 위대한 과학은 더 위대한 과학에 의해서 대체된다. 서구 예술 도래기의 크로마

농인 화가와 서구 문학의 시조인 호머는 오늘날의 화가와 작가와도 당당히 견줄 수가 있다. 반면에 오늘날의 물리학은 아이작 뉴턴(Issac Newton)의 물리학보다 훨씬 더 발전했으며 현재의 진화생물학은 찰스 다윈(Charles Robert Darwin) 때보다 훨씬 더 나아졌다—비록 두 뛰어난 영국인이 찬란한 업적을 남기기는 했어도, 에즈라 파운드(Ezra Pound, 1910)가 "모든 시대는 동시대적이다"(*All ages are contemporaneous*)라고 했을 때 그는 과학을 의미하지는 않았다.

우리는 일반적으로 예술가의 작품이 그 시대의 사고와 열정을 드러낸다고 수긍한다. 그렇다면 라스코의 크로마뇽인 화가가 그린 것은 무엇일까? 야생마, 야생수소, 사슴, 산양, 들소, 동굴사자에다 소수의 곰, 새, 코뿔소, 늑대, 그리고 인간 등으로, 이들은 거의 대부분이 멸종되었다. 많은 동물이 창이나 투창 또는 화살에 꿰뚫려 있다. 유일하게 묘사된 인간은 이미 죽었거나 죽어가는 중이었다. 몸이 창으로 관통된 거대한 들소가 그의 몸 위에 놓여 있다. 들소의 내장이 적출되어 소장도 노출되어 있었다. 이 상처는 인간 사냥꾼에 의해서이거나 왼편으로 물러서 있는 배변 중인 코뿔소에 의해서일 것이다.

이러한 동굴 그림의 '의미'에 대해 끝없는 논의가 지속되었다. 이 그림들이 워낙 뛰어나고 화가가 일하기에 너무나 어려운 장소에 위치하고 있다는 사실로 미루어볼 때, 이들은 어떤 심오한 의미를 갖고 있다고 추측되었다. 이들은 제멋대로 그려진 낙서가 아니다. 이들이 단순히 지역적인 동물상과 먹이용 동물을 표현한 것에 지나지 않을까? 숭배 대상물을 나타낸 것일까? 창에 꿰뚫린 동물을 그림으로써 사냥꾼이 더 성공적으로 사냥할 수 있을 것이라고 상상한 것일까? 그림이 어두운 동굴 깊숙이 위치한 것은 종교적 의식과 관련이 있음을 의미하는 것일까? 아니면 이 커다란 뇌를 가진 사냥꾼들(크로마뇽인을 지칭함) 이 단지 그림 그리는 것을 좋아했을까? 확실한 답은 없으며 장차도 명확한 답이 나올 거라고 보기는 어렵다.

여하튼 라스코 동굴과 다른 곳에서 구석기시대 사람에 의해 문명화를 향한 믿기 어려운 전진이 일어났다. 자연 대상물이 몇 개의 선에 의해 상징적으로 표현될 수 있다고 보여주는 것이 얼마만한 지적 성취인지를 상상해보라. 이것이 의사소통과 정보 보존에 어떤 의미를 지니는지도 생각해보라. 이것이 상형문자를 거쳐 알파벳이 탄생하게 된 상징적 표현의 초기 단계이다. 라스코 동굴에는 말, 들소, 사슴 등을 지칭하는 명사가 있었다. 또한 사냥하다, 죽다, 수영하다, 걷다 등의 동사도 있었다.

1940년 라스코 동굴이 발견되기 전에 가장 유명한 상구석기 동굴벽화는 북부 스페인에 있는 알타미라 동굴의 것이었다. 라스코 동굴의 경우처럼 알타미라도 1868년에 개로 인해 발견되었다. 알타미라 동굴의 천장은 아주 낮아 라스코 동굴처럼 장대하지 않더라도 훌륭한 벽화를 갖고 있다. 거의 대부분 들소, 말, 사슴, 산양 등 커다란 포유동물이 그려져 있고, 황소, 곰, 엘크, 그리고 늑대는 덜 흔한 편이었다. 벽화는 일반적으로 윤곽이 음각되어 빨강이나 검정 또는 다른 색소로 채워져 있다.

그림, 조각, 음각화, 조소를 망라하여 모든 상구석기 시대의 예술 작품을 살펴보면 동일한 주제가 지배적으로 나타나는데, 주로 커다란 포유동물에 대해 압도적인 관심을 보이고 있다. 사람은 간헐적으로 나타나며 설사 나타나는 경우에도 조잡하거나 왜곡된 형식이다. 후기 예술에서는 그렇게도 중요하던 사람의 남자 머리가 때때로 너무 이상하게 묘사되어 애매하게 몸체를 닮은 어떤 것에 얹어져 있지 않았다면 제대로 분류하기가 의심스러웠을 것이다. 상구석기 시대 예술에서

〈그림 1〉 구석기시대의 동굴 예술. 북부 스페인 알타미라 동굴의 수사슴 그림은 거의 1만 4천 년 전에 그려진 것으로 추정된다. 이것과 다음의 〈그림 2〉는 저명한 고대 인류사학자 앙리 브뢰일(Henri Breuil) 신부의 스케치에서 따온 것이다.

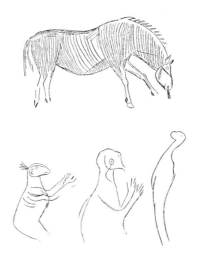

〈그림 2〉 프랑스 마줄라(Marsoulas) 동굴의 말 그림. 아래의 그림은 알타미라 동굴에서 나온 것으로 사람의 형상으로 추정된다.

여자의 경우는 약간 나은 편이었다. 이들은 공통적으로 비너스상의 모습을 하고 있다. 전형적으로 거대한 가슴과 엉덩이, 그리고 종종 작고 거의 특색이 없는 머리를 가진 것으로 묘사되었다. 다수가 명백히 임신 중인 모습이며 따라서 비너스상은 일반적으로 다산의 상징으로 받아들여지고 있다.

지금까지 발견된 최초의 유물들은 엄밀히 말하자면 도구 종류였다. 가사용 목적의 쇠창, 작살, 활과 화살, 곤봉, 도끼, 망치, 칼, 긁개, 송곳, 바늘 등뿐만 아니라 사냥과 보호용 무기로 구성되어 있었다. 우리가 '예술품'(art)으로 간주하는 상구석기 시대의 물품은 우리 조상이 자연을 바라보는 방식의 중요한 변화를 반영할지도 모른다. 따라서 호모 사피엔스가 서유럽에 도달했던 상구석기 시대에는 직접적인 도구가 아닌 어떤 무엇이 문화에 첨가되었다. 그 이유가 무엇이든 이 초기 인류는 우리가 '예술품'이라고 부르는 물건들을 만들기 시작했다. 조각이 새겨진 도구가 그렇지 않은 것보다 더 효율적이지는 않다. 그리고 확실히 라스코의 동굴벽화나 상아로 만든 비너스상이 직접적인 도구로 쓸모 있다고 주장할 수는 없다. 둘 다 커다란 상징적 가치를 가질 수도 있는데, 그렇다면 인간다운 속성을 향한 중요한 진보이다.

상구석기 시대 사람들이 동물을 중요하게 여겼듯이, 신석기시대에는 식물이 중요한 대상이 되었다. 신석기시대의 도래와 더불어 식물의 재배는 인류의 눈부신 성취였다. 이 새롭고 더 신뢰할 만한 식량 공급원은 신의 선물로 여겨졌다. 어떤 경우에는 이 하사품이 정말 개인적인 것으로 식량용 식물이 신에게 바쳐진 재물의 몸에서 직접 싹이 텄다고 생각했다.

식물성 식량으로 문명화가 가능해졌다. 농부의 향상된 테크닉으로 말미암아 여분의 식량 생산이 가능해졌고 일부 식물성 식량, 특히 곡식을 당장 필요 이상으로 재배하여 장기간 보관할 수 있게 되었다. 따라서 구석기시대의 수렵인처럼 식량을 찾아 나설 필요가 없어져 정착 생활이 가능해졌다. 야생식물을 수집하거나 동물을 사냥할 때보다 훨씬 더 작은 구획의 땅에서 씨족을 위한 식량을 경작할 수 있게 되었다.

메소포타미아

대략 기원전 3천 년경에 이르러서는 수천 년 전에 사용되었던 동굴벽화나 돌이나 뼈에 새겨진 상징기호들이 초기 수메르(Sumeria)인의 쐐기 모양의(설형) 문자로 발전되있다. 이것은 예를 들면, 밀과 같은 조잡한 모양의 그림에서 시작되어 젖은 진흙판 위에 새긴 말의 모습을 전혀 닮지 않은 일련의 쐐기 모양의 음각으로 종결된 느린 발전이었다. 그렇다고 하더라도 각 그룹의 음각은 어떤 것과 일정한 관계를 갖고 있어서 의사소통과 정보의 보존에 결정적인 기능을 했다. 이러한 설형문자판은 건조된 후 아주 내구성이 좋아 고고학자에 의해 많이 발견되었다.

다시 1,500년이 지난 기원전 약 1400년경에서야 단어의 개별적인 소리를 나타내는 소그룹 부호인 진정한 알파벳이 등장했다. 알파벳의 경제성은 엄청나다. '말'(horse)의 다섯 철자는 수많은 방법으로 조합되어 그녀(she), 그(he), 영웅(hero), 에로스(eros), 암사슴(roe), 장미(rose), 광석(ore), 쓰라린(sore), 해안(shore), 그녀에게(her), 구두(shoe), 괭이(hoe) 등 아주 다른 정보를 전할 수 있다. 문자 이전 시대 사람들의 어휘는 아마도 아주 적었겠지만 일단 문자가 널리 퍼지자 어휘는 훨씬 더 풍부해졌다. 글의 사용은 자가촉매적으로 늘어난다. 역사상 글이 사용되는 그 시점부터 미래 세대들은 자신의 조상들이 생각했던 바를 만일 그들이 글로 남겼고 문자판이 보존되었다면 알 수 있게 된다.

현재의 이라크에 해당하는 수메르인과 다른 고대 메소포타미아인은 그들이 자연을 어떻게 보았는지를 알려줄 풍부한 문헌자료를 남겼다. 티그리스와 유프라테스 강을 중심으로 한 이 지역에서 이집트, 중국, 인더스(Indus) 계곡의 인도 문명보다 앞선 가장 오래된 것으로 알려진 문명의 자취가 남아 있으며 다른 어떤 문명보다 서구 문명에 영향을 많이 미쳤다. 우리는 그들의 문헌에서 그들의 자연관에 대해 무엇을 알 수 있는가?

수메르인은 자연이 신성하며 인간과 다른 생명체가 신적인 힘에 의해 창조되었다고 믿었다. 오늘날까지 융성하게 남아 있는 이런 견해는 우리가 과학에서 받아들이는 것과는 아주 다르다. 과학은 '자연적인' 것과 '초자연적인' 것을 뚜렷이 구분한다. 전자는 비정하게 자연법칙을 따르는 물체와 과정을 칭한다. 이러한 법칙은 원인과 결과 간의 일정한 관계를 내포한다. 이들은 같은 환경과 조건이 주어지면 불변성으로 특정 효과에는 항상 특정 원인이 따른다. 자연을 벗어난 인간의 욕망이나 힘이 그 결과에 영향을 미칠 수 없다. 우리는 이러한 과학관을 변덕스러우며 불변의 규칙을 따르지 않는 초자연적 힘이 관여된 설명과 대조하여 비교한다. 이러한 것들은 관찰과 실험을 통한 과학의 기본적 접근법에 의해 연구될 수가 없다. 여기서 우리는 논리적인 과학이 아니라 신앙의 영역에 발을 들이게 된다. 믿음은 인류의 전 역사에 걸쳐 인류의 마음을 특징짓는 사고의 패턴인데, 인간이 이용할 수 있는 것보다 훨씬 더 강력한 힘, 즉 개인과 국가의 운명을 조절하는 힘이 있다고 받아들이는 것이 많은 이들에게 위안이 되기 때문이다. 그러나 이것은 과학의 과업이랄 수 있는 자연현상의 이해를 증진하는 데 특히 성공적이지 못한 사고방식이다.

수메르인에게 자연과 신성은 본질적으로 동일했다. 오늘날 기독교 근본주의자(침례교파나 감리교파 등의 복음주의 교파로서 성례나 정립된 교리 대신 개인의 구원과 성경을 중요시하는 교파 — 역자)처럼 이들도 세상을 전체적으로 설명하는 창조신화를 지니고 있다. 바다를 대표하는 여신 남무(Nammu)는 무성생식으로 두 자손을 낳았는데, 하늘의 남성신 안(An)과 지구의 여성신 엔키(En-ki) 또는 이아(Ea)가 그들이

〈그림 3〉 아메리카 원주민이 만든 암석 조각 그림. 이들은 캘리포니아 주 차이나 레이크(China Lake)의 빅 페트로글립 캐넌(Big Petroglyph Canyon)의 수많은 암각화 중 일부이다. 수백 년부터 수천 년에 이르기까지 그 시기도 다양하다. 식량감으로 사냥되었던 산양이 가장 흔한 대상이었다.

다. 이들은 표준적인 수메르인 방식인 유성생식을 통해 후손인 대기의 신 엔릴(En-lil)을 낳았다. 따라서 모든 자연 — 바다, 공기, 하늘 — 은 상응되는 신적인 상대를 가졌다.

다른 많은 신과 여신들도 있었다. 사실상 수메르인은 신의 수적인 면에서는 세계 기록을 보유하고 있어 그들의 신전에는 약 5천 개에 달하는 신상이 있다. 이 중 아주 중요한 것이 지금의 금성으로 알려진 혹성의 여신이자 사랑의 여신인 이난나(Inanna)이다. 다른 신들과 마찬가지로 이 여신은 거의 확실히 구석기시대까지 거슬러 올라가는 아주 오래된 역사를 갖고 있다. 이난나의 선례들이 상구석기 시대 비너스 조각상에서 발견되며 그녀는 추후의 세기들에서 다른 민족들에 의해 이쉬타르(Ishtar), 아스타르테(Astarte), 아프로디테(Aphrodite), 그리고 물론 비너스(Venus) 등으로 숭배를 받았다.

메소포타미아인은 세상이 영구적이라기보다는 창조되었다고 믿었다. 인간도 역시 창조되었으며 어떻게 인간의 창조가 성취되었는지에 대한 여러 제안이 있다. 두 신의 피가 섞여서라든지, 한 신의 진흙 주형에서 나온 것이라든지, 씨가 싹터서라든지 아니면 여신이 직접 만들었다는 등이다.

가장 잘 알려진 이들의 창조신화는 에누마 엘리쉬(Enuma Elish)이다. 이 창조신화는 수메르인을 정복한 셈족인 아카드인(Akkadian)에 의해 기록되었다. 이들의 신앙체제에서 최초의 신성부부는 남편 아스푸(Aspu)와 아내이자 종종 용으로 그려져 있는 티아마트(Tiamat)이다. 나중에 마르두크(Marduk)를 포함하여 여러 다른 신들이 등장한다. 후에 이들 사이에 문제가 발생하고 이를 해결하고자 서로 충돌한다. 이것이 이라크 지역을 삼킨 최초의 '모든 전투의 어머니'(*Mother of All Battles*)이다. 두 파가 생겨나 한 파는 마르두크를 다른 파는 티아마트를 우두머리로 택했다. 전투가 임박해지자 지도자 간의 단일 전투로 결판을 내자고 합의했다. 이는 모든 역사를 뒤바꿀 투쟁의 시작이었다. 티아마트가 마르두크를 삼키려고 하자 그는 그녀의 입 속으로 바람이 들어가게 하여 그녀의 몸을 팽창시켰다. 그렇게 그녀를 무력화시킨 후 마르두크는 티아마트의 심장에 화살을 쏘아 그녀의 내장을 파냈다. 그런 후 그녀를 반으로 잘라 반쪽은 하늘의 둥근 천장으로, 다른 반쪽은 땅이 되게 하였다.

수메르인의 종교는《구약성서》에 기술된 사건에 상응되는 많은 내용을 갖고 있다. 세상에 혼돈을 유발하려는 사악한 뱀이 있으며, 생명체를 전멸시킨 대홍수도 있다. 엔키는 금단의 열매를 먹어 영생을 잃게 되었다.

〈그림 4〉 숙적인 여신 티아마트(Tiamat)를 쫓고 있는 아카드인(Akkadian)의 신 마르두크(Marduk). 바빌론의 창세기에 기록되어 있다.

그리고 수메르인은 수세기에 걸쳐 인류를 당혹시켰던 모든 미스터리 중의 미스터리인 질병에 대해 생각했다. 질병의 원인이 명백하지 않았기 때문에 이해하고자 하는 인간의 기본 충동이 만족되지 않았기에 애초부터 그 원인을 불가사의의 힘인 신의 손에 두었다. 따라서 병환은 신이 불편함을 표시한 것이었다. 질병은 5천 년 너머의 미래에 파스퇴르(Pasteur), 코흐(Koch), 그리고 제멜바이스(Semmelweis)와 같은 과학자에 의해 발견이 이루어질 때까지는 커다란 미스터리로 남아 있었다.

이러한 자연에 대한 설명은 기본적으로 자신들만이 이해할 수 있는 신의 의지를 일반인에게 설명하는 책무를 가진 승려의 가르침일 가능성이 아주 높다. 이들은 이러한 서비스에 대해 적절한 보수를 요구했다. 그러므로 다시 건강해지기 위한 한 방편이 승려의 비위를 맞추는 것으로 가격이 맞으면 이들이 신들을 달랠 수가 있다.

그 외 다른 방식도 실행되었는데, 이것이 종국에는 합리적인 의학으로 발전했다. 여기에는 의사의 직접적인 관여가 포함되었다. 깊은 상처로 피를 흘리는 사람에게는 직접 출혈을 막으려고 시도하거나 의사와 같은 다른 이의 도움을 구하는 것이 신의 도움을 요청하는 것보다 더 적절해보였다. 비위를 맞추는 일에는 시간이 걸리기 때문이다.

의학적 문제를 다루는 이 두 가지 양식에는 특히 아카디안(Akkadian) 시대에 각각의 전문가가 있었다. 의사인 아시푸(asipu)는 어떤 징조를 찾고자 환자를 검사하여 어떻게 신의 비위를 맞추고 그 원인이 되는 악령을 추방할지를 결정했다. 아수(asu)는 반면에 의약품이나 다른 의학적 조처를 통해 환자를 구원하고자 했다.

수메르인의 문헌에는 흔한 질병의 치료를 위한 여러 약품의 목록이 들어 있다. 크레이머(Kramer)는 기원전 3천 년 전의 것인 쐐기형 문자판을 '최초의 약학대전'(*The first Pharmacopeia*)으로 묘사하면서 다음과 같이 썼다.

> 이 고대 문서에서 알게 된 바에 따르면 수메르 의사는 오늘날의 의사처럼 식물, 동물, 그리고 광물을 의학재료로 사용하였다. 이들이 가장 흔히 사용한 광물은 소금과 초석이었다. 동물계에서는 우유, 뱀 껍질, 그리고 거북이 등을 이용했다. 그러나 대부분의 의약품은 식물계로부터 나온 것으로 계피, 도금양, 아사포에티다(*asafoetida*), 백리향과 같은 식물과 버드나무, 배나무, 전나무, 무화과나무, 대추나무 등의 목본식물에서 나온 것이었다. 이러한 약초제제(약용식물의 산물)는 종자, 뿌리, 나무줄기, 껍질 또는 고무에서 준비된 것이며 오늘날처럼 결정이나 가루의 형태로 보존되었음이 틀림없다. 의사에 의해 처방된 치료법은 외용으로 바르는 연고나 여과액과 더불어 내복용 액체도 해당되었다 (《역사는 수메르에서 시작되었다》, 1959: 61).

신들은 의학뿐만 아니라 추수도 담당했다. 식물의 생장과 해충의 통제에 필요한 바람직한 기후조건을 보장받기 위해선 이들의 중재가 필요했다. 수메르인은 농업에 뛰어난 재능을 보여 복잡한 관개기술을 개발했다. 농장의 수확물로 도시인구의 부양이 가능하여 문명이 발달하였다. 알려진 가장 최초의 도시들은 수메르인이 세운 에리두(Eridu), 우르(Ur, 아브라함의 고향), 에레호(Erech) 등을 위시한 것들로 기원전 약 3500년에 세워진 것이다.

인류의 역사를 짚어볼 때 가장 재미있는 현상 중 하나는 과학에 바탕을 둔 측면에서의 문명은 서서히 진보되었다는 점이다. 예를 들면, 의학의 경우 문자의 시대가 막 동이 튼 시기의 수메르 의사들도 지금으로부터 불과 몇 세기 전에 서구 세계의 의사들이 사용했던 것과 거의 동일한 테크닉을 사용하였다. 그리고 오늘날까지 질병의 원인을 밝히기 위해 유용한 지식에 바탕을 둔 의학은 여전히 활발한 발전 단계에 있다. 아주 최근까지 우리가 사용했던 약품 역시 주로 식물의 산물에서 나온 것이었다. 많은 원주민들의 경우 여전히 그런 상태에 머물러 있다. 그리고 겉보기에는 모든 문명에서 병자에게 신의 가호를 바라는 초자연적인 접근이 계속 행해지고 있다.

오늘날 우리의 상태와 행위의 아주 많은 부분이 수메르에서 문명이 시작된 바로 그 시점부터 시작된 것처럼 보인다. 수메르인은 확실히 재능이 있고 창의적인 민족이지만 그들이 실행한 많은 것을 문맹이었던 그들의 조상들로부터 물려받았던 것이 틀림없다. 우리는 주로 남아 있는 문자 기록에 의존하여 과거에 대한 우리의 의견을 갖게 된다.

〈그림 5〉 이 아카드인의 얕은 부조(浮彫)에서 암사자는 척수를 관통한 화살에 의해 하반신이 마비되었다. 그림의 작가가 해부와 임상적 증상을 놀랍도록 잘 이해했음을 나타낸다.

수메르인 이전 시대의 문자 기록은 발견되지 않았지만 수메르인은 문맹이있던 그들의 조상들이 성취한 바를 자신들의 것과 디불이 전달하였다고 가정할 수 있다.

이집트

수메르와 아카드는 역사 속에 등장하여 짧지만 놀랍도록 탁월한 시대를 남기곤 사막의 모래 속으로 사라졌다. 반면에 이집트 문명은 거의 수메르 문명처럼 초기에 시작하여 기원전 약 3500년 전부터 율리우스 카이사르(Julius Caesar), 클레오파트라, 안토니우스(Anthony)와 폼페이우스(Pompey)의 시절인 기원전 58년에 시작된 로마 정복의 시대까지 인상적인 자취를 남겼다. 따라서 이집트인의 자연관을 재구성할 수 있는 많은 데이터가 존재하는데, 여기서도 흔히 동물과 연관된 종교적 믿음을 보게 된다.

> 신과 야수와의 관계는 오래된 만큼이나 긴밀하여 모든 종류의 야생 및 사육동물이 숭배목적으로 사원에 방치되었다. 따라서 고양이에서 악어에 이르기까지 철저하게 방부 처리된 모든 숭배 종의 몸체가 엄청나게 큰 동물묘지로 보내졌다. 만일 민족 간의 서로 다른 방식을 찾고자 한다면 동물에 광적으로 빠져드는 습관(*zoomania*)은 이집트인의 기이한 습관으로 여겨질 것이다(Hawkes, 《최초의 위대한 문명: 메소포타미아, 인더스 계곡과 이집트의 생활》: 339).

'역사의 아버지'라는 칭호를 받은 헤로도토스(Herodotus)에 따르면

리비아와 국경을 접하고 있음에도 불구하고 이집트에는 야생동물이 그리 많이 존재하지 않았다. 야생동물과 길들인 동물 모두 예외 없이 신성하게 여겼다. 여러 가지 종류의 동물에게는 각자에게 배정된 사육 담당 관리인이 있는데 때로는 남자나 여자로 여겨지기도 했다. 관리직은 아버지로부터 아들에게 대물림되었다. 여러 도시에서 기원을 행하는 사람들의 방식은 다음과 같다. 특정 생물체를 신성하게 여기는 신에게 기도하려면 자신의 아이들의 머리를 때로는 반이나 1/3만 삭발하여 그 머리카락을 평형저울에 단 후 동일한 무게의 은을 동물의 관리자에게 준다. 그러면 관리자는 물고기(일반적인 동물의 먹이)를 그 값어치만큼 잘라서 동물의 먹이로 준다. 이러한 동물을 고의적으로 죽이는 자는 누구를 막론하고 사형에 처해진다. 사고에 의해 죽이게 되면 승려가 내린 모종의 벌칙을 받아야 한다. 그러나 산양이나 매를 죽이면 고의성의 유무에 관계없이 그 벌칙은 반드시 사형이다(헤르도토스, 《역사》, 1954: 127~128).

겉보기에 엄한 이 벌칙은 동물의 상징과 관련되어 있다. 산양은 토스(Thoth) 신의 화신으로 여겨져서 산양을 죽이는 일은 신성 살해에 해당된다. 토스는 달의 신으로 학문, 저술 및 연대기의 신이기도 하여 학자에게 아주 중요했다. 매는 파라오의 상징이자 주신인 호루스(Horus)에게 바쳐진 것이다. 호루스는 하늘의 신으로 자신의 날개를 펼쳐 지상을 보호했다. 때로는 그의 눈이 해와 달로 여겨졌다. 그러므로 매의 살해에 대한 벌칙이 사형인 것은 놀랄 일은 아니다.

겉으로는 흔한 동물의 모든 종이 어떤 식으로든 이집트의 신과 연관되어 있다. 코브라는 뱀 모양 휘장인 기장으로서 파라오의 머리띠에 놓인 통치권의 상징이다. 양은 가장 오래된 신 중 하나로서 여러

시대에서 물의 신, 다산의 신〔따라서 양은 '늙은 염소'(*old goat*)가 된 다〕, 태양의 신, 그리고 만물에 존재하는 영혼으로 여겨지는 이문 (Amun)의 상징이다. 자칼은 죽음의 신 아누비스(Anubis)와 관련이 있다. 세스(Seth)는 존경받는 신이었지만 나중에 악마와 연관되었다. 그는 사막을 통제하였기에 식물의 적이 되었다. 호루스 신과의 전투에서 그는 고환을 잃게 되었다. 그의 주 상징동물은 상상의 존재지만 악어, 물고기, 당나귀, 돼지, 하마 등이 그와 연관되어 있다. 벌은

〈그림 6〉 이집트의 신들. 왼편의 바스테트(Bastet)와 오른편의 하토르(Hathor)는 여신으로, 여성의 수호자이자 음악과 무용의 후원자로서 여러 가지 공통된 일을 관장한다. 바스테트에는 고양이 머리, 하토르에는 암소의 머리가 그려졌다.

태양신인 라(Ra)의 눈물이었다. 황소는 프타(Ptah)의 영혼을 포함하여 여러 가지 상징적 의미를 가졌다. 프타는 모든 종류의 일을 하여 기술을 발명하고 생명을 창조하였다. 사체가 방부 처리될 때 내장기관을 보관하는 항아리와 연관된 4가지 신성동물이 있다. 매의 항아리는 소장을, 원숭이 항아리는 폐를, 자칼 항아리는 위를, 그리고 사람의 머리로 장식된 항아리는 간을 담고 있다. 동물을 신이나 사람과 연관시킨 흥미로운 리스트는 끝도 없이 계속된다.

이집트인이 동물과 신의 관계에 대해 진정으로 믿었던 바를 추측하는 것은 흥미롭다. 미신을 믿고 문맹인 사람일수록 더욱더 동물을 거의 신적 존재로 가정했을 것이다. 더욱이 신의 상징적 동물을 죽인 형벌로 사형이 주어졌던 것을 감안한다면, 승려는 더 복잡한 의견을 가질 수도 있다.

> 예를 들면, 종교적 쇠퇴기를 제외하곤 아주 드물게 신이 동물 자체로 여겨졌다. 개개 동물은 단지 초월적인 태곳적 이미지에 해당하는 세속적 이미지로 신은 자신의 어떤 특정 면을 구현한 짐승의 모습을 취한다. 그러므로 신성한 동물은 (인종학자 프레이저가 기술하였듯이) '영생의 영혼'(eternal soul)이거나 아니면 이집트인이 표현하듯이 신의 바(ba)이다. 양은 아문-레(Amun-Re)의 영혼이고 아피스 황소는 프타의 영혼이며 악어는 수코스(Succhos)의 바(ba; 영혼)이다(Lurker, 《고대 이집트의 신과 상징》, 1980: 26).

수메르인과 이집트인의 예에서 드러난 자연의 신성화는 고대 시대에 공통적으로 나타난다. 그러나 일부 문명에서는 수천의 신전에서 몇 개 또는 심지어 고대 헤브라이 민족이 단일 주신을 섬기는 등 자연의 신성화 경향은 감소했다. 또한 동물과 자연 물체 또는 자연 과정과의 밀접한 관계가 줄어드는 경향이 나타났다.

동물 상징주의는 현대에 이르러서도 강하게 남아 있었다. 이탈리아, 스페인 및 프랑스 전역에 걸친 종교개혁의 격동으로 일소되지 않은 교회들에서 동물은 흔하게 표현되고 있다. 조각이나 모자이크에 나타나 있는 양은 예수를 상징한다. 3명의 복음가가 동물에 의해 묘사되어 요한(John)은 독수리로, 마가(Mark)는 사자로, 누가(Luke)는 황소로 그려져 있다. 네 번째 사도 마태(Matthew)는 사람으로 나타나 있다. 때로는 포유동물이 팔과 날개 모두를 가진 것으로 그려져 있어 상동관계를 혼란스럽게 한다. 로마네스크와 르네상스 시대의 서구 종교예술의 도상은 가장 먼 고대의 신앙체제와 강한 연관성을 보이고 있다.

제2장

아리스토텔레스와
그리스인의 자연관

서양 과학의 기원은 메소포타미아나 이집트의 고대 문명이 아니라 그
리스이다. 그 이유는 자연을 관조하는 새로운 방식을 제공한 이들이
바로 그리스인이기 때문이다. 지성의 발달사에서 가장 놀라운 사건은
아리스토텔레스(Aristotle) 식의 과학과 현대 과학에서 너무나 지배적인
자연주의적 사고가 겉보기에는 자생적으로 갑작스럽게 출현하는 것이
다. 이것은 자연현상을 사물과 자연적인 과정에 바탕을 두고 설명하
는 절차이다. 예를 들면, 원인이 뚜렷한 어떤 특정 기상조건이 만연
할 때 구름이 액화된 물이 비가 되어 하강하게 된다는 식이다. 이는
비가 울음을 터뜨린 신의 눈물이라고 가정하는 초자연적, 신화적인
설명과는 확연한 대조를 이루고 있다. 거트리(William K. C. Guthrie)
는 이러한 양극적 사고방식을 대조한 것이 아리스토텔레스의 공이라
여겼다.

아리스토텔레스 덕분에 최초로 세상을 신화와 초자연적 용어로 묘사하는 사람들과 자연적 원인으로 설명하려고 처음 시도한 사람들과 구분할 수 있게 되었다. 그는 전자의 부류를 신학파(theologi)라고 일컬었고 후자 그룹을 물리학파(physici) 또는 생리학파(physiologi)라고 불렀다. 또 그는 새로운 '물리적'(physical) 관의 효시를 밀레토스학파(Miletus)의 탈레스(Thales)와 그의 후계자들로 들면서 바로 탈레스를 "이런 종류 철학의 시조"라고 찬양하였다(《그리스 철학의 역사 1권》, 1962: 40).

'이런 종류의 철학'(This kind of philosophy)이 과학 발전의 근본이 되었다.

그리스인들은 그리스 본토에서 벗어나 에게 해(Aegean) 전체에 걸쳐서 심지어는 북해 연안 및 남부 이탈리아, 그리고 지중해의 다른 여러 곳까지 식민지를 갖고 있었다. 이오니아(Ionia, 지금의 터키) 연안의 항구인 밀레토스에는 기원전 약 천 년 전에 그리스인들이 정착했다. 이곳은 그 이전 초창기에 대한 증거가 없는 현 상황에서 우리가 알기에는 자연현상을 설명하기 위해 체계적으로 자연적 사고를 사용했던 최초의 철학자 3명의 고향이다. 탈레스(Thales, 기원전 약 625~547)를 필두로 그의 제자 아낙시만드로스(Anaximander, 기원전 약 611~547)와 아낙시메네스(Anaximenes, 기원전 약 585~528)가 그의 뒤를 이었다. 이들 밀레토스인은 다른 여러 문제들 중에서도 특히 모든 물체를 구성하는 기본적인 재료에 관심을 가졌다. 탈레스는 원소 물질이 물이라고 생각했고, 아낙시만드로스는 공기라고 생각했으며, 아낙시메네스는 어떤 미지의 더 기본적인 물질이라고 가정했다.

따라서 이들 철학자는 모든 물체에 대한 공통된 구성 재료(building block)가 존재한다고 추정하였다. 이에 대한 탐구는 영국 과학자 돌턴(John Dalton, 1766~1844)이 원소에 대해 수긍할 만한 증거를 제시했을 때 사실상 종결되었다. 금세기(20세기를 칭함 — 역자)에 들어서서 '분리가 불가능한'(*indivisible*) 원소들이 아원소 입자(*subatomic particle*)의 단계로 더 나뉘는 게 밝혀졌다.

밀레토스인의 특정 가설 자체는 별로 가치가 없다. 그러나 와이트만(Wightman)이 지적하였듯이 그들의 접근법 자체가 가치 있는 것으로 아주 새로웠으면서도 중요했다. 많은 것들이 탈레스에게,

> 만일 모든 자연의 근간이 되는 한 가지가 있다면 이것은 물임에 틀림이 없다고 제시하였다. 만일 '어떤 한 가지가 있다면'이라는 가정은, 다시 말하자면 이 질문을 있는 그대로 묻는 것 자체가 영생에 대한 탈레스의 주장의 골격이다. 그가 답에 대한 추측을 그것도 꽤 훌륭한 추측을 했다는 사실 자체는 별로 중요하지 않다. 만일 그가 설사 당밀의 원인을 유일한 '원소'(*element*)라고 옹호했더라도 여전히 추정과학의 시조라는 영예를 마땅히 안게 되었을 것이다. 호머와 헤소이드(Hesoid) 같은 그 이전의 다른 이들도 한 가지 물질이 세상의 기원이 되었다고 포괄적으로 말하기는 했지만 이들은 사실의 원인(*verae causae*), 즉 관찰로 그 존재가 실증될 수 있는 것을 다루는 데 만족하지 않았다. 세계의 기원과 과정을 특별한 힘이 부여된 신과 정령에게 의지하여 설명하려는 시도는 단지 문제점을 증명하지 않은 채 가정을 내려 회피하는 것이나 다름없다. 왜냐하면 그러한 존재는 우리가 그 세상을 알게 되는 수단으로는 결코 시인되거나 부인될 수도 없다. 요약하면 자연계의 다양성을 자연계 내의 어떤 변형으로 설명하고자 처음 시도한 사람은 탈레스였다(Wightman, 《과학적 사고의 발달》, 1951: 10~11).

따라서 고전적인 그리스인들, 특히 아리스토텔레스에게는 자연계의 분석이 합리적이며 은유적인 변이를 제시하는 어느 정도 경험적인 데이터였던 것이다. 전에 진행되었던 것과 비교하여 성숙한 그리스인의

사고는 달랐다. 창조라는 망발과 자연현상의 초자연적 원인은 사라졌
다. 대신에 종종 원시적이고 미성숙하더라도 자연현상을 자연 지체에
서 유도된 규칙과 질서로 설명하려는 시도를 볼 수 있다. 자연이 미신
이나 인간 마음의 공상에 따라서가 아니라 자연 자체로 해석되었다.
이제 과학이 시작된 것이다.

   물론 우리는 고전적 그리스인의 시대를 뒤이은 수세기 동안 이성은
인류 사고의 영원한 보증서가 아니라는 것을 알고 있다. 다른 체계의
사고가 선호되어 오늘날까지 우리가 물려받은 두 가지 주류의 상반적
인 사고 유형이 계속 충돌하고 있다. 하나는 자연을 설명하기 위해
초자연적인 힘, 권위 또는 숭배의 수용에 바탕을 둔 것이고 다른 하
나는 관찰, 데이터, 가설, 그리고 증명할 수 있는 결론에 바탕을 둔
것이다.

동물학

동물학은 아리스토텔레스(기원전 384~322)로부터 비롯되었는데, 왜
냐하면 그가 처음으로 모든 종류의 의문을 갖곤 적절한 종류의 데이
터를 찾았으며 오늘날 우리가 생물학에서 채택하는 유형의 답을 제공
했기 때문이다. 그는 과학의 모든 단계에서 가장 어려운 것인 학습의
유형을 제공하였다. 그것은 답에 대한 데이터를 구할 수 있는 방식으
로 질문할 수 있게 하는 것이다.

   생애 대부분을 아테네에서 보낸 아리스토텔레스는 플라톤의 제자이
자 알렉산더 대왕의 스승이었다. 현존하는 아리스토텔레스의 생물학
적 연구는 동물의 일반 생물학인 《동물의 역사》(*Historia Animalium*),

언어에 상관없이 최초의 동물생리학 저서로 동물의 비교 생리 및 해부학을 다룬 《동물의 지체에 관하여》(De Partibus Animalium), 운동과 심리학 및 형이상학 일부를 다룬 《동물의 운동에 관하여》(De Motu Animalium), 마찬가지로 운동에 관심을 둔 《동물의 이동에 관하여》(De Incessu Animalium), 생물체의 생기 원리를 고찰한 《영혼에 관하여》(De Anima), 주로 심리학에 관한 《소자연학》(Parva Naturalia), 그리고 발생학 교본인 《동물의 발생》(De Generatioine Animalium) 등으로 구성되어 있다.

학자들은 이러한 연구들의 내용이 정확하다고 꽤 확신하고 있다. 아리스토텔레스의 연구가 아랍어 판으로 서유럽에 처음 알려진 르네상스 시기 동안 그리스어에서 아랍어로 다시 아랍어에서 라틴어로의 이중 번역이 오류를 초래했을 거라고 사람들은 의심했다. 추후에 그리스어 판이 발견되었는데 이것이 원본에 더 가까운 것으로 여겨졌다. 일부는 원고가 복사될 때 만들어진 오류뿐만 아니라 복사자의 창작이나 후일 작가가 내용을 포함하면서 오류가 생겼다고 의심한다. 그러나 같은 작품에 여러 다른 원고가 존재할 때면 이런 오류와 삽입은 보통 삭제될 수가 있다. 현존하는 원고 중 어느 것도 아주 오래되지는 않았다. 예를 들면 《동물의 역사》에서 가장 오래된 9개의 가장 중요한 원고는 12세기 또는 13세기의 것이고 나머지는 13세기에서 16세기에 나온 것이다. 이것을 관망해보면 아리스토텔레스로부터 12세기 또는 13세기까지의 간극은 서구 로마제국의 종말(서기 476년)에서 현재까지와 거의 같다. 아리스토텔레스와 다수의 복제판 인쇄로 오류의 확률이 적었던 때인 요하네스 구텐베르크(Johannes Gutenburg, 대략 1390~1468) 사이의 많은 세기 동안에 번역의 오류가 슬쩍 유입될 기회는 아주 많았다.

중요한 점은 기원전 4세기경 아테네의 누군가가 생물학의 기틀을 마련했다는 사실이다. 아마도 거의 그럴 가능성이 높지만 그 누군가를 아리스토텔레스라고 부르자. 알프레드 노스 화이트헤드(Alfred North Whitehead)는 모든 서양 철학이 플라톤의 각주에 지나지 않는다고 말했다. 우리가 모든 생물학이 아리스토텔레스의 각주에 지나지 않는다고 말해도 지나친 과장은 아닐 것이다. 그는 이 분야를 정의했고 주요 문제의 개관을 잡았고 답을 제공할 데이터를 축적했다. 바로 그가 기틀을 마련한 것이다. 그가 한 일이 무엇인가?

《동물의 역사》는 현존하는 가장 오래된 일반 동물학의 모노그래프(전공논문집)이다. 오늘날의 생물학적 논문들과는 대조적으로 이것은 동물의 구조, 교배습관, 생식, 행동, 생태학, 분포, 상호관계 등에 관해 그가 아는 전부를 담고 있기 때문에 꽤 느슨하게 구성되어 있는 것 같다. 물론 사실이기는 하지만 이것은 전체 생물학이라는 과학이 마치 없는 것처럼 분석을 시작하여 전개하는 방향으로 진행한다. 그에게 문제가 되었던 일부는 우리에게는 더 이상 문제가 되지 않는다— 이들은 우리의 개념적 뼈대의 일부가 되어 이제 당연한 것으로 여겨진다.

《동물의 역사》를 처음 읽을 때의 경험은 찰스 다윈의 《종의 기원》을 처음 읽을 때와 별로 다르지 않다. 두 연구에서 제공되는 정보와 질문들은 '그가 도대체 어떻게 그것을 생각해내었을까?'라는 생각에 계속 아연해지게 한다. 두 연구 모두 훌륭하고 절제된 사고가 어떻게 작용하는지를 보여주는 본보기이다. 처음 몇 절에서 《동물의 역사》는 일부 아주 근본적인 문제 분석으로 시작된다. 아리스토텔레스는 동물의 부분이 두 종류인 것에 주목한다. 혼성 부위들은 두 가지 근본적으로 동일한 부분을 초래하는 식으로 나눌 수 없는 것들이다. 손이나 얼굴이 그 예다. 모든 혼성 부위는 단순 부위들로 구성되어 있다. 단순 부위는 나뉠 수 있으며 그 결과로 나온 반쪽씩은 본질적으로 똑같다. 살갗, 뼈, 근육 등이 그 예다.

이것은 중요한 개념이다. 같은 구성 재료의 다른 조합으로 또 다른 복잡한 구조가 만들어질 수 있다. 이것은 생물학의 발전을 통해 중요한 관념이 되었고 특히 지난 마지막 두 세기 동안 더욱 그러했다. 19세기 초반 슐라이덴(Schleiden)과 슈반(Schwann)은 모든 생물체의 몸체가 같은 구성 재료, 즉 세포로 구성되어 있다고 제시했다. 나중에 멘델 유전의 바탕인 염색체에 위치한 유전자들은 아무리 그 형태와 기능이 다르더라도 모든 생물체에서 본질적으로 같다고 알려졌다.

다음에 아리스토텔레스는 어떤 개체들의 모든 부위들이 서로 닮은 것을 파악했다. "한 사람의 눈이나 귀는 다른 사람의 눈이나 귀와 닮았다." 그러한 개체들은 같은 종류나 종의 구성원들이다. 또한 부위가 눈에 띄게 다른 서로 덜 밀접하게 닮은 범주의 개체들도 있다. 예를 들면, 어떤 새는 긴 부리를 가지고 다른 것은 짧은 부리를 가진다. 어떤 것은 깃털이 많고 다른 것은 적다. 이러한 개체들은 '조류'(birds) 또는 '어류'(fish)처럼 같은 '속'(genus)에 속한다고 말할 수 있다. 아리스토텔레스는 '속'을 오늘날 우리처럼 사용한 게 아니라 오늘날 우리가 '강'(class)이라고 부르는 더 커다란 범주로 사용했다.

또한 아리스토텔레스는 다른 속에 속하는 개체들도 비교했다. 비록 이들이 어떤 면에서는 유사할 수도 있지만 그 닮음은 단지 유사성에 지나지 않는다. "새에게 깃털에 해당하는 것이 물고기에게는 비늘이다"(《동물의 역사》, p. 486b21). 여기서 우리는 구조와 관련된 가장 중요한 개념의 하나로 발전되는 '상동성 대 유사성'이라는 사고방식의 출발을 보게 된다. 물론 아리스토텔레스는 인간의 코 사이에 변이가 있지만 기본적으로 같다는 것을 깨닫고 있었다. 이러한 것들을 우리는 상동구조라고 부른다. 비록 깃털과 비늘의 대체적 기능이 개체의 표피를 덮는 것으로 동일하지만 아리스토텔레스는 이들이 다르다고 생각했다. 이들은 몸체를 덮는다는 동일한 기능을 가질지는 모르지만 동일한 구조는 아니다. 이런 것들은 유사구조라고 부른다. 이러한 계통의 사고법은 오늘날에도 유용하게 사용되고 있다. 이러한 예지적 관점은 새와 물고기의 부속지 쌍에 관한 다음의 비교를 통해서도 생각해볼 수 있다.

> 새는 어떤 면에서 물고기를 닮았다. 왜냐하면 새는 몸체의 위쪽(상반부)에 날개가 달렸고 물고기는 몸체의 앞쪽(전반부)에 두 개의 지느러미를 갖고 있기 때문이다. 새는 몸체의 아래쪽(후반부)에 발이 있고 대부분의 물고기는 전반부 지느러미 가까이 아래쪽에 두 번째 쌍의 지느러미를 갖고 있다(《동물의 이동에 관하여》, p. 714b4).

그 후 아리스토텔레스는 동물이 사는 다른 방식을 이해하려고 했다. 일부 동물은 육상에 살고 일부는 수중에 산다. 물속에 사는 것들은 두 가지 기본 유형을 보인다. 그 중 일부인 물고기는 아가미로 물을 흡수하고 내보낸다. 이들은 물속에서만 살 수 있으며 육상으로 나오지 않는다. 악어, 수달, 비버와 같은 다른 종들은 물이 들어왔다 나가는 아가미를 갖고 있지 않다. 이들은 물속에서 먹이를 얻기는 하지만 육상에 나와서 교배한다. "더욱이 어떤 동물은 부착생활을 하며 어떤 것들은 이동생활을 한다. 부착생활을 하는 무리는 물속에서 볼 수 있으며 부착생활을 하는 육상동물은 없다."(《동물의 역사》, p. 487b6) 아리스토텔레스가 이러한 진술을 하기 위해 얼마나 폭넓은 지식이 필요할지 상상해보라. "그러나 물고기가 헤엄만 치며 나아가는 것과는 달리 어떤 생물체도 날아가는 한 방법으로만은 움직일 수 없다. 왜냐하면 (박쥐처럼) 가죽형 날개를 가진 동물은 걸을 수도 있기 때문이다."(《동물의 역사》, p. 487b23) 《동물의 역사》의 이러한 서두 부분은 급소를 찌름과 동시에 자연현상의 다양성을 이해 가능한 개념적 도표로 간략화했다. 아리스토텔레스는 그것이 없다면 논리적 사고가 어려운 통일적인 주제를 찾으려고 했다.

아리스토텔레스는 대원숭이류(ape, 원숭이를 칭할 때 진화가 덜 된 꼬리 달린 원숭이를 영어로 monkey라고 하며 꼬리가 없는 더 진화된 형태의 원숭이, 즉 오랑우탄, 고릴라, 침팬지 등을 일컬어 ape이라고 한다 ─역자)가 인간과 다른 네발짐승 간의 중간 단계라고 해석했다.

어떤 동물은 대원숭이류, 원숭이, 비비와 같은 네발짐승과 인간의 특성을 공유하고 있다. 원숭이는 꼬리를 가진 대원숭이류이다. 비비는 형태적으로는 대원숭이류를 닮았지만, 좀더 크고 강하며 얼굴형은 개와 더 닮았다. 또한 이빨도 개와 유사하고 강력하며, 야수와 같은 습관을 갖고 있다.

대원숭이류는 여느 네발짐승처럼 등에 털이 많고, 인간처럼 배꼽 쪽에 털이 별로 없다. 얼굴 또한 인간의 모습과 비슷하다. 콧구멍과 귀, 인간과 유사한 앞니와 어금니 이빨 모두를 갖고 있다. 게다가 일반적으로 네발짐승의 눈꺼풀 중 하나에는 속눈썹이 없지만 이 생물체는 양쪽 모두에 속눈썹을 갖고 있다. 대원숭이류는 또한 잘 발달되지 않은 가슴에 두 개의 젖꼭지를 갖고 있다. 털로 덮여 있기는 하지만 사람 같은 팔도 갖고 있으며 이러한 사지는 사람처럼 굽혀지며 그 굽혀진 면이 서로 마주 보고 있다. 게다가 사람처럼 손과 손가락 및 손톱을 갖고 있기는 하지만 이 모든 부위가 더 야수의 것처럼 보인다. 특히 발은 마치 큰 손 같다. 발가락은 손가락 같고, 가운데 것이 가장 길다. 이 생물체는 발을 손이나 발로 사용하여 주먹을 움켜쥐듯이 겹칠 수가 있다. 네발짐승이기 때문에 엉덩이가 없지만 두발짐승처럼 꼬리도 갖고 있지 않다. 암컷의 성기는 인간종의 것과 유사하지만 수컷의 성기는 사람보다는 개의 것과 더 유사하다 (《동물의 역사》, pp. 502a17~502b24).

아리스토텔레스가 대원숭이류와 인간을 하나는 신적인 존재로 다른 하나는 단순한 야수로서 완전히 다른 생물체로 여겼다고 제시하는 자료는 없다. 그렇지만 글 속에 담긴 속뜻을 새겨 아리스토텔레스가 다원주의적 진화론자라고 여겨서는 안 된다. 그렇다고 하더라도 그는 다윈이 설명 가능한 가설을 내놓기 전까지는 수수께끼였던 인간과 다른 영장류가 닮았다는 자연현상을 강조하였던 것이다.

《동물의 역사》는 대략 5백여 개의 척추동물, 무척추동물의 종의 구조와 습관(특히 생식)을 주로 다루고 있다. 기술된 대부분은 오늘날에도 정확한 것으로 남아 있다. 그러나 아리스토텔레스가 언제나 옳은 것은 아니었다. '사자는 척추 대신에 단일 뼈로 된 목을 갖고 있다' (《동물의 역사》, p. 497b16) 와 '수컷이 암컷보다 이빨의 수가 더 많다' (《동물의 역사》, p. 501b20) 등의 내용도 기술되어 있기 때문이다. 그는 또한 뇌가 아닌 심장에 의식과 지성이 자리 잡고 있다고 믿었다. 그럼에도 불구하고 《동물의 역사》는 범상치 않은 업적이다. 이렇게 포괄적인 관찰과 자연주의적 용어로 그 관찰 결과를 이해하려는 시도를 작은 단행본에 제시한 이와 같은 연구물은 전에도 없었고 내가 알기로는 나중에도 없었다.

동물의 부위

아리스토텔레스가 자연을 바라보았던 새로운 방식의 대다수는 이제 우리 사고 유형의 일부가 되어버려 당연한 것으로 받아들여진다. 사실상 그는 오늘날에 행해지는 것보다 구조와 기능을 덜 분리시켰던 것 같다. 그가 이야기하는 구조는 그것의 작용에 관한 것이거나, 그 중요성을 광범위하게 추측하는 것에 국한되어 있다. 구조는 정말로 중요한 것인 기능에 기본이 되는 것으로 간주했다.

《동물의 역사》와 동반자적인 연구가 《동물의 지체에 관하여》인데, 아리스토텔레스는 아마 《동물 지체의 원인에 관하여》라고 칭하고 싶었을 것이다. 이 책에서 아리스토텔레스는 동물 구조의 기능을 제시하고자 했으며 구조의 일반적 중요성을 추측하였다. 어떻게 조사를 시작해야 할까?

> 자연과학의 조사에서 그 진술의 진위와 상관없이 방법의 수용 여부는 검증될 수 있는 일반적 규칙에 동의해야만 한다. 예를 들면, 우리가 사람, 사자, 황소 등 각 종을 개별적으로 논할 것인가, 아니면 많은 다른 그룹의 생물체에서 나타나는 동일한 속성들, 즉 수면, 호흡, 생장, 부패, 그리고 죽음 등 이들의 공통적 특성을 논할 것인가. 현재에는 합의된 체계가 없기 때문에 나는 이 문제를 제기하는 것이다. 그러나 만일 우리가 종별로 따로 논하게 되면 많은 다른 동물의 동일한 기재를 반복하게 될 것이다. 왜냐하면 위에서 언급한 공통적 특성 하나하나가 말, 개, 그리고 사람 모두에게서 나타나기 때문이다(《동물의 지체에 관하여》, p. 639a, p. 639b).

아리스토텔레스의 답은 생명의 기본 문제를 해결하는 것과 유사한 방식인 나른 종의 공통된 속성들을 강조하는 것이있다. 이는 모든 생물학 분야에서 아주 성공적으로 적용된 동일한 접근법이었다. 이 접근법은 또한 각 종을 다른 모든 종과 완전히 별개로 취급하는 것, 즉 만일 각각의 종이 독특한 신의 창조행위를 대표한다면 따라야 하는 관점과 대조적으로 생물체 간의 유사성을 강조하고 있다.

　《동물의 지체에 관하여》에서 생리적 분석의 중대한 가치 중의 하나는 테크닉, 기본정보, 그리고 접근법이 적절치 않을 때 문제에 대해 질문하기가 얼마나 어려운지를 생생히 보여주고 있다는 점이다. 인간의 몸체와 다른 생물체의 몸체는 아리스토텔레스에게 블랙박스(미지의 상자)였다. 음식과 공기가 들어가서 고체와 액체 배설물이 나오게 되는데 도중에 어떤 일이 일어났는지는 신비에 싸여 있다. 해부된 몸체는 관과 끈으로 연결된 부분의 혼란스런 집합체이다. 살아 있는 생물체는 극도로 활동적이지만 죽음 후 즉시 사체를 열어보면 모든 것이 잠잠히 멈추어 있다. 아무 일도 일어나지 않는 것 같다. 예를 들면 아리스토텔레스는 커다란 간을 볼 수 있었지만 그 기능은 알 수 없었기에 추정할 수밖에 없었고 기원전 4세기의 이런 추정들은 틀렸거나 불완전했다. 그렇다고 하더라도 아리스토텔레스는 엄청난 기여를 했는데, 그는 중요한 질문을 던졌고 자연적인 답을 찾으려고 했다.

　아리스토텔레스의 생리학에 대한 이해의 예로 그가 내장, 혈액, 허파, 신장, 그리고 방광의 기능이라고 믿었던 다음의 사실을 들 수 있다. 대부분의 경우 그는 사람을 포함한 포유류에 대해 논하였다. 그는 음식 없이 동물은 생존할 수도, 자랄 수도 없다는 것을 관찰했다. 따라서 가장 필요한 두 가지 부위는 음식을 섭취하는 부위와 찌꺼기를 배출하는 부위였다. 음식은 그대로 사용되지 않았고 몸에서 열로 변환되었다. 이 열 발생의 원천이 심장이었다. 음식을 잘게 부수는 일은 입에서 이빨로 수행되었다. 음식이 작은 조각일 때 열을 발생하기가 더 쉬웠다. 그 후 음식은 위와 소장으로 넘겨져 변형된다. 사실상 음식의 최종적 형태는 혈액인데 혈액은 혈관으로 들어가 몸 전체 부위에 분배된다. 간은 혈액에서 음식을 사용하는 데 필요한 기관이다. "이러한 종류의 고찰은 생물체에서 혈액의 용도가 영양분, 말하자면 신체의 부위에 필요한 영양분을 공급하는 것임을 밝히고 있다." (《동물의 지체에 관하여》, p. 650b15) 음식의 필요성과 신체 부위가 어떻게 그것을 수용하는가에 대한 아리스토텔레스의 이해는 오늘날 미국에 사는 보통 사람 수준에 비길 만하다.

아리스토텔레스는 호흡의 기능을 잘 이해하지 못했다. 허파는 호흡하기 위해 존재했다. 그는 호흡의 주 기능이 몸체를 식히는 것이라고 추정했다. 이는 실제로 우리가 알고 있듯이 호흡의 한 가지 기능이기는 하지만 고대인에게 사람의 몸이 특히 열병에 걸렸을 때 열을 발생한다는 것이 명백하였을 것이다. 또한 격렬한 운동 후에 더위를 느끼고 호흡률이 증가하는 것도 느꼈음이 사실이다. 비록 아리스토텔레스가 호흡의 기능을 완전히 이해하지 못했다 하더라도 그는 흡기와 배기의 기본을 이해하고 있었다. "허파가 팽창하면 공기가 안으로 들어가고 허파가 수축하면 공기가 밖으로 다시 나간다."(《동물의 지체에 관하여》, p. 669a18)

아리스토텔레스는 신장과 방광의 용도가 찌꺼기를 처리하는 것이라고 말했다. 그는 혈관과 신장 간의 흥미로운 관계를 주목하고 신장 기능에 대한 놀라운 통찰력을 보였다.

대혈관에서 신장으로 확장되는 관은 신장강에서 종결되지 않고 혈액이 신장 본체로 흘러간다. 따라서 신장강으로는 혈액이 들어가지 않아 사후에 혈액이 응고되지 않는다. 다른 연결로는 대동맥에서 신장으로 가는데 강력하고도 연속적인 것이다. 이러한 배열은 찌꺼기가 혈관으로부터 신장으로 밀려가도록 하려는 목적으로 액체가 신장의 본체에서 여과될 때 그 결과로 생기는 배설물은 대부분의 경우 신장강이 존재하는 신장의 중간 부위에 수집된다. 신장강에서 각각의 신장에서 하나씩 두 개의 튼튼한 관(요관)이 방광으로 연결된다. 여기에는 혈액이 들어 있지 않다(《동물의 지체에 관하여》, p. 671b).

신장의 생리학에 대한 이러한 설명은 19세기의 것과 거의 비슷한 수준이다.

동물의 분류

이미 본 것처럼 아리스토텔레스는 동물 간에 생물학적 유사성이 존재한다는 것을 분명히 인지하고 있었다. 일부는 너무나 같아서 같은 종류로 분류되었는데 그는 이를 오늘날 우리처럼 종이라고 불렀다. 다른 종은 그룹으로 나뉘는 것처럼 보였다. 한 그룹에 종의 수가 적을수록 그 그룹의 구성원 간에 유사점이 더 많았다. 예를 들면, 조류 같은 한 그룹의 척추동물 간에는 어류, 양서류, 파충류, 조류, 그리고 포유류의 모든 척추동물 간에서보다 유사성이 더 크다.

아리스토텔레스는 모든 동물을 포괄할 엄격한 분류 계급체계를 제공하려고 시도하지는 않았다. 그러나 생물체를 하나씩 다루는 대신에 생물체 간의 유사성을 찾으려는 그의 목적이 일부 주요 그룹을 인지하는 데에 유용하다는 것을 알았다. 그가 분류한 두 가지 기본 그룹은 혈액을 가진 것과 혈액을 갖고 있지 않는 것이었다. 전자의 그룹은 거의 척추동물과, 후자의 그룹은 무척추동물과 동일했다. 혈액을 가진 척추동물은 다시 '인간; 모체 태생의 사지동물(포유류), 조류; 난생의 사지동물, 파충류와 양서류(뱀처럼 대부분의 경우에 유사한 일부를 포함하여), 어류' 등 주요 소그룹으로 분류되었다. 혈액을 갖고 있지 않는 동물의 주요 그룹으로는 '연체 외골격 동물(갑각류), 연체류(두족류), 곤충류, 외골격 동물(연체동물, 극피동물, 해면동물, 말미잘)' 등이 있다. 이 주요 그룹 외에도 아리스토텔레스는 그가 명명치 않은 다른 것들도 있다고 언급했다.

특히 흥미로운 점은 동물의 분류에서 아리스토텔레스가 극도로 조심스러웠다는 점이다. 그는 다른 이들이 단일 형질의 차이를 사용하여 종종 인위적인 분류를 낳게 된 것을 암시했는데, 이것은 아리스토텔레스가 직관적으로 오늘날 우리가 '자연적' 그룹, 즉 공통 조상을 가진 후손으로서 서로 연관된 그룹으로 파악하고 있었다는 것을 제시한다. 예를 들면, 그는 일부 박물학자는 동물을 육상에 거주하는 것과 물속에 거주하는 것으로 나누었다고 언급한다. 그러한 양분법은 (고래와 같은) 일부 포유류와 일부 조류를 어류와 같은 그룹으로 두고 나머지 포유류, 조류, 그리고 파충류를 다른 그룹으로 놓게 한다. 그는 뱀이 사지가 아니라 다리를 전혀 갖고 있지 않음에도 불구하고 난생의 사지동물에 포함시켰다. 여하튼 뱀은 너무 많은 다른 점에서 도마뱀과 유사하여 같은 부류에 넣어야 한다고 느꼈다.

분류에서 아리스토텔레스의 주요한 기여는 구조, 생리학, 생식방법, 그리고 행동에 바탕을 둔 자연적 그룹이 존재함을 주장한 것이다. 이와 관련된 그의 신중함 또한 중요하게 여겨야 할 점이다. 차후의 많은 분류학자와 대조적으로 그는 종을 체계에 끼워 맞추려고 하지 않았으며 체계가 자연적 유연성을 다루어야만 한다는 점을 깨닫고 있었다.

아리스토텔레스의 체계

생물학에서 아리스토텔레스의 주요한 기여는 자연현상을 더 고대의 문명에서처럼 신이나 혼령 또는 초자연적 세계의 힘에 의해 조절된다고 믿는 대신에 자연적 용어로 이해하고자 했다는 점이다. 그에게 자연현상의 지식이란 관찰에 의해 습득한 데이터에 통제된 사고를 적용함으로써 도출되는 것이다. 자신이 관찰한 바를 믿는 것이지 믿는 바를 관찰하는 것이 아니다.

아리스토텔레스는 천문학과 물리학을 다루는 데 생물학에서처럼 확연히 성공을 거두지 못했다. 이 분야에서는 플라톤처럼 자연의 사실을 자연현상의 원인에 대한 선입견적 이론에 맞도록 끼워 맞추었다. 이러한 연역적 과학은 기본 이론이 옳을 때만 성공적일 수 있다. 아리스토텔레스의 이론은 옳지 않았기 때문에 그의 물리세계에 대한 공들인 기술은 2천 년 후 갈릴레오와 다른 이들에 의해 무너져 내렸다. 아리스토텔레스의 생물학은 대체로 귀납법 방식이었고 그 이유로 훨씬 더 오래 지속되었다.

그는 질문에 답하는 데 아주 강력한 도구로 드러난 실험에 대해서는 별로 언급하지 않았다. 사실상 연역추론을 검증하기 위한 대규모 실험은 16세기 후반과 17세기 초반 갈릴레오 시절에 와서야 시작되었다. 그러나 아리스토텔레스도 어느 정도는 이것을 적용하였다. 그렇지 않았다면 어떻게 그가 머리카락이 자른 면이 아니라 기저부에서 자란다고 말할 수 있었겠는가? 거세된 동물을 통한 성 불능현상의 관찰은 비록 그 실험이 아마도 비과학적 이유로 수행되었을지라도 확실히 실험에 바탕을 둔 것이다. 게다가 갱년기가 지나가면 여자의 턱에 털이 자라기 시작한다는 일부 자연적 현상을 실험에 이용하기도 했다.

이러한 실험의 결여 탓에 아리스토텔레스의 물리학 연구는 한계를 지녔다. 물리학 분야의 실험이 그에게 불가능했을 거라고 주장할 수는 없다. 예를 들면, 그는 종이나 깃털처럼 가벼운 물체가 돌처럼 무거운 것보다 더 천천히 추락한다는 상식적 개념을 시험할 수 있었을 것이다. 물론 이 개념은 돌의 빠른 하강과는 대조적으로 한 장의 종이는 부드럽게 땅에 내려앉는 것을 실험적으로 관찰했기 때문에 유지되고 있었다. 그렇지만 이 결과는 두 물체의 상대적 질량이나 모양으로도 설명될 수 있었다. 만일 아리스토텔레스가 한 장의 펴진 종이와 이를 빽빽하게 구겨 만든 종이 뭉치의 하강을 비교하는 추가 실험을 했다면 물리과학은 아주 다른 역사를 지니게 되었을 것이다. 틀림없이 그는 자신이 이미 답을 알고 있다고 가정했기에 그러한 실험을 할 필요성을 느끼지 못했을 것이다.

아리스토텔레스 자연관의 기본요소는 일반적으로 '영혼'(soul) 이라고 번역되는 단어로서 기술되는 현상의 존재에 대한 그의 개념이다. 이 단어는 더 적절한 '생기'(living force), '생명력'(life) 또는 '생기력'(vital principle) 등으로 번역되기도 했다. 이것은 '영혼'과 마찬가지로 모호하지만 유대-그리스도교의 영혼에 대한 의미와는 전혀 관련이 없다. 이 아이디어는 살아 있는 동물과 죽은 동물의 차이를 설명하기 위해 나온 것에는 의심의 여지가 없다. 형태는 전후가 동일하게 남아 있지만 뚜렷하게 알 수 없는 어떤 기본적 차이가 존재한다. 사실상 생물체의 '물질'(*matter*)에 '형태'(*form*)를 제공하는 것이 영혼이며 이것은 오직 생명체와 연관되어 존재한다. 그것이 무엇이든 아리스토텔레스는 그것이 살아 있는 것에만 한정되어 있고 그 형태가 생물체의 복잡성에 따라 변하는 것을 깨닫고 있었다. 식물은 오직 영양과 생식에만 관심을 두는 가장 낮은 형태의 '영혼'을 갖고 있다. 동물은 식물처럼 영양과 생식적인 영혼을 갖는 것과 동시에 감각기관과 지각력이 있는 영혼을 가졌다. 인간에게는 더 높은 수준의 이성적 영혼이 추가된다.

아리스토텔레스는 영혼이 불, 땅, 물, 그리고 공기의 4가지 기본 요소, 어쩌면 다섯 번째 요소인 정신(*pneuma*)도 포함해서 이들과는 별개의 무엇이라고 믿었다. 아리스토텔레스는 살아 있는 상태라는 현상을 인지하고 있었고 자신의 이성적 영혼에 그것을 다룰 수 있는 방법을 제공하려고 노력했다. 그러나 그의 가설은 아주 유용한 진보는 아니었다. 과학의 가설은 다른 현상을 시험 가능한 방식으로 연관 지을 때 가장 생산적이다. 아리스토텔레스의 영혼에 대한 등급은 생물체가 행하는 일부 다른 일에다 명칭을 부여한 것에 지나지 않는다. 동물은 지각적 영혼을 갖고 있기 때문에 환경을 감지할 수 있는 감각기관을 가진다는 설명은 아리스토텔레스의 주장을 더욱 발전시키지는 못한다.

이것은 과학적 과정의 가장 중요한 특징을 강조하고 있다. 적절한 질문을 하지 못하면 답을 얻을 수가 없다.

기본 질문들

아리스토텔레스는 자신의 생물학적 연구에서 가능한 한 많은 생물체의 구조를 체계적인 방식으로 기술하고, 그러한 구조의 기능을 조사하고 생식과 발생의 패턴을 발견하며 행동에 대해 배우고자 했다. 그러나 기술적인 생물학은 아리스토텔레스에게 단지 분석의 시작에 불과했다. 그는 관찰된 현상의 '어떻게'와 '왜'를 이해하는 데 훨씬 더 많은 관심을 가진 것으로 보인다. 그는 동물 방식의 삶에 관해 물을 수 있는 가장 일반적인 질문을 함으로써 남게 될 것이 무엇인지를 고려했다. 그 질문들은 다음과 같다.

(1) 영혼 또는 생기력의 본성이 무엇인가? 다시 말하면 물질이 생명체의 특징을 나타내는 능력을 갖도록 하는 것은 무엇인가? 모든 생물체는 씨앗이나 난자로 시작하여 분화와 생장을 거치며 성숙 시에 생식하여 죽게 된다. 계속적인 변화를 겪지 않는 것으로 보이는 무생물 세계와는 대조적으로 생명은 끊임없이 변화하는 특징을 갖는다.

(2) 해파리, 양치류, 코끼리, 조류, 나무, 그리고 인간을 비롯한 모든 생물체에서 똑같은 이 생기력이 생명체의 형태와 기능을 통해 서로 그렇게 다르게 표현되는가? '살아 있다는 것'이 모든 생물체에게 근본적으로 똑같은가?

(3) 생명의 유지에 요구되는 것은 무엇인가?

(4) 생물체의 다양성이 — 종간의 차이뿐만 아니라 한 종 내에서 개체 간의 변이성 모두 — 생기는 이유는 무엇인가?

(5) 생물체 간의 유사성과 그에 따른 자연적 그룹을 인지할 가능성을 어떻게 설명할 수 있을까?

(6) 이제 우리가 유전적 연속성이라고 부르는 동일 종류가 동일 종류를 만드는 까닭은 무엇일까? 다시 말해 자손이 부모를 닮도록 만드는

것은 무엇일까?

　이러한 질문들에 대한 답은 실용적인 결과를 가져오지 않음을 명심하는 것이 중요하다. 고대 그리스에서 그 답을 아는 그 누구도 정치적으로나 경제적으로 이득을 보지는 않을 것이다. 그것이 가져다 줄 지적 즐거움 때문에 심사숙고할 사치를 누릴 수 있는 아주 극소수 사람만이 그 질문을 했고 답이 도출되었다. 에디스 해밀턴(Edith Hamilton)은 《동물의 지체에 관하여》의 일부분에 대한 그녀의 주석에서 이러한 정신을 다음처럼 표현하였다.

> 천체의 영광은 의심할 바 없이 이러한 미천한 것들에 대해 숙고하는 것보다 더 많은 기쁨을 준다. 그러나 천체는 높이 아주 멀리 있어서 우리의 감각으로 느끼는 천체에 대한 지식은 빈약하고 애매하다. 반면에 생물체는 우리 눈앞에 있어서 원한다면 부분과 전부의 완전하고도 확실한 지식을 얻을 수가 있다. 우리는 조각상의 아름다움에도 즐거움을 느낀다. 하물며 왜 생명체가 우리에게 기쁨을 채워주지 않겠는가? 그리고 만일 우리가 지식에 대한 사랑의 정신으로, 원인을 찾아 의미의 증거를 밝힌다면 더욱 그러할 것이다. 그러면 모든 사물에서 자연의 목적과 깊이 감추어진 법칙이 밝혀져 자연의 여러 광대한 작품에서 모두 한 형태나 다른 형태의 미로 향하게 될 것이다(Edith Hamilton, 《그리스인 방식》, 1942).

제3장

합리적인
그리스의 대표적인 과학자들

아리스토텔레스의 두 갈래식 과학적 접근법, 즉 데이터의 수집과 그에 대한 고찰을 그의 후계자들은 체계적으로 활용하지 않았다. 그의 후계자들은 대부분의 경우 토머스 쿤(Thomas Kuhn)이 자신의 저서 《과학적 혁명의 구조》(1970)에서 '정상과학'(*normal science*)이라고 칭했던 일인 그 시대마다 대다수의 과학자에게 받아들여진 패러다임을 세부적으로 설명하는 일에 종사하였다.

만일 현재 남아 있는 기록에 따른다면 아리스토텔레스 추종자들의 주 관심사는 사람의 생물학이었는데 이것은 사람 몸체의 구조를 공부하여 각 부분의 기능을 파악하려는 시도를 의미한다. 생물학에서의 진보는 한 가지 주목할 만한 예를 제외하고는 세기별로 천천히 일어났다.

테오프라스투스와 식물학

테오프라스투스(Theophrastus)는 아리스토텔레스보다 젊었지만 둘 다 플라톤의 제자였으며 나중에 아테네의 아리스토텔레스 학당에 함께 다녔다. 테오프라스투스는 기원전 371년에 아리스토텔레스가 한 때 살았었던 레스보스(Lesbos) 섬에서 태어났지만 대부분의 생애를 아테네에서 보냈다. 아리스토텔레스 사후 테오프라스투스는 그 학당의 교장이 되었으며 기원전 287년에 죽었다.

테오프라스투스는 박식한 사람이었지만 다른 방면에서의 연구가 남아 있지 않아서 우리에게는 거의 전적으로 식물학자로 알려져 있다. 그의 저서 《식물의 탐구》(Inquiry into Plants)에서 그는 아리스토텔레스가 《동물의 역사》에서 동물을 다룬 것처럼 식물학을 다루려고 시도했다. 이전에는 이처럼 중요한 연구가 전혀 이뤄지지 않았기에 테오프라스투스는 식물학의 아버지라고 인정받을 수 있었다.

테오프라스투스는 《식물의 탐구》에서 식물의 특징과 더불어 그들이 동물과 유사한 정도를 주목하는 것으로 연구를 시작하였다. 그는 많은 종류의 종자 발아를 기술하였다. 예를 들면, 뿌리와 줄기의 기원과 꼬투리나 잎자루에 종자가 부착된 지점과 그 기원의 관계를 주목하였다. 곡물류의 뿌리는 종자의 넓은 아래 부위에서, 줄기는 반대편 끝에서 시작한다. 그렇더라도 뿌리와 줄기는 연속적으로 이어져 있다. 반면에 콩과류는 종자의 같은 지점에서, 즉 꼬투리가 부착된 지점에서 뿌리와 줄기를 만든다(《식물의 탐구》, 8.2.1-2).

테오프라스투스는 식물의 일부 구조가 한시적이고 단명적이라서, 식물의 구조를 다루는 데 어려움을 겪었다. 동물은 팔, 눈, 위 등 자신의 부위를 잃지 않는 반면 식물은 부위를 잃게 되는데, 많은 나무의 잎은 가을에 없어지며 열매가 맺히면 떨어진다. 때문에 그는 뿌리, 줄기, 가지 등 영구적인 성질의 부위를 더 중요하게 여겼다. 이 부위들은 동물의 부위처럼 중요한 역할을 한다. 뿌리는 식물이 토양으로부터 영양분을 끌어들일 수 있게 한다.

그는 수액과 섬유조직, 그리고 잎맥을 제대로 알아보았지만 당시에는 그러한 부위의 이름을 알지 못하고 있었기에 동물에서 나타나는 구조의 용어를 사용했다. 그 이유에 대한 그의 논리가 아주 흥미로운데 이는 필요 이상으로 훨씬 더 많은 적용성을 갖고 있다. "우리 감각으로 보아 더 크고 더 평범한 것이기에 더 잘 알려진 것들의 도움을 받아 우리는 미지의 것을 추구해야 한다."(《식물의 탐구》, 1.2.4)

그는 식물을 분류하려고 시도했는데 그가 선택한 카테고리는 목본류, 관목류, 작은 관목류, 그리고 초본류였다. 테오프라스투스는 이러한 카테고리가 따로 구분되지 않고 많이 겹치는 것을 파악했다. 분명히 그는 자신의 분류체계에 만족하지 못했다. 그는 수세기 후 보다 납득할 만한 분류체계의 근간을 형성하는 속씨식물과 겉씨식물, 단자엽과 쌍자엽, 식물의 꽃의 부위, 꽃 부위의 배열이 씨방 아래나 위에 위치한 차이를 잘 이해하고 있었다.

《식물의 탐구》에는 5백 종 이상이 기재되어 있으며 재배종에 대한 많은 정보가 담겨 있다. 아리스토텔레스의 《동물의 역사》의 경우처럼 정보의 대부분은 테오프라스투스가 읽었거나 다른 이들에게서 들은 것에 바탕을 두고 있다. 그는 당시에 알려진 세계의 다른 지역에는 아마 다른 종이 있을 것이며, 기후가 식물의 생장에 중요하다고 기록했다. 그는 비료로서 배설물의 중요성을 알고 있었으며 많은 종의 식물 해충을 인지하고 있었다. 그는 목재용 나무와 어떤 종류가 빌딩, 가옥, 선박, 가구 또는 숯을 만드는 데 가장 적합한 나무인지에 대해 상당한 정보를 제공했다.

아리스토텔레스와 테오프라스투스는 귀납적 방법으로 자연에 접근하였으며 관찰을 바탕에 두고 생물학적 정보를 쌓아갔다. 그렇게 얻은 데이터는 설명이 가능한 가설을 개발하는 데 사용되었다. 그들의 접근법은 차후 세기에 또 다른 과정인 가설을 검증하는 실험의 첨가로 아주 생산적인 것으로 드러났다. 그들이 성취한 바는 아주 주목할 만한 것이었고 당시에도 그렇게 인정받았기에 그들의 이성적 접근이 후세의 모두에게 받아들여졌을 거라고 추측할 수도 있다.

실제로는 그렇지 않았다. 생물학이 아리스토텔레스와 테오프라스투스가 실행한 수준으로 다시 올라서는 데는 2천 년이 더 걸려야 했다. 외견상 열역학 제 2법칙은 물리적 과정과 마찬가지로 지적 추구에서도 작용하는 것으로 보인다. 아리스토텔레스와 테오프라스투스 이후에 생물학에 현저한 엔트로피(entropy, 무질서도를 뜻하며 열역학 제 2법칙에 따르면 모든 반응은 엔트로피가 증가하는 방향으로 일어난다—역자)의 증가가 일어났다. 앞으로 개념적 엔트로피의 한 예를 주목하게 될 것인데 바로 플리니우스(Pliny)이다.

로마인 플리니우스

가이우스 플리니우스 세쿤두스(Gaius Plinius Secundus)는 서기 23년에 태어나 서기 79년 8월 24일 폼페이와 헤르쿨라네움(Heraculaneum, 현재의 에르꼴라노—역자)을 포함하여 나폴리 근처 남부 이탈리아의 넓은 지역을 뒤덮어버린 베수비오(Vesuvius) 화산 폭발로 사망했다.

플리니우스는 생전에 위대한 업적을 성취한 사람이었다. 그는 군에서 복무했으며 죽을 당시에는 나폴리 항에 주둔했던 로마 함대의 사령관이었다. 그는 또한 여러 정부 관료직을 거쳤다. 그는 우주물리학, 지리학, 고고학, 생물학, 광물학, 약용식물, 그리고 미술 등을 다룬 백과사전적 저술인 《박물지》(*Historia Naturalis*)로 말미암아 우리에게 중요한 인물이다. 그는 다른 누구도 이렇게 광범위한 조사를 시도하지 못했으리라고 믿었다. 이 저서는 로마 황제 티투스(Titus)에게 헌정되었다.

전집 7권부터 19권은 사람과 다른 동물 및 식물을 다루고 있다. 플리니우스가 얻은 거의 대다수의 정보는 이전 문헌으로부터 얻은 것이었다. 그는 저자 100명의 저서 2천 권을 검사하여 2만 개의 사실을 추출했다고 주장했다. 1975년에 아이크홀쯔(Eichholz)가 셈하기로는 473명의 저자와 34,707개의 사실이었기에 그는 지나치게 겸손했거나 아니면 덧셈에 미숙했을 것이다. 그의 《박물지》 중 일부는 이제 더이상 존재하지 않는 아주 다양한 종류의 그리스와 로마 작품으로부터 정보를 모은 귀중한 편찬집이다. 후세의 저자들은 종종 플리니우스를 명청하며 독창성이 결여되어 있다고 비판했다. 두 번째 비판은 정말로 이상한데, 새로운 발견이 백과사전에 처음 발표되리라고는 기대할 수가 없기 때문이다.

플리니우스에게 세상은 시작과 끝을 알 만한 증거가 없는 신성하고 영구한 것이었다. 물질은 4가지의 원소인 불, 공기, 땅, 그리고 물로 이루어져 있다. 많은 별 가운데 7개의 행성이 존재한다. 태양은 계절과 별을 지배하였으며 호메로스(호머, Homer)가 지녔던 관점처럼 최상의 지배법칙이자 자연의 신으로 간주되었다. 플리니우스가 보고한 행성, 별, 그리고 태양의 운동에 대한 정보는 놀라운 것이었다. 그는 춘분과 추분 때 태양이 정확히 적도 위를 지나며 동지와 하지 때 정확히 북회귀선과 남회귀선 위를 지난다는 사실을 알고 있었다. 땅이 인간에게 속하듯이 하늘은 주신에게 속한다. 대지는 친절히고 부드러우며 관대하여 아낌없이 우리에게 하사품을 주는데도 우리는 아주 많은 방식으로 오용하고 있다. 우리는 지금도 그렇게 하고 있다.

그는 지구의 모양에 대해 학자와 일반 대중의 서로 다른 견해를 논하기도 했다. 학자는 지구가 둥글며 사람은 어디에나 살고 있다고 주장한다. 따라서 지구의 서로 반대편 쪽에 있는 사람의 발이 서로 마주보고 서있다(정반대 방향이다). 대부분의 사람들은 지구가 구형이라는 것을 의심하는데 반대편 사람들이 추락할 거라는 이유 때문이다. 플리니우스는 반대편 쪽의 사람도 우리를 걱정할 테지만 우리는 문제없이 땅에 붙어 있다고 지적하고 있다. 이것이 일반적으로 받아들여지는 주장은 아니지만 플리니우스는 모든 것이 지구의 중심으로 끌어당겨지고 있다고 믿었다. 그는 지구가 구형이라고 믿을 만한 많은 이유를 제시했다. 그 예로 '배가 바다 너머로 나아갈 때 돛대의 꼭대기가 마지막으로 사라진다', '바다는 땅을 둘러싸고 있는데 지구 중심으로 모이려는 압력이 물이 떨어지는 것을 방지하고 있기 때문에 떨어지지 않는다' 등을 들 수 있다.

5개의 주요 기후대가 존재하는데 혹한과 영구히 지속되는 추위에 짓눌린 양극에 위치한 두 지역과 두 온대지역 그리고 태양이 작열하는 열대지역이다. 열대지역이 너무나 덥기 때문에 온대지역은 실질적으로 서로 격리되어 있다. 플리니우스의 시대에 로마제국 영역 너머의 세계는 거의 알려져 있지 않았기 때문에 이것은 놀랍도록 정확한 믿음이다. 예를 들자면 아무도 그 끔찍한 열대지역을 감히 건너가지 못했다.

조류는 달의 위치와 관련이 있으며 태양과 달이 서로 반대 위치에 있을 때(보름달)와 가장 가까이 있을 때(초승달) 만조와 간조가 된다. 당시 플리니우스에게 알려진 지구의 동쪽과 서쪽 부분인 인도에서 헤라클레스의 기둥(Pillars of Hercules, 지브롤터 해협의 양편에 있는 두 개의 바위 — 역자)까지는 거리가 8,568마일(1마일 = 1.6㎞) 또는 9,818마일이다. 에라토스테네스(Eratosthenes)가 처음 결정한 지구의 원주는 25만 2천 스타디움(stadium)이었다(그리스의 스타디움은 606.75피트 또는 0.11마일과 같기에 지구의 원주는 27,720마일(46,250㎞로 오늘날의 측정값인 40,008㎞와 꽤 근사한 값 — 역자)이다 — 에라토스테네스가 지구의 짧은 원주를 재기 위해 사용한 주행거리계는 낙타의 걸음 거리 수를 재는 것이었던 점을 고려하면 그리 나쁘지 않은 결과이다).

플리니우스에게 알려진 북서쪽으로 가장 먼 지역은 툴레(Thule, 아마도 노르웨이의 북서지방)였는데 한 여름에는 밤이 없었고 한겨울에는 낮이 없었다. 툴레에서 하루만 항해하면 얼어붙은 바다가 나왔다. 플리니우스가 지중해로부터 더욱더 먼 지역을 논의하면서 정보가 점차 터무니없어지는 경향을 보였다.

7권에서 플리니우스는 인간에 대한 논의와 더불어 동물학을 다루기 시작한다. 플리니우스에게 인간은 가장 높은 종의 동물로서 나머지는 자연이 인간을 위해 창조한 것이다. 인간만이 벌거벗은 채로 태어나며 다른 모든 생물체는 깃털, 털, 가시 또는 나무껍질을 갖고 있다. 오직 인간만이 슬픔을 느끼며 눈물을 흘리고 사치를 안다. 그들만이 야망, 탐욕, 삶에 대한 지나친 욕구, 미신 또는 사후에 일어날 일에 대한 걱정 등을 갖고 있다. 다른 종은 협력하는 반면에 인간만이 자신의 종족에게 가장 사악하다.

아주 멀리 떨어진 외딴 장소에는 진정으로 이상한 인간이 존재하는데 일부는 인육을 먹으며 또 다른 일부는 이마 한가운데 외눈을 갖기도 한다. 그들은 그리핀(Griffin, 그리스신화에 나오는 독수리의 머리와 날개에 사자 몸을 가진 괴수—역자)과 싸우기도 하며 발이 반대 방향으로 달려 있고 낮보다는 밤에 더 잘 볼 수 있다. 또한 만지기만 해도 뱀에 물린 상처를 치료할 수 있고 몸에 뱀을 죽일 수 있는 독을 함유하고 있으며, 쳐다보기만 해도 마법을 걸 수 있으며, 눈동자를 이중으로 갖고 있다. 하루 종일 태양을 바라보며 서 있을 수 있고 다리를 하나만 갖고 있어 점프하여 움직이며 목이 없이 어깨에 눈이 달려 있다고 한다.

그리고 거인도 존재했다. 크레타(Crete) 섬에서의 지진으로 말미암아 높이가 69피트(30m)에 달하는 생물체의 뼈대가 노출되었다. 사람들은 이 뼈를 신의 잔재물로 가정했다(그러한 보고는 확실히 관찰에 바탕을 둔 것이다. 아주 커다란 해양과 육상 종의 화석들이 고대 시절부터 눈에 띄었지만 당시에 그 중요성은 알려져 있지 않았다).

플리니우스는 만일 산모가 소금을 많이 함유된 음식을 섭취하면 아기가 손톱이 없이 태어나고, 성교 후 재채기를 하면 유산한다는 식의 언급을 하며 인간의 생식에 대한 피상적이고 대략적인 설명을 했다. 발이 먼저 나온 남자아기는 거의 절대적으로 출세하지 못한다. 마르쿠스 아그리파(Marcus Agrippa)는 그렇게 태어나서도 최고의 지위에 오르긴 했지만 그의 딸들이 나중에 자라서 가장 끔찍한 황제들이 된 칼리굴라(Caligula)와 네로(Nero)를 출산하였기에 발이 먼저 나온 것에 대한 대가를 치렀다.

그의 유전에 대한 언급은 20세기까지도 지속되었던 혼동을 보여주고 있다. 건전한 부모가 정상적이거나 기형의 아기를 가질 수 있으며 비상적인 부모의 경우도 마찬가지이다. 특정 형질은 수 세대에 걸쳐 유전되기도 한다. 예를 들면, 하얀 피부를 가진 여자(백인)가 에티오피아인(흑인)의 딸을 낳으면 그 딸은 백인이지만 할아버지처럼 흑인인 아들을 낳게 된다.

일부 인간은 예외적으로 강건하고 발이 빠르며 뛰어난 시력이나 훌륭한 인품을 가진다. 율리우스 카이사르(줄리어스 시저, Julius Caesar)는 동시에 네 글자를 받아쓸 수가 있었다. 그는 동시에 쓰고 읽고 받아쓰고 들을 수가 있었다. 그는 50개의 전투를 치렀고 119만 2천 명의 죽음에 대한 책임이 있다.

인간의 자연사에 대한 거의 끝부분에서 플리니우스는 사후문제에 대해 탐구하였다. 영혼과 그것의 여러 가지 속성은,

> 유치하기 짝이 없고 터무니없는 가공의 이야기이며 영생을 탐욕하는 존재에게만 한정된 것이다. 인간의 육신을 보존하려는 허영도 역시 마찬가지이다. 죽음에 의해 생이 새로워진다는 이 미친 아이디어는 도대체 무엇인가? 만일 영혼이 천상에서의 영구적 기쁨이나 지하의 유령으로 남아 있다면 나머지 세대들은 어떻게 될 것인가? 이 달콤하지만 불가능한 물로 만들며 임종에 임한 자가 차후의 생에서도 닥쳐올 슬픔을 생각하게 하여 이중으로 슬프게 만든다. 왜냐하면 만일 삶이 즐겁다면 누가 삶을 끝내는 것이 즐겁다고 여기겠는가? (《박물지》, 7.55.189, p. 190)

그런 다음 플리니우스는 육상에 사는 동물들을 논의하였는데 가장 크고 인간 다음으로 지능이 뛰어난 동물인 코끼리부터 시작하였다. 코끼리가 갖는 덕목에는 정직성, 지혜, 정의 그리고 태양과 달에 대한 경의가 포함되어 있다. 이들은 퍼레이드에서 명예로운 위치를 잃게 되거나, 정복당하면 굴욕을 느낀다. 겸손하기 때문에 남몰래 교접하며 간통하지 않는다. 이들은 인간과 사랑에 빠지기도 한다. 이들은 태생적으로 온순하기 때문에 포획되면 보리즙으로 금세 길들여진다.

이들은 돼지의 비명을 무서워하며 위장에 가스가 잘 차며 설사를 자주한다. 이들은 입으로 먹지만 손이라고 불러도 될 기관으로 마시기도 하고 숨도 쉰다. 이들은 쥐를 싫어한다.

11권의 동물학에 관한 마지막 부분은 좀더 일반적인 문제를 다루고 있다. 플리니우스는 자연발생설을 믿었기에 파리 유충이 햇빛에 의해 쓰레기에서 발생한다고 여겼다. 다음처럼 상호관계를 찾으려는 시도도 있었다. 혈액을 가진 동물은 머리를 가지며 촉각만 갖는 생물체(해면동물이나 일부 껍질을 가진 동물)는 머리가 없다.

인간과 다른 척추동물의 내장기관에 대해서도 기재되어 있는데 다른 종의 기관과 서로 상응하는 것에 대한 명백한 암시가 드러나 있다. 대다수 데이터는 구조에 관한 것이며 기능에 대해서는 거의 언급되어 있지 않다. 이것이 놀랄 만한 일은 아니다. 기본 기능은 거의 언제나 분자 간 상호작용의 결과인데 고대인에게는 분자가 알려져 있지 않은 실체였기 때문이다.

배아가 자궁 속에 있을 때 처음 만들어지는 기관이 심장이라고 믿었다. 심장은 뚜렷한 운동을 보여 마치 생물체 내의 생물체 같다. 늑골에 의해 보호되며 생기력과 정신의 원천이다. 거기로부터 연결되어 나오는 두 개의 커다란 정맥이 몸의 모든 부위로 혈액을 운반한다. 심장이 상해를 입으면 동물은 죽게 된다. 심장과 다른 기관을 복점관이 검사할 수 있으며 그 결과로 미래를 점칠 수가 있다. 율리우스 카이사르는 그가 독재자가 된 첫째 날에 한 사람을 희생물로 바쳤는데 그자는 심장이 없는 것으로 드러났다. 이것은 희생자뿐만 아니라 카이사르에게도 명백히 나쁜 징조였고 나중에 그렇게 일이 벌어졌다.

플리니우스는 많은 포유류와 다른 척추동물, 그리고 일부 무척추동물에 대한 문헌 보고서를 요약하였는데 겉보기에 모든 기록을 그대로 받아들인 것 같다. 그 결과 그가 기록한 많은 것들이 가공의 이야기이다. 그렇다 하더라도 플리니우스의 《박물지》는 서기 1세기에 일반적으로 믿었던 것에 대한 모음집이었기에 아주 오래전의 과학을 엿볼 수 있는 중요한 창의 역할을 한다.

의학의 아버지 히포크라테스

비록 아리스토텔레스가 관심을 가졌던 순수한 생물학적 문제는 명백한 유용성이 거의 없었지만 또 다른 분야의 생물학은 언제나 인간에게 혜택을 주는 것으로 소중히 여겨졌다. 이것이 바로 인체생물학으로서 이와 관련된 지식은 건강을 유지하고 질병을 치료하는 데 필수적이었다. 그리스 의학의 역사는 히포크라테스(Hippocrates, 기원전 약 460년에서 375년)로부터 갈레노스(Galen, 서기 약 130년부터 200년)까지 거의 6세기 동안 기록되어 있다. 그러나 그 전에도 의학은 존재하였으며 이집트 내과의사의 기술은 그리스 세계에서도 잘 알려져 있었다. 갈레노스가 17세기에 이르기까지 인체해부학과 생리학의 권위자로 남아 있었기에 그리스 의학은 서기 200년이 한참 지난 후에도 유효했다.

히포크라테스는 에게 해 코즈 섬(Cos island)의 의사 집안에서 태어났다. 그의 이름은 엄청난 분량의 《히포크라테스 전집》(Hipocratic Corpus)을 뜻하기도 한다. 이 저서는 히포크라테스의 연구뿐만 아니라 기원전 5세기 후반과 4세기 전반 다른 의사들의 연구도 담고 있다. 이 논의의 목적상 여기서는 모든 공을 히포크라테스에게 돌릴 것이다. 그는 아리스토텔레스가 태어나기 약 반세기 전에 죽었다.

히포크라테스는 전형적인 그리스 이오니아 방식으로 의학혁명을 일으켰다. 논리적이고 가능하면 과학적인 방식으로 설명하려고 했고 설명할 수 없는 것에는 자연적인 가설을 제안하면서 자신의 설명에서 초자연적 힘은 제외시켰다.

히포크라테스는 환자를 처리함에 있어 자연의 치료능력에 대한 개념, 즉 자연은 신체의 생리를 정상적인 평형상태로 회복할 수 있다는 것을 중심에 두었다. 여기서 우리는 생리학에 아주 중요한 것으로 판명된 개념의 핵심을 보게 된다. 히포크라테스와 그보다 아주 오래전의 다른 이들은 질병이 4가지 체액인 간에서 만들어지는 혈액, 허파와 관련 있는 담, 쓸개와 관련 있는 노란 담즙, 지라와 관련 있는 검은 담즙의 불균형에 기인한다고 여겼다. 이 중 한 가지 체액의 과다로 특징되는 4가지 주요 질병은 다혈질(*sanguine*, 혈액의 과다), 점액질(*phlegmatic*, 담의 과다), 성마름(*choleric*, 노란 담즙의 과다), 그리고 우울증(*melancholic*, 검은 담즙의 과다)이다. 따라서 4가지 체액이 정상적인 평형상태의 농도로 돌아오면 건강은 회복된다. 이 관념은 19세기 클라우드 버나드(Claude Bernard)의 내부 환경(*milieu interieur*)의 개념과 20세기 월터 캐넌(Walter Cannon)의 항상성(호메오스타시스, *homeostasis*)의 개념에 의해 더 공식화된다.

히포크라테스의 중요한 테크닉은 질병의 증후와 경과를 가능한 한 주의 깊게 기록하는 것이었다. 16세기에 이르러서야 다시 체계적으로 채택된 이 테크닉은 현대적 의학진단과 예후의 기초가 되었다. 당시 고대 시대 의사는 약품이나 질병을 효과적으로 치료할 다른 수단이 별로 없었다. 좀더 성공적이었던 의사는 질병을 진단하곤 이전 경우의 경험을 바탕으로 어떤 일이 일어날지를 예측하는 식에 의존하였다. 이러한 통찰은 환자를 심적으로 북돋워주었고, 그로 인한 의사와 환자의 신뢰는 회복에 중요한 요소가 되었다. 질병에 대한 이러한 소극적 접근법의 다수는 위험한 상황에서 특히 효과적인데 항상 그렇듯이 대다수의 환자는 어쨌든 회복되었다.

그러나 히포크라테스와 다른 효과적인 의사는 건강을 유지하는 프로그램을 갖고 있었는데, 적절한 휴식, 식사, 그리고 운동이 가미된 생활양식이 바로 그것이다. 모든 것에 대한 중용이 건강의 열쇠였다. 나중에 히포크라테스의 스타일을 따른 의사는 조지 워싱턴(George Washington)이 과다출혈로 죽게 한 의사나 19세기에 독성 화학물질을 환자에게 투여하여 독물에 중독되게 하거나 환자를 마약중독자로 만든 의사보다는 훨씬 폐해를 덜 미칠 것이다.

에라시스트라투스

히포크라테스의 뒤를 이은 저명한 내과의사가 기원전 304년경에 에게해의 섬 키오스(Chios)에서 태어난 에라시스트라투스(Erasistratus)였다. 에라시스트라투스는 뛰어난 해부학자였던 것으로 보이며 심지어 실험도 했던 것 같다. 예를 들면, 그는 신체에서 일어나는 발산을 궁금하게 여겨 새에게 먹이와 물도 주지 않고 밀폐된 용기에 가두었다. 감금 전과 감금 후에 배설물과 함께 새의 무게를 달았다. 새와 배설물을 합친 최종 무게는 처음 무게보다 적었다. 따라서 아마도 발산하는 무엇이 없어진 것이다. 그는 토끼, 수사슴, 그리고 인간의 뇌를 절개하였으며 뇌의 접혀진 정도를 동물의 지능과 연관 지었다.

에라시스트라투스는 몸체의 모든 부위가 정맥, 동맥, 그리고 신경에 의해 유지된다고 생각했다. 정맥은 혈액의 형태로 음식을 전달하고 동맥은 정신(*pneuma*)을 전달하며 신경은 심령적 정신(*psychic pneuma*)을 전달하였다. 혈액은 간에서 생성되며 정맥에 의해 몸 전체에 배분된다고 생각하였다. 심장의 팽창 시에 일부 혈액은 대정맥을 거쳐 심실로 들어간다. 혈액은 우심실에서 펌프되어 폐동맥을 거쳐 허파로 나온다. 삼첨판은 심실의 혈액이 정맥으로 되돌아가는 것을 방지하며 반월판은 폐동맥의 혈액이 우심실로 되돌아가는 것을 방지한다.

여기에는 '동맥'(*artery*)과 '정맥'(*vein*)을 구분하는 데 분명히 문제가 있다. 오늘날 우리가 폐동맥은 '정맥성 혈액'(*venous blood*)을 폐정맥은 '동맥성 혈액'(*arterial blood*)을 운반한다고 말하는 것처럼 고전적인 생리학자는 심장과 허파를 연결하는 관과 다른 신체의 관이 다르다는 것을 깨닫고 있었다. 폐동맥의 고대 명칭은 '동맥성 정맥'(*arterial vein*)이었으며 폐정맥은 '정맥성 동맥'(*venous artery*)이었다.

정신(*pneuma*)은 대기로부터 코를 거쳐 허파로 들어온다고 생각되었다. 그런 후에 폐정맥으로 들어가 좌심실로 가게 된다. 좌심실이 수축하면 정신(*pneuma*)은 동맥을 통하여 몸의 전신으로 보내진다. 이첨판은 정신이 허파로 되돌아가는 것을 방지한다. 허파는 자신만의 독립적인 운동을 갖고 있지 않다. 가슴이 확장되면 진공에 대한 두려움(*horror vacui*), 즉 자연이 혐오하는 것으로 여긴 진공 때문에 공기가 유입된다.

뇌에 전달된 정신(*pneuma*)은 심령적 정신(*psychic pneuma*)으로 전환된다. 이것은 신경을 통해 근육에 전달되어 근육 수축을 유발한다.

처음에는 에라시스트라투스의 생리학에 대한 이해가 무지에 가깝다고 생각하는지도 모르지만 실제로 그렇지는 않다. 비록 겉보기엔 많은 세부사항이 절망적일 만큼 틀려 보이지만 그는 다른 연구자들이 생산적인 측면에서 생각하도록 준비된 생리학적 원칙을 제시하였다.

그는 정맥, 동맥, 그리고 신경이 전신에 작용하는 것을 파악하고 있었다. 혈액이 전신에 물질을 수송하며 공기 중의 무엇인 정신(*pneuma*)이 신체 부위에 필요하다는 것도 알고 있었다. 신경을 통해 뇌가 근육 수축을 조절하며 심장의 펌프로 몸 전체에 물질이 보내지며 심장의 판막이 혈액 이동 방향을 조절한다는 사실도, 그리고 생리적 기능을 자연과학적 용어로 설명할 수 있다는 사실도 깨닫고 있었다.

과학의 모든 진술처럼 에라시스트라투스의 믿음은 붙잡기 힘든 목표인 '진실'(*truth*)의 근사치이다. 과학은 누적적이며 자기교정적인 학문이기에 세대에 세대를 거치면서 그 개념이 더 정확해지는 것이다. 많은 개념이 이제 의심의 여지없이 사실이라고 말할 수 있는 단계에 도달했다. 에라시스트라투스는 이러한 발전에 중요한 공헌을 했다. 기본 문제를 인지하였고 다른 이들이 고려하고 검증할 수 있는 설명적인 가설을 그가 제안했기 때문이다.

마찬가지로 아리스토텔레스의 유명한 진술인 "자연은 결코 필요치 않는 것을 만들지 않는다"(《동물의 지체에 관하여》, p. 681b4)는 적응과 마침내 자연선택의 개념이 더 쉽게 나오도록 사고방식의 틀을 잡았다. 중요한 개념이 된 대부분의 아이디어는 아마도 불확실한 관념으로 시작되며 불분명한 부분을 제거하고 개념을 명확히 하는 데에 엄청난 노력이 소요된다.

에라시스트라투스의 동맥 기능에 관한 지식에서 또 다른 주목할 만한 점은 과학적 연구의 함정에 대해 많은 것을 알려준다는 것이다. 그는 이론상으로 보면 정신(*pneuma*)을 함유하는 살아 있는 동물의 절단된 동맥이 피를 분출한다는 것을 알고 있었다. 정맥뿐만 아니라 동맥도 혈액을 함유하고 있다는 눈앞의 증거를 받아들이기보다는 이론을 살릴 수 있는 방법을 찾았다. 즉, 동맥이 절단되어 손상되면 자연이 진공상태를 혐오하기 때문에 정신이 있던 빈 공간을 채우기 위해 혈액이 쏟아져 들어갔다고 제안했다. 예전이나 현새의 과학자도 이론의 관점으로 사실을 보는데, 이것은 지금도 여전히 작동 중인 패러다임이다.

페르가몬의 갈레노스

인간의 형태와 기능에 대한 많은 지식을 얻는 것은 쉬운 일이 아니다. 이러한 대단히 느린 진보의 역사에서 갈레노스(Galen)는 또 다른 중요한 단계를 대표하는 인물이다. 그는 의사, 해부학자, 그리고 생리학자의 의식을 천 년 이상 지배하였으며 저명한 고대 그리스인 의사 중 마지막 주자였다. 사실상 16세기에 이르기까지 그보다 저명한 인체생물학자는 나타나지 않았다.

갈레노스는 서기 129년 무렵에 태어나서 200년 무렵에 죽었다. 이 당시 페르가몬(Pergamum)은 헬레나 문명의 중심지였다. 이곳은 그리스 과학, 즉 오늘날의 과학을 정립한 거의 모든 사람들의 고향인 이오니아의 한 지역이었다. 갈레노스는 의학 공부를 고향에서 시작하여 스미르나(Smyrna)와 알렉산드리아(Alexandria)에서 계속했다. 알렉산드리아에서 그는 인체의 골격을 공부할 수가 있었지만 에라시스트라투스가 그곳에 있었을 때처럼 인간의 시체 해부는 더 이상 허용되지 않았다. 환자의 상처를 치료하면서 갈레노스가 얻게 된 얄팍한 지식을 제외하곤 인체해부학에 대한 그의 지식은 에라시스트라투스와 같은 선임자로부터 얻은 것이었다. 그러나 그는 더 나아가 다른 영장류의 해부학이 호모 사피엔스(*Homo sapiens*)의 것과 거의 동일하다는 것을 깨달았다. 사실상 '인체해부학'에 대한 그의 대다수 기술은 실제로 레수스 원숭이(*rhesus monkey*, 붉은 털 원숭이, Rh 혈액형의 항원을 제공하는 원숭이 ─ 역자)와 바바리 원숭이(*Barbary ape*, 북아프리카산 꼬리 없는 원숭이 ─ 역자)의 것이었다.

수학을 마친 후 갈레노스는 페르가몬으로 돌아와 검투사 전담 의사가 되었다. 이 일은 그에게 상당한 피하조직 해부학의 경험을 가져다주었다. 대략 32살이 되었을 때 그는 로마로 가서 아주 성공적으로 개업하였다. 그는 상류사회로 진출하여 많은 중요한 인물의 담당 의사가 되었는데 황제인 마르쿠스 아우렐리우스(Marcus Aurelius)와도 환자 겸 친구가 되었다. 로마에서 개업 생활 후 그는 고향인 페르가몬으로 갔다가 아퀼레이아(Aquileia)를 거쳐 다시 로마로 갔다.

그의 의학적 스승은 히포크라테스였고 철학적 스승은 플라톤이었다. 그는 알렉산드리아의 에라시스트라투스를 자주 언급하긴 했지만 늘 공정하고 균형 잡힌 시각은 아니었다. 히포크라테스가 그보다 약 7세기 전에, 에라시스트라투스는 그보다 약 4세기 전에 태어났는데도 불구하고 많은 면에서 갈레노스의 지식은 그의 전임자들보다 많이 진보되지는 않았다. 오늘날 생물학자에 비긴다면 히포크라테스는 약 1298년, 그리고 에라시스트라투스는 약 1554년에 해당하는 시절에 살았을 것이다. 1298년의 생물학을 조사해보면 놀라운 사실이 드러나는데, 최고의 정보 출처는 여전히 갈레노스의 것이었다. 1554년에 이르러서 아리스토텔레스의 생물학은 더 많이 알려지게 되었기에 그도 갈레노스처럼 감히 도전할 수 없는 권위자의 대열에 끼게 되었다. 이것은 과학을 신앙에 의해 수용해야 할 법전이 아니라 지적 탐구의 방법으로 여긴 아리스토텔레스와 갈레노스에게는 슬픈 운명이랄 수밖에 없다.

갈레노스의 중요성은 그가 개인적으로 발견한 것이 아니라 히포크라테스부터 사기 시대에 이르기까지의 그리스 의학을 집대성했다는 사실에 있다. 그리고 우리는 히포크라테스가 알던 많은 것이 훨씬 더 많은 고대의 정보 출처에서 나온 것임을 명심해야 한다. 그러기에 갈레노스는 자신의 직종인 의학 분야가 천 년에 걸쳐 아주 서서히 발전해 온 내용을 요약했다.

그의 기본적 임상 접근법은 히포크라테스가 채택했던 것으로 적절한 식사와 운동, 그리고 휴식과 즐거운 환경에 의해 건강이 유지된다는 것이다. 그는 질병을 동정하고 그 경과를 예측하기 위해서는 임상 관찰이 중요하다고 강조했다. 의료 행위는 환자가 임종을 제외하곤 거의 언제나 질병으로부터 회복된다는 사실에 바탕을 둔 것이다. 따라서 '자연'(*nature*)이 치유제이다. 의사의 일차적 역할은 환자에게 동조하고 힘을 보태주는 것이지 질병과 공격적으로 싸우는 것이 아니다. 이것은 질병의 본성과 효과적인 치료법이 거의 알려져 있지 않던 당시에는 가장 합리적인 접근법이었다 — 적어도 히포크라테스 방식의 의사는 해를 끼칠 가능성은 없었다.

갈레노스는 형태와 특히 기능에 대한 지식을 요약하고 증폭시켰다. 그의 《자연의 기능에 대하여》(*On the Natural Faculties*)는 자신의 인체생물학에 대한 이해를 전반적으로 요약한 것이다. 그의 가장 중요한 원칙 중 하나는 인간이 하나의 통합된 전체이기에 몸 전체를 부분적 성분이 아니라 기능단위로서 취급하려고 시도한 점이다. 이것을 확장하면 하나의 통합된 전체라는 개념이 모든 생물체에 적용될 수가 있다.

갈레노스는 자연에 배 발달, 생장, 그리고 영양의 3가지 '능력' (*faculties*)이 있다고 주장했다. 영양은 음식물의 소화 흡수로 일어나는데, 이전의 음식이 변화되어야만 이 일이 일어날 수 있다. 그렇지 않다면 어떻게 강낭콩, 육류, 빵, 그리고 다른 식료품이 혈액으로 바뀌겠는가? 입 속에서 음식이 씹히면 침과 섞이게 된다. 이 사이에 낀 음식 찌꺼기가 밤사이에 원래의 음식과 달라진다는 사실에서 볼 수 있듯이 음식은 변한다. 음식은 제대로 소화되기 전까지는 위에 남아 있다가 유문을 거쳐 바깥으로 움직인다. 유문을 지나갈 수 있는 까닭은 전적으로 음식이 액체로 변한 탓은 아니다. 이는 돼지에게 밀가루 반죽을 먹인 지 서너 시간 후 내장을 잘라내면 음식이 여전히 위에 남아 있는 것으로 알 수 있다. 따라서 음식의 공정에는 단순히 작은 조각으로 부수는 것만이 아니라 소화가 필요하다. 보통 닫혀 있는 유문은 음식이 소화되었을 때만 열려 음식을 소장으로 유입시킨다. 위산과다로 위가 자극받게 되면 비록 소화가 완전히 일어나지 않았더라도 음식은 위를 떠나게 된다. 위는 소장과 유사한 연동운동을 한다. 이것은 위벽의 다른 외막 층에 의해 일어난다. 한 층은 견인운동을 하며 다른 층은 연동운동을 한다.

갈레노스는 심장, 허파, 그리고 동맥과 정맥의 기능을 이해하려고 했던 그의 시도 때문에 자주 기억된다. 지금 우리가 순환계와 호흡계로 부르는 것과 연관된 문제들은 고대 생리학자가 가장 흥미롭게, 연구가 가능하다고 여긴 분야이다. 갈레노스의 시각은 5세기 전 선배인 에라시스트라투스의 시각과 거의 같았다. 즉, 혈액은 정맥에서 운반되며 정신(*pneuma*)은 동맥에서 운반된다. 심장은 두 가지 모두를 신체의 전신 부위로 펌프질하여 내보낸다. 갈레노스는 일부 정확한 개념을 첨가했지만 불행스럽게 일부 오류도 추가했다. 따라서 이해의 진보는 거의 없었던 것이나 다름없다.

반면 올바른 개념 중 하나는 동맥과 정맥이 연결되어 있다는 것이다. "만일 여러 개의 대동맥을 절단하여 동물을 죽인다면 동맥뿐만 아니라 정맥도 혈액이 절단된다. 이들 간에 접합이 없었다면 이것이 결코 일어나지 못했을 것이다."(《자연의 기능에 대하여》, p. 3. 15)

또 다른 중요한 개념은 적어도 심장과 허파와 관련하여 일종의 순환이 일어난다는 것이다. 과학사학자들은 종종 갈레노스가 믿은 바에 대해 혼란스러워했지만 플레밍(Fleming, 1955)은 아주 주의 깊은 분석 결과로 다음과 같은 해석을 내놓았다(혈관과 다른 구조에 대한 용어를 현대적 용어로 대체하였다).

> 우심실로 들어가는 혈액은 내부의 일방통행식인 이첨판을 지나가야만 한다. 따라서 단지 미미한 분량만 원래 혈액이 나왔던 대정맥으로 되돌아갈 수 있다. 일부 혈액은 심실 사이의 판막을 통해 직접 우심실에서 좌심실로 통과한다. 그러나 외견상 대부분의 혈액은 심실로부터 일방통행인 반월판을 지나 폐동맥으로 들어간다. 역방향으로의 이동이 차단된 폐동맥의 혈액은 가슴의 수축으로 폐혈관계에서 오직 앞으로만 갈 수 있다. 그 다음 폐정맥에서 혈액이 좌심실로 운반되는지는 알 수 없다. 갈레노스는 폐정맥이 어떤 형태로든 흡입한 공기나 아니면 적어도 대기에서 나온 어떤 물질을 허파에서 좌심실로 전달한다고 거의 확신했다. 반대 방향으로는 의심의 여지없이 폐정맥을 거쳐 좌심실로부터 허파로 '타고남은 노폐물'이 전해질 것이다. 갈레노스의 견해로는 이 과정이 심장으로 연결된 승모판이 상대적으로 충분히 열리지 않기 때문에 가능했다. 좌심실의 혈액은 일방통행인 이첨판이나 승모판에 의해 차단된 구멍을 통해 대동맥으로 흘러 들어간다.

왜 타고 남은 노폐물이라고 했을까? 심장은 열을 발생시킨다고 믿었는데 이 말은 일종의 연소를 의미한다. 이러한 노폐물을 몸에서 제거할 가장 적절한 방법은 허파를 이용하는 것이다. 이것은 확실히 오류이다. 그러나 체열이 일반적 연소와 비슷한 과정을 통해 발생된다고 다른 이들이 받아들이는 데 도움이 되었을 것이다. 적어도 열은 신이 일으킨 불꽃이 아니라 자연적 과정에서 발생한다고 가정하였다.

오늘날 갈레노스는 혈액이 심실 사이의 구멍을 통해 우심실에서 좌심실로 통과한다고 믿은 터무니없는 멍청이로 주로 기억되고 있다. 다음은 갈레노스가 한 말이다.

> 심장 자체에는 가장 묽은 상태의 혈액이 심실 사이 판막의 구멍을 통해 우심실에서 나와 좌심실로 들어온다. 이러한 구멍은 처음에는 넓은 주입구를 가진 벽공이 점차 좁아지는 형태이다. 그러나 이들이 아주 작은 데다 동물이 죽게 되면 모든 부위가 식게 되며 쪼그라들기에 실제로 이들의 가장 말단 부위를 관찰하는 것은 불가능하다(《자연의 기능에 대하여》, p. 3. 15).

우리가 사람을 평가할 때 그 사람이 제안한 가설의 옳고 그름에 따라 평가하곤 한다는 사실에 주목해보자. 허파에서 혈액이 폐동맥으로부터 폐정맥으로 흐른다는 가설에 대해서는 우리가 갈레노스를 칭찬할 수 있다. 반면에 가상의 심실 간 판막의 구멍을 통해 혈액이 이동한다는 가설에 대해서는 그를 좋지 않게 볼 수 있다. 그는 두 가지 사실 모두에 대한 증거를 갖고 있지 않았다. 그의 가설은 그가 혈액의 이동에서 보게 된 문제를 설명하기 위해 고안된 것이다. 그는 중요한 문제를 인지했고 가능한 가설을 제안함으로써 다른 이들이 그 가설이 옳고 그른지 결정할 길을 마련해 놓았다. 이것이 과학이 작동하는 방식이다.

만일 갈레노스가 과학적 진보에 장애가 되었다면 그것은 그를 계승한 자들의 탓이다. 그의 인체생물학과 의학에 대한 통합은 2세기부터

17세기까지 서구 사회에서 이용할 만한 것 중에서 가장 훌륭한 것이었다. 그의 뒤를 이은 자들은 그의 탐구적 정신을 따르지 않으면서 오직 그의 말만 존중했다. 아리스토텔레스와 함께 그는 '진실'(*truth*)에 대한 최종 심판자로 받아들여졌다. 만일 그들의 진술과 자연이 어긋난다면 그것은 관찰자가 틀렸거나 자연이 틀린 것이다. 이것이 그리스 시대의 기적을 시작하고 끝낸 두 위대한 생물과학자의 운명이었다.

갈레노스는 다른 생물체에서 신체부위의 상관관계에 대해 아주 명확한 아이디어를 갖고 있었다―이 명제는 수 세기 후 퀴비에(Cuvier)와 다른 이들에 의해 발전되어 비교해부학의 기본 원칙이 된다.

> 사람의 팔다리와 가장 닮은 팔다리를 가진 대원숭이류(*ape*)는 긴 송곳니와 기다란 얼굴을 갖고 있지 않다. 그러한 대원숭이류는 직립보행을 하고 빨리 달리며 엄지손가락과 측두근육 및 거칠거나 부드러운 그리고 길거나 짧은 정도가 다양한 털을 갖고 있다. 이런 특성 중 한 가지를 관찰하면 다른 특성에 대해서도 확신할 수 있는데 이 특성들이 함께 따라다니기 때문이다. 따라서 만일 직립자세로 빨리 달리는 대원숭이류를 보게 되면 상세한 검사를 하지 않고도 사람과 유사하다고 가정할 수 있다. 또한 이들이 다른 특성들, 예를 들자면 둥근 얼굴, 작은 송곳니, 적당히 발달된 엄지손가락 등을 갖고 있다고 예측할 수 있다. 반면에 이런 특성 중 어느 것이 다르다면 다른 모든 것도 다를 것이다(《해부학적 과정에 관하여》, 6.1).

우리는 이 아이디어의 기본 틀을 아리스토텔레스에서도 볼 수 있었다. 갈레노스는 《자연의 기능에 대하여》에서 인체생리학에 대해 정확한 설명을 제공하려고 했을 뿐만 아니라 사실에 대해 무지하거나 증명되지 않은 개념을 믿는 동료들을 비판하였다. 외견상 2세기의 의학 분야는 가장 바닥 상태에 있었고 그것이 그가 자신의 저서에 대해 커다란 기대를 갖지 않은 까닭이다.

> 내가 전혀 아무것도 성취하지 못하거나 성취하더라도 별로 많지 않으리라는 사실을 모르고 있지는 않다. 왜냐하면 고대의 권위자들이 내린 확실한 결론과 사실들은 오늘날의 무지하고 게으른 대다수 사람에게는 이해되지 않을 것이기 때문이다. 심지어는 이해를 한다 하더라도 공정한 설명을 할 수는 없을 것이다.
>
> 대중보다 더 많이 알기를 바라는 사람은 다른 모든 이들의 천성과 초기 교육을 훨씬 능가해야 한다. 사춘기에 받는 영감처럼 진실에 대한 열정에 사로잡혀야만 한다. 가장 저명한 고대의 권위자들이 말한 모든 것을 철저히 배우는 데 밤낮을 보내야 한다. 이 모든 것을 배운 뒤 고대의 권위자가 말한 것 중에 무엇이 일치하며 무엇이 일치하지 않는지를 관찰하면서 검사하여 전자는 수용하고 후자는 거부하면서 기나긴 시기를 보내야만 한다. 그러한 자에게만 나의 전집이 아주 커다란 도움이 될 것이다.
>
> 그렇지만 그런 사람은 아주 드물 것이며 다른 이들에게 이 책은 당나귀에게 이야기를 들려주는 것이나 다름없을 것이다(《자연의 기능에 대하여》, p. 3.10).

갈레노스의 의견으로 '그런 다른 당나귀와 같은 얼간이'에는 당시 많은 로마의 의사도 포함되어 있었다.

그리스인들이 남긴 기적

우리가 논의한 그리스인들은 진정으로 다른 고대인과 달랐다. 이들은 초자연적 설명을 버리고 감각이 이끄는 대로 관찰 결과를 이성적으로 분석하여 그들의 자연관의 바탕으로 삼았다. 그들은 탐구적이었고 이해하고자 하는 강력한 욕구를 갖고 있었다.

그리스인 아리스토텔레스와 갈레노스는 의심의 여지없이 로마인 플리니우스보다 더 나은 생물학자였다. 그러나 그리스의 대중과 로마의 대중이 서로 구분이 갈 정도로 다르다고 하기는 의심스럽다. 생물학에 있어 그리스인들이 남긴 기적은 아마도 자신의 동료 시민들에게 별 영향을 미치지 못했던 몇몇 개인들에 의해 이룩된 것이다.

그러나 예술, 과학, 정치학, 그리고 기술에서의 진보는 언제나 그 진보를 가능하게 했던 환경에서 일했던 몇몇 개인들의 산물이다. 따라서 우리의 목적상 일반적 의견을 평가하려는 시도보다는 한 시대의 뛰어난 일부 지성인이 성취한 바를 강조하는 것이 중요하다. 진보는 우연과 필요성의 문제이다. 재능을 가진 이의 등장과 그자의 재능이 번성할 수 있는 유리한 환경의 절대적 필요성에 의해 이루어진다. 그러한 환경이 고대 그리스와 차후에는 알렉산드리아에서 몇 세기 동안 생물학에 관심을 가진 자들에게 제공될 수 있었다. 그리고는 끝나버렸다.

겉보기에 재능이 뛰어난 시민 중 천재가 기초과학 대신에 정부, 세계정복, 제국, 건축, 그리고 공공사업 등에 관심을 가졌던 로마에서는 그런 경우가 일어나지 않았다.

갈레노스의 사망 무렵에는 로마제국이 서서히 쇠퇴하고 있었고 몇 세기 후에는 지성인이 전혀 다른 자연관과 그 안에서 인간의 위치를 생각하는 사회로 교체되었다. 유대-그리스도인적인 세계관이 그 시대의 가장 선도적인 이들에게 주류가 되어 대중에게 전해 내려가자 그리스인식의 시각은 수세기 동안 동면 상태로 접어들었다. 때문에 속박받지 않는 정신이 필요한 순수과학과 응용과학 등의 분야에서 문명의 진보는 거의 완전히 멈추게 되었다.

제4장

유대-그리스도교의 세계관

모든 신앙체계는 마음의 문을 닫게 하는 경향이 있다. 예를 들어, 민주주의에 완전히 빠져들면 다른 형태로 된 정부의 장점을 알기가 더 어려워진다. 만일 한 종교의 교조를 진심으로 믿는다면 다른 종교의 교조는 완전히 받아들일 수가 없다. 진정한 믿음은 어떤 것의 수용과 어떤 것의 배제를 요구한다. 인류사를 통해 볼 때 대다수 사람의 주 신앙체계는 도덕률과 마음 내키는 대로 원하면 자연의 법칙을 폐지할 수 있는 어떤 힘이나 신성을 포함하고 있다. 이 초자연적 요소에 대해 이제 우리가 관심을 갖게 될 것이다.

우리가 알기에 그리스 이오니아인이 객관적 용어로 자연현상을 설명하고자 제안했던 시기까지는 어떤 종교체계도 초자연적 방식의 사고에 도전하지 않았다. 일부 고대의 가장 위대한 사색가들은 자연주의적 사고방식이 끌렸지만 서구 세계에서는 조직화된 종교의 형식 아래 지성인들이 초자연적 사고방식의 시기를 이어갔다. 다른 지역 세계의 사람들이 이러한 초자연적 방식의 사고를 잠시나마 버렸다는 증거는 거의 없다.

종교적 사고와 과학적 사고의 근본적 차이는 종교에서 수용한 믿음은 궁극적으로 보통 오래전에 죽은 예언자나 사제에 의한 계시나 선언에 바탕을 두었다는 점이다. 이러한 계시나 선언은 신앙의 기본 교조가 된다. 교조는 특권계층인 사제에 의해 해석되며 신앙이나 강박에 의해 대중이 받아들인다. 공통 교조의 수용은 사회의 가장 큰 응집력 중의 하나이다. 때문에 신앙을 받아들임으로써 커다란 보상을 받는 사제와 지배계급에 의해 강력히 조장되는 경향을 보인다. 대조적으로 과학에서의 진술은 궁극적으로 관찰과 실험의 데이터에서, 그리고 이러한 데이터를 논리적이고 종종 수학적인 과정에 따라 처리하여 도출된다.

종교는 확인될 수 있는 데이터에 기초를 두지 않았기에 그 본질과 뜻하는 바에 관해 광범위한 의견을 기대할 수가 있다. 유대-그리스도인적인 사고의 근본적 유형인 다음의 기술은 오늘날까지도 널리 받아들여지고 있으며 아마도 교회 교부들의 반대를 받지 않을 것이다. 개인, 특히 그를 숭배하는 자들의 복지를 찾아 보살피는 초자연적 존재 또는 힘인 신이 존재한다. 인간에게는 사후의 삶이 있으며 이것에는 신과의 밀접한 접합이 관여된다. 개인은 기도를 통해 신의 도움을 청할 수 있으며 소망이 이루어질 수도 있다. 대부분의 경우 신은 세상 돌아가는 일을 자연의 질서에 맡기지만 그는 자연의 법칙을 뒤엎는 힘을 갖고 있으며 기적적인 일을 행한다―기적은 신의 존재에 대한 중요한 증거이다.

신학자 존 맥켄지(John L. McKenzie, 《성서사전》, p. 578)가 설명하였듯이 "현대 신학은 신의 직접적인 중재 탓으로 돌려야 할 정도로 자연적 원인의 범위를 뛰어넘는 자연계의 현상을 기적이라고 정의한다." 《구약성서》에는 수많은 기적이 존재한다. 예를 들면, 이 중 기적인

저절로 불이 붙은 덤불이 불에 다 타지 않는 일(〈출애굽기〉 3:2-6),
뱀이 적어도 이브만이라도 이해할 수 있는 언어로 인간에게 말할 수
있다는 일(〈창세기〉 3), 막대기가 뱀으로 바뀌었다 다시 막대기로 되
돌아오는 일(〈출애굽기〉 3:2-4, 7:10-12) 또는 막대기가 구더기로 변
하는 일(〈출애굽기〉 8:16-19), 물이 피로 변하는 일(〈출애굽기〉 3:8,
7:17-22), 피부병이 순식간에 나타났다가 사라지는 일(〈출애굽기〉
3:6-7), 태양의 운동이 역방향으로 바뀌는 일(〈이사야〉 38:8) 또는
심지어 완전히 멈추는 일(〈여호수아기〉 10:12-14), 커다란 소음이 도
시의 성채를 무너뜨리는 일(〈여호수아기〉 6:20) 등이며 그리고 물론
가장 최고의 기적은 지구와 그 안의 살아 있는 거주자의 창조이다
(〈창세기〉 1-2).

《구약성서》와《신약성서》가 쓰인 기간 동안 지중해의 세계는 그리
스 과학과 철학이라는 비범한 현상을 체험했다. 이것은 모든 지성활
동에 영향을 미친 새로운 사고방식이었다. 알렉산더 대왕의 정복은
그리스 문화를 고전 세계 전역에 걸쳐 퍼지게 하여 헬레니즘 문명으
로 알려지게 만들었다. 다른 지역들과 더불어 이스라엘도 커다란 영
향을 받았고 세속적인 유대인도 헬레니즘 시대에 중요한 역할을 했
다. 그런데도 그리스인의 자연주의적 사고가《신약성서》를 쓴 이들에
게는 전혀 영향을 미치지 않은 것 같다. 《신약성서》에도《구약성서》
에서처럼 기적이 넘쳐났다. 물 위를 걷고 죽은 자를 일으켜 세우며 악
마를 추방하고 오래 지속된 질병을 즉시 고치며 폭풍을 잠재우고 빵
과 고기의 양을 엄청나게 늘어나게 하는 등의 이야기가 나온다.

《구약성서》와《신약성서》는 기원후 초반의 세기에 기독교 신자가
이용할 수 있었다. 이 성서는 신적인 영감을 받은 것으로 받아들여져
기독교의 정신적 지주가 되었다. 그러나 성경이 뜻하는 바에 대해 여

러 가지 해석이 나왔고 일단의 뛰어난 학자들은 그 메시지를 찾아내려고 시도했다. 이러한 학자 중에서 가장 중요한 인물이 성 아우구스티누스(St. Augustine) 였다. 그는 단지 출판된 작품의 양과 자기 주장의 지적 우수성만으로도 그 어느 누구보다도 확고하게 기독교 신앙의 패턴을 세우게 되었다 — 그 패턴은 르네상스 시대에 이르기까지 서구 세계의 사고관을 지배하였다.

히포의 대주교

세기가 지나감에 따라 기독교의 교조는 점점 더 성서 자체보다는 성서의 해석에 바탕을 두게 되었는데 성 아우구스티누스가 이러한 발전에 중심적인 역할을 했다. 오로지 가장 박식한 학자만이 좀더 불명료한 문제를 일부나마 해석할 수 있다고 공감하게 되었다. 그는 삼위일체(*Trinity*) 의 본성과 같은 아주 어려운 신학적 질문을 설명하려고 시도했다. 삼위의 존재 — 아버지이신 신(*God the Father*), 아드님이신 그리스도(*Christ the Son*), 그리고 성령(*the Holy Ghost*) 이 어떻게 하나가 되며 그들이 하나라고 주장하는 것이 왜 중요한지 곧바로 명백히 이해되지는 않았다. 아우구스티누스는 이를 비롯하여 다른 많은 문제를 논의했으며 그런 과정에서 신학 분야를 확고히 정립하였다.

아우구스티누스는 서기 354년 당시 로마제국의 일부였던 북아프리카에서 태어났다. 그는 아프리카의 도시 히포(Hippo) 의 주교를 지냈으며 430년에 그곳에서 사망했다. 그러므로 그는 갈레노스보다 약 두 세기 후에 활동한 셈이다. 이때는 기독교 신앙과 로마제국에게 중요한 시기였다. 전자는 중요성과 세력을 증가시키고 있었고 후자는 쇠퇴 중이었다. 성 아우구스티누스가 사망하자 게르만족인 반달족(Vandal)에 의해 히포 시도 포위당하여 파괴의 위기에 처했다.

비록 성 아우구스티누스의 관심은 압도적으로 신학적인 문제에 있었지만 자연적인 사건에 대해서도 의견을 표명했다. 예를 들면, 그는 자연현상이 신학적 방법으로 설명되기 마련이라고 언급했다. 게다가 성서의 권위를 제외하곤 어느 것도 받아들일 수가 없는데, 그 권위가 인간 정신의 어떤 힘보다도 위대하기 때문이다. 실제 모든 지식과 알 만한 가치가 있는 모든 것이 성서에 담겨 있다. 따라서 학문은 근본적으로 성서에 대한 연구이다.

아우구스티누스는 창조의 시초에 무(無)에서 물질이 만들어졌다고 주장했다. 창조주가 세상을 창조하기 전에는 무엇을 하고 있었는지 묻자 "신은 비밀을 파헤치려는 자들을 위해 지옥을 준비하고 있었다"라며 다른 사람들이 그러듯이 빈정거리지는 않을 거라고 답했다. 그 냥 모른다고 인정하는 편이 더 낫다고 그는 말했다.

〈창세기〉에서 창조에 대한 두 가지 문제의 설명은 창조가 6일 동안 순간적으로 일어났다고 가정하면 '해결된다'. 그가 6일이라고 말한 까닭에는 좋은 이유가 있다고 생각했다. 6은 최초의 완벽한 숫자인데 신이 자신의 모든 일을 6일 만에 끝냈기 때문에 그것이 완벽한 숫자라고 말해서는 안 된다. 6이 완벽한 숫자라서 6일 만에 신이 그랬다고 해야 한다. 그러나 창조의 두 번째 설명에는 시간 한계가 주어지지 않았기에 창조가 순간적으로 일어났다고 결정했다. 대부분의 경우 아우구스티누스는 창조의 설명을 가능한 한 〈창세기〉에 기술된 문자 그대로 해석했다. 그렇다고 하더라도 일부 진술은 쉽게 이해되지 않기에 그 시대의 위대한 현자들이 해석을 시도했다.

아우구스티누스는 창조의 처음 6일간 모든 생물체들이 완전히 형성되어 나오지 않았을 가능성을 열어두었다. 일부는 동면 상태의 '씨앗' (*seed*) 으로 남아 있다가 나중에 활성을 띠게 되었다.

> 씨앗이 때가 되면 나무로 자라는 데 필요한 모든 것을 함유하는 것과 마찬가지로 우주는 신이 동시에 모든 것을 창조했기 때문에 그 속에 만들어져야 할 모든 것을 한꺼번에 모두 품고 있음에 틀림없다. 여기에는 대지와 물이 지금 우리에게 알려져 있는 형태로 존재하기 이전에 잠재적으로 또는 인과관계로 생산한 모든 것도 포함된다 (《성서의 창조론》, p. 5. 23).

신은 창조주일 뿐만 아니라 모든 생물체의 지속적 존재를 위해서도 필요하다.

> 진실로 창조주의 권능과 힘은 개개의 그리고 모든 생물체의 지속적 존재의 원인이기도 하다. 만일 이 힘이 어느 때이던 피조물을 이끄는 것을 멈춘다면 그들은 더 이상 존재하지 않는다 (《성서의 창조론》, p. 6. 22).

아우구스티누스는 종의 불변성 (*fixity*, 종은 최초에 창조된 그 상태에서 변하지 않는다는 것을 뜻함 — 역자) 을 믿었다.

> 강낭콩은 밀알로부터 자라지 않고 밀도 콩에서 나오지 않는다. 야수가 인간을 낳지 않으며 인간도 야수를 낳지 않는다 (《성서의 창조론》, p. 9. 32).

개구리, 생쥐, 벌레, 그리고 파리 따위의 일부 동물은 인간에게 전혀 중요해 보이지 않기 때문에 아주 불필요하다고 생각했다.

성 아우구스티누스는 사도 승계에 대한 그의 견해에 바탕을 두어 강력하게 교회의 권위를 주장했다. 이것은 사도로부터 시작하여 신의 의지를 반영하는 의견을 가진 교회의 주교로 이어지는 신이 내려주신 승계가 있다는 믿음이다. 그리스도의 말씀에 따르면 로마의 주교로서 교황은 교회가 세워질 '주춧돌'(rock)인 성 베드로로부터 직접 승계되었기에 특별히 존중되어야 했다.

이 모두가 과학의 발달에 별로 중요하지 않게 보이겠지만 천만의 말씀이다. 만일 기독교가 로마제국의 쇠퇴기에 태동했던 수많은 다른 종교 중의 하나였다면 완전한 권위에 대한 아우구스티누스의 주장과 거기에 내재된 교회의 절대적 무류성(가톨릭교회의 절대적인 옳음―역자)은 단순히 거만하고 우스우며 부적절한 것으로 여겨졌을 것이다. 그러나 기독교 교회는 로마 문명 이후에 지배적인 종교적, 정치적 그리고 지적 세력이 되었다. 그 세력이 증가함에 따라 교회가 '진실'(truth)이라고 주장하는 것에 대해 복종을 강요하는 힘도 커졌다. 따라서 교회가 강력해졌기 때문에 아우구스티누스의 견해도 중요해졌다.

과학과 다른 어떤 지적인 학문 분야, 심지어는 신학에서 이보다 더 파탄을 초래하는 태도를 떠올리기는 힘들다. 지식은 그것을 추구할 자유가 있을 때만 구할 수 있다. 만일 교회가 자신의 권위를 종교와 도덕 문제에만 국한했다면 과학의 성장을 방해하지는 않았을 것이다. 그러나 교회는 성경의 말을 스스로 해석하여 모든 것에 대한 권위를 주장했다. 성서를 문자 그대로 해석한 것에 따르면, 떠오르고 지는 태양의 운동이 지구의 자전 결과라고 하는 어떤 제안도 이단이며 가장 막중한 죄로 취급하였다.

성 아우구스티누스는 물론 자연이 전지전능하며 최종 분석으로도 불가해한 존재인 신의 작품이라고 수긍했다. 그러나 중요한 것은 신을 알려고 하는 노력이며 생명체에 대한 어떤 관심도 그 목적을 위한 것이어야만 한다는 것이 그에게는 분명했다. 그러나 자연 연구에 시간을 낭비해서는 안 될 더 실질적인 이유가 있었다. 성서가 지구의 종말이 가까이 있다고 암시하는 것으로 해석되었다. 얼마 남지 않은 시간에 피조물을 공부하는 것보다 해야 할 더 중요한 일들이 있었다.

아우구스티누스는 창조주가 권능으로 더럽고 불결한 것을 주입하여 곤충, 벌레, 그리고 많은 다른 작은 생물체를 만들었다고 믿었다. 이 가설은 방주에 모든 생물체를 모아야 하는 노아의 책무를 훨씬 더 단순하게 만들었다 — 아담은 모든 생물체에 이름을 붙이는 엄청난 과업을 부과받지 않아도 되었는데, 이 과업은 오늘날까지도 달성되지 않고 있다. 아우구스티누스는 머나먼 장소에 사는 야생동물이 어떻게 방주에 도달했는지를 이해하기가 아주 힘들었다. 그는 천사에 의해 이동이 완수되었다고 제안했다.

비록 초기 교회 대부분의 신학자들은 성서에 지구는 평평한 것으로 암시되어 있다고 보았지만 아우구스티누스는 확신할 수가 없었다. 그러나 그는 인간이 지구의 반대편에 살고 있다는 견해를 맹렬히 비난했다. 그렇다면 이들은 예수의 재림을 보지 못하게 될 것이기 때문이다.

그는 거대한 이빨을 보았다고 보고하면서 — 화석이 확실하지만 그 사실을 알지 못했기에 — 고대의 거인으로부터 나온 것이라고 가정했다. 일부는 6천 년, 일부는 4천 년이라고 주장하며 지구의 나이에 대한 맹렬한 신학적 논쟁이 있었다. 6천 년에 대한 강력한 주장은 아담이 6일째에 창조되었기 때문에 두 번째 아담인 예수는 6천 년 뒤에 온다고 가정하는 것이 합리적이라는 견해를 근거에 둔다. 여하튼 아우구스티누스는 창조가 6천 년 더 이전에 일어났다고 받아들이는 것이 가장 심각한 이단적 의견이라고 믿었다.

성 아우구스티누스는 치즈 속에 들어 있는 마약이 사람을 동물로 바꿀 것이라고 주장하면서 악마, 기적, 마법 등의 존재를 믿었다. 그는 또한 성자의 뼈가 질병을 낫게 할 것이며 질병의 유발은 악마의 짓이라고 가르쳤다.

아우구스티누스의 주장 중 한 가지가 천오백 년간이나 개인과 대중의 건강에 심각한 결과를 가져오게 한 셈이다. 그는 목욕을 금지시켰는데, 로마의 공중목욕탕이 육신을 씻는 일과는 상관없는 활동이 흔히 일어났던 장소였기 때문이다. 서구에서는 20세기 초에 이르러서야 목욕을 자주하는 것이 다시 흔해졌다.

아우구스티누스와 대부분의 다른 신학자는 인체의 해부를 금지했다. 이 금지로 일부 이상한 결과들이 초래되었는데, 그 중 하나가 죽은 십자군의 살점을 뼈에서 발라내는 일을 중지한 것이다. 이 일은 사자의 유골을 고향에 매장하기 위해 운반하는 데 더 편리하도록 만들었다.

아우구스티누스는 자연의 모든 것은 선하며 창조주의 산물이라고 가르쳤다. 만일 그렇다면 생명체는 과거의 역사를 갖게 된다. 즉, 영원히 존재하지도 않을 뿐더러 일부 동양의 종교에서 주장하듯이 일련의 윤회도 겪지 않는다. 시작이 있을 것이고 지구상에 거주하면서 증가하는 시기가 있을 것이며 아마도 종말이 있을 것이다. 이것은 진화적 사고가 아니지만 시간에 걸친 비순환적 변화의 가설에 대한 터전을 마련했는데, 이 관점은 생물학을 더욱 관념적인 과학으로 바꾸는 단계로 작용했다.

아우구스티누스를 읽다보면 그가 자연에 대해 믿었던 많은 것들이 오늘날 많은 사람의 마음속에 남아 있다는 사실을 거듭 주목하게 된다. 예를 들면, 아우구스티누스는 신을 알기 위해 노력하는 것을 최종 목적으로 삼았으며, 세속 현상에 대한 과도한 관심 때문에 주의를 분산시키지 않도록 명심해야 했다. 아우구스티누스는 〈요한 제1서〉 (2:15-16)에 세속적인 것에 대한 지식의 추구는 위험한 일이라고 나와 있다고 해석했다. 오늘날까지 많은 사람들이 그 견해를 받아들이는 것으로 보인다. 성 아우구스티누스가 세속적인 문제에 대한 자유로운 탐구를 저지한 것에는 의심의 여지가 없다.

종교에 대한 자유로운 탐구도 만일 교회의 강력한 인물의 견해와 다르다면 마찬가지로 위험한 일이 되었다. 초기 교회에서는 원죄, 성사, 삼위일체, 혼인, 미사, 성인의 주문, 교황의 권위, 성자의 유골, 악마와 악령, 질병의 본질, 성경의 오류, 부활절의 정확한 일자, 세례 등에 대한 수없는 논쟁이 있었다. 논쟁에서 진 견해는 이단이 되었고 그런 견해를 계속 지니면 이단자가 되었다. 나중에는 이러한 잘못된 생각을 가진 사람을 다루고자 종교재판소라는 특별기관이 설치되었다.

초기 기독교 교회의 비판자들은 종종 교회가 로마 문명의 멸망뿐만 아니라 과학의 파멸도 가져왔다고 비난했다. 로마 문명에 관해서는 기독교가 로마의 멸망을 앞당긴 많은 요인 중의 하나일 뿐이라고 주장할 수 있다. 쇠퇴와 무정부 시기가 빠르게는 이미 3세기에도 일어나고 있었다. 심지어 그때도 제국은 막 분열되려는 상태였다. 로마라는 단일 중심지에서 영국부터 메소포타미아에 이르면서 독일에서 사하라 사막에 이르는 지방을 통치하고 그 국경을 방어할 수는 없었다. 결국 제국은 지금은 이스탄불인 콘스탄티노플에 근거를 둔 동부지역과 로마에 근거를 둔 서부지역으로 나뉘었다.

4세기 말에 이르러서는 로마는 정치적 중요성의 대부분을 상실했다. 로마는 독일 침략자에 의해 여러 번 약탈당했고 476년에 서로마제국의 마지막 황제는 물러났다. 무정부 상태가 이어졌고 가톨릭교회가 안정과 힘을 가진 유일한 기관이었다. 그러므로 교회의 권위적 신앙체계가 다른 모든 것을 교체하는 일은 불가피했다. 313년에 콘스탄티누스(Constantine) 황제는 모두에게 종교적 자유를 부여했기에 기독교도에 대한 박해는 줄게 되었고 한동안 기독교는 교인의 수와 중요성 모두에서 눈부신 증가를 보이기 시작했다.

기독교가 과학을 파멸시켰다는 죄목에 대해서도 파멸할 것이 거의 남아 있지 않았기에 부당하다. 로마는 과학에 별로 기여하지 않았고 심지어는 수입되었던 그리스의 과학도 망각 속으로 묻혀가고 있었다. 만일 우리가 로마의 멸망 시기를 476년으로 받아들인다면 이것은 아리스토텔레스 사후 약 8세기에 해당한다. 심지어 아리스토텔레스도 과학에서 지속적 성취의 시기를 인도하지는 않았다. 사실상 과학은 그와 함께 절정을 이루고 대부분 쇠퇴하였다. 기원전 30년 로마제국에 흡수되기 두 세기 전 알렉산드리아가 중심이 된 헬레나 문명에는 비록 짧았지만 과학의 눈부신 시기가 있었다. 그렇다고 하더라도 교회의 태도가 천 년 이상이나 과학의 발전을 차단했으며, 그 후로도 수세기 동안 억제시켰으며 오늘날까지도 어느 정도는 그런 것이 사실이다.

아마도 실용적이었던 로마인은 과학 자체를 위한 과학의 유용성을 보지 못했을 것이다. 아리스토텔레스가 흥미를 가진 생물학적 문제가 상업과 공업 및 농업, 심지어는 인간의 건강을 증진하는 데 무용하다고 주장할 수도 있을 것이다. 이것은 의학 연구에서도 대체적으로 사실이다. 갈레노스에 의해 통합된 인체해부학과 생리학에 대한 지식이 질병을 확실히 알 수 없었던, 설사 알았더라도 그를 치료할 효과적인 약품을 이용할 수 없었던 그 시절에는 별로 중요하지 않았다. 회복은 대다수 "자연의 치유"에 의존했다. 질병의 결과는 동맥이 정신(pneuma)을 함유하고 있든 않든 또는 혈액이 심실 간 판막의 보이지 않는 구멍을 통해 흐르는 여부에 상관없이 같을 것이다.

과학적 지식은 수세기가 지날 때까지 외견상 쓸모가 없었으며 감지할 수 있을 정도로 확장되지도 않았다. 그러므로 우리는 천 년간이나 무대의 막을 내리고 멈추어 있던 상태였다. 그 긴 기간 동안 성 아우구스티누스의 저서는 근본적으로 중요했지만 과학을 위해서는 아니었다. 초기 중세 기간 동안 신학의 문제에서만 지적 도전이 일어났다. 이것은 11세기에 스콜라철학(*scholasticism*)의 형태로 꽃피우게 되었다.

스콜라철학적 사고

스콜라철학은 신의 존재를 증명하려는 중심적 목표를 갖고 신학과 철학을 통합한 것이다. 만일 이것이 과학에 대한 관심을 가질 사람들이 나올 것으로 기대되는 그룹인 지식인층의 지배적 사고방식이 아니었다면 수세기 동안 과학에는 별 쓸모가 없었을 것이다.

중세에 너무나 널리 사용되었던 진실에 도달하는 스콜라철학적 방법은 후기 학자들의 많은 비방을 받았다. 이것의 변조된 유형이 오늘날에도 많은 사람의 중요한 사고방식으로 남아 있다. 이 방법은 관찰과 실험에 의해 개인적으로 얻은 데이터보다 다른 사람의 의견을 더 수용한다. 다른 사람의 의견이 다를 수 있기 때문에 "진실"(*truth*)을 찾는 공식적 방식인 제안, 반대, 그리고 결론 도출이 공통적으로 일어났다. 즉, 문제가 제기되면 인정받은 권위자들이 지지한 답이 열거된다. 그리고는 반대편의 답이 열거되어 마침내 차이를 판결하는 시도를 거쳐 어떤 수용할 만한 결론에 도달한다. 이 스콜라철학적 방법

〈그림 7〉 이탈리아 시에나(Siena) 근교 몬탈시노(Montalcino)에 위치한 12세기 성 안티모(S. Antimo) 대수도원에 있는 신화적 생물체들.

은 신학적 주제에 대해 논쟁하는 이들에게는 특히 적절하다. 사실상 매수나 폭력이 아니고선 그러한 문제를 해결할 다른 방법을 생각하기는 힘들다.

진실은 신의 마음속에 존재하며 그 진실이 무엇인지 탐색하는 것이 우리 인간의 책무이다. 그 과정은 성서, 교회의 교조, 그리고 존경받는 철학자의 의견에 바탕을 둔 논리적 추론이다. 따라서 최종적 분석에서 모든 데이터는 계시나 바른 생각을 가진 사람들로부터 유도되었다. 신앙이 먼저였고 믿음은 차후의 일이었다.

스콜라철학의 유명한 옹호자로 피터 아베라드(Peter Abelard, 1079~1142)가 있었는데 그는 이 접근법의 근본적 약점을 노출시켰다. 자신의 유명한 논문집 "예 또는 아니오"(Sic et Non)에서 그는 같은 질문에 대해 "예"(yes) 또는 "아니오"(no)라는 의견을 배열하여 동일하게 존중받을 만한 대상이 정반대의 견해를 가질 수 있다는 것을 보여주었다. 교회는 그의 관점을 유쾌하게 받아들이지 않았다. 이 사람이 아름답고 사랑스런 에로이즈(Heloise)와 염문을 일으켰던 아베라드이다. 그녀의 숙부는 그 일을 아주 마뜩찮게 여겨 아베라드를 거세시켰는데 그 탓으로 열정이 사그라졌다.

스콜라철학은 과학을 배제시켰다. 과학에 관심을 가진 사람들조차도 답을 찾기 위해 자연 자체가 아니라 아리스토텔레스와 갈레노스의 책을 보았다. 이것은 자연을 이해하려고 다른 이의 마음을 통해 지적 탐구를 했던 자들과는 대조적으로 자연을 대상으로 지적 탐구를 했던 자연과학적인 그리스인에게는 아주 당치도 않은 일이었다. 그러나 서서히 스콜라철학이 인간이나 자연을 이해하는 데 부적합한 방법이라는 것이 드러나 탐구적 마음은 다른 방향으로 눈길을 돌렸다.

이슬람의 과학

서구의 자연관이 초자연적 설명의 지배를 받던 기나긴 세기 동안 이슬람과 중국 문명은 번창했다. 중국은 13세기까지 유럽과 격리되어 있었지만 이슬람의 학문은 이전의 그리스 연구 결과에 바탕을 두었다. 그 예로 아비세나(Avicenna, 980~1037 또는 이븐 시나; Ibn Sina라고도 함)는 자신의 유명한 저서 《의학규범》(Canon of Medicine)에서 아리스토텔레스의 생물학과 그리스에서 전해진 의학 지식을 이슬람 의사들이 발견한 것과 통합시켰다. 이슬람 의학이 서구 유럽의 의학보다 우수한 것이 명백해졌을 때 아비세나의 《의학규범》은 서구에서 권위 있는 저서가 되었고 16세기까지는 그렇게 인정받았다.

이슬람 학자들은 수학과 천문학에 크게 기여했다 — 오늘날 밝은 별에 사용하는 대부분의 이름은 아랍어이다. 비록 이들의 과학은 개념적 진보가 별로 없이 기술적이며 데이터 축적의 단계에 있긴 했지만 중세 초기 동안 그리스 과학과 철학을 유지하게 만든 공이 크다.

서구 기독교인과는 대조적인 의학에 대한 아랍인의 견해는 아랍 의사가 보고한 12세기에 일어난 다음의 사건으로 잘 드러나 있다.

> 그들은 다리에 종기가 생긴 기사와 열로 고생하는 여자를 내게 데려왔다. 나는 기사에게 고약을 붙였는데 종기가 터져 상태가 호전되었다. 여자에게는 어떤 음식을 섭취하는 것을 금지하였고 그녀의 체온을 낮추었다. 서구 유럽의 의사가 도착했을 때 나는 거기 있었다. 그가 말하기를 "이 사람(이슬람 의사를 뜻함)은 이들을 낫게 할 수 없다"라고 했다. 그러고는 기사를 향해 "한 쪽 다리로 살든지 아니면 두 다리를 갖고 죽든지 어느 편을 택할 거냐?"라고 물었다. 기사가 "한 쪽 다리로 살기를 바란다"라고 답했다. 그러나 의사는 "강력한 칼과 날카로운 도끼를 가져오라"

고 했다. 의사는 나무판 위에 환자의 다리를 펴고는 말하기를 "다리를 잘라내되 단번에 절단하라"고 했다. 내 눈앞에서 기사는 도끼로 강타를 당했다. 그는 이 불행한 사람에게 두 번째 강타를 내려쳤는데 그 결과 뼈에서 골수가 흘러나오게 되었으며 환자는 즉사하고 말았다. 여자에게는 의사가 검사 후 말하기를 "이 여자의 머릿속에 악마가 들어 있다"면서 "그녀의 머리카락을 면도하라"고 명하여 그렇게 했다. 그녀는 동족들과 마찬가지로 다시 마늘과 겨자를 먹기 시작했다. 그러자 그녀의 열이 더 올라갔다. 의사는 "이 여자의 머릿속으로 악마가 들어갔다"고 말하고는 면도칼로 그녀의 머리를 십자가 형태로 절개했다. 그리고는 소금을 뿌려 머리를 문지르자 그 여자는 즉시 숨을 거두었다. 아직도 나의 서비스가 필요한지 묻자 그렇지 않다는 답을 들은 후 나는 돌아왔는데, 이로 인해 내가 전에는 무지했던 의학적 문제에 대해 배우게 되었다[먼로(Munro)의 1903년 저서 《십자군에 관한 에세이》에서].

야수에 관한 저서

《피지올로구스》(*Physiologus*)는 3세기 그리스의 연구 결과부터 소개하고 있다. 그 제목은 "자연을 아는 자"라는 의미인데 대부분이 상상에 의한 것이기에 이보다 더 부적절한 제목은 드물 것이다. 이 책의 목적은 동물계에 대한 기독교적 견해에 따라서 동물의 우화적 중요성을 설명하는 것이었다. 《피지올로구스》는 널리 복사되고 변형되었는데, 이 복사본들 또한 중세동물 《우화집》(*Bestiaries*)으로 알려져 있다. 이 책들은 실제나 상상의 동물들에 관해 도덕 원리, 성경과 교회 교조의 우화적 해석을 보여주기 위해 변형된 이야기 모음집이다.

다음의 발췌는 12세기의 《우화집》(*Bestiary*)에서 사자에 관해 논의한 부분이다.

과학자는 사자가 3가지 특징을 지닌다고 말한다. 첫째는 사자가 산꼭대기에서 어슬렁거리는 것을 좋아한다고 한다. 그러기에 만일 사냥꾼에 쫓기게 되면 그들의 냄새를 맡고는 꼬리로 자신의 자취를 위장한다. 따라서 사냥꾼이 추적할 수가 없게 된다.

이런 식으로 유대종족의 정신적 사자(Spiritual Lion)인 우리의 구세주가 한때 그의 사랑의 자취를 높은 장소에 숨겨두었다. 하느님 아버지에 의해 보내졌을 때 그는 성모 마리아(Virgin Mary)의 자궁 속으로 내려와 타락한 인류를 구원하였다.

사자의 두 번째 특징은 눈을 뜨고 자는 것처럼 보인다는 것이다. 바로 이런 식으로 우리의 주는 십자가에 못 박힌 후 몸속에서 잠든 채로 묻혔다. 그런데도 그의 신성은 깨어 있었다. 구약의 《아가》(Song of Songs, 구약성서의 한 권인데 8장으로 된 짧은 상사가의 형식으로 된 남녀 간 사랑의 시를 모은 책 — 역자)에 "나는 자고 있지만 나의 가슴은 깨어 있다" 나 아니면 시편에서처럼 "지켜보라, 이스라엘을 지키는 자는 졸지도 자지도 않는다"라고 기록된 대로 말이다.

세 번째 특징은 다음과 같다. 암사자가 새끼를 낳게 되면 그 새끼는 사흘 동안 죽은 상태로 생명이 없다. 사흘째 아비 사자가 와서는 그들의 얼굴에 숨을 내뿜어 다시 살아나게 한다.

마찬가지로 전지전능한 하느님 아버지도 사흘째에 예수 그리스도를 죽음에서 끌어내었다. 〈야곱서〉에서 "그는 사자처럼 잠들리라. 그리고 사자의 새끼처럼 키워질 것이다"라고 말했다.

따라서 동물계가 기독교 교리를 반영하는 것으로 여겨졌으며 자연에 대한 모든 지적 관심은 여기에 근거를 두고 조직되었다. 동물과 식물은 여러 가지 형질의 상징으로 생각되었고 그런 방식으로 이들은 르네상스 예술에서 아주 중요한 역할을 했다. 따라서 예수 탄생의 그림에서 보통 황소와 당나귀가 포함되는 이유는 〈이사야서〉(1:3)에 있는 "황소는 주인을 알아보고 당나귀는 주인의 구유를 알아본다"라는 구절에 기인한다. 수탉과 뱀의 혼합체인 바실리스크(basilisk)는 악마의 상징으로 여겨졌으며 벌은 부지런함, 황소는 강인성, 낙타는 절제력(물을 마시지 않고도 며칠씩 버틸 수 있다), 고양이는 게으름, 수탉은 조심성, 개는 충실성, 비둘기는 평화, 파리는 죄, 여우는 간교함, 메뚜기는 역병, 돼지는 탐욕, 예수의 어린 양(〈요한복음〉 1:29 ─ "신의 어린 양을 지켜보라"), 사자는 용기, 공작은 부도덕성(공작의 육신은 부패하지 않는다고 믿었다)으로 여겨졌다. 오늘날까지도 예를 들면, 개의 충성심처럼 동물의 특정 미덕에 대한 생각은 중세 《우화집》에서 기인한다.

16세기에 이르러서는 중세 《우화집》이 그 영향력을 잃게 되는데 기독교적 상징주의 없이 설화처럼 플리니우스의 양식에 더 가까운 동물에 관한 책이 나타나기 시작했기 때문이다. 이 중 가장 유명한 책은 스위스의 박물학자 콘래드 게스너(Conrad Gesner, 1516~1565)가 쓰고, 1551년부터 1587년까지 5권으로 출간된 《동물의 역사》(Historiae Animalium)이다. 이 책은 영어로 번역되었고 에드워드 톱셀(Edward Topsell, 약 1572~1638)에 의해 《네발짐승에 대한 보고서》(The History of Four-footed Beasts, 1607년 판과 그 후의 많은 후기 판들)로 보완되었다.

우리는 톱셀의 사자에 대한 접근방식을 방금 기술했던 12세기의 중세 《우화집》과 비교할 수 있다. 그는 사자의 중요성과 기품을 설명하려고 25페이지에 달하는 정보를 제공하고 있다. 그는 여러 가지 언어에서 사자로 사용되는 이름과 성경에서 사자에 대한 인용도 기록했다. 다른 동물이 사자를 낳기도 한다. 예를 들면, 사데(사르디스; Sardis, 고대 리디아 왕국의 수도였던 도시 ─ 역자)의 첫 번째 왕의 첩이

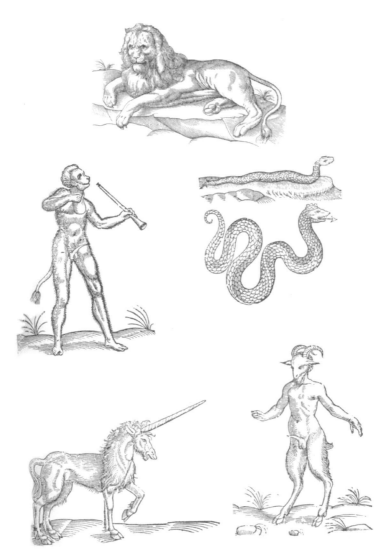

〈그림 8〉 톱셀(Topsell)의 《네발짐승의 역사》(1607)에서 따온 삽화들. 사자(맨 위)는 자연상태의 것을 꽤 정확하게 표현했다. 그러나 아래쪽의 형태, 즉 사티로스(satyr, 역주; 반인반수인 숲의 신), 바실리스크(basilisk, 역주; 전설에 나오는 뱀의 왕으로 노려보거나 입김을 쐬어 사람을 죽임), 일각수(유니콘, *unicorn*), 애고피테쿠스(*aegopithecus*, 원숭이와 염소의 혼합체)는 공상적이다.

그의 자식으로 사자를 낳았다. 예언자는 왕에게 이 사자가 걸었던 사데의 모든 장소는 영원히 안전할 거라고 말했다. 그래서 사자를 한 곳만 제외하고 모든 탑과 성벽 위에 데려갔는데 그 제외된 한 곳이 바로 수년 후 다리우스 왕이 이끈 페르시아 군대가 성벽을 깨고 사데 시를 점령한 지점이었다.

톱셀은 사자가 그리스를 제외하고는 유럽 어디에서도 발견되지 않는다는 것에 주목했다. 그가 사자의 행동에 대해 말할 수 있는 전부는 본질적으로 자연에서 관찰한 바가 아니라 문헌으로부터였다. 사자가 하얀 수탉을 두려워하는 이야기도 포함되어 있었다 ─ 12세기의 중세 《우화집》과 플리니우스의 저서에도 그랬던 것처럼.

톱셀은 자신이 논의한 종들의 의학적 용도를 주로 기술했다. 사자의 피는 아구창을 치료하며 몸 위에 바르면 모든 야수로부터 인간을 보호한다. 사자기름도 마찬가지로 효과적이며 사자고기를 먹으면 악몽을 차단할 수 있다. 사자가죽으로 만든 신발은 통풍을 방지하며 사자의 신장에서 나온 지방으로 신체를 문지르면 늑대로부터 보호받는다. 사자의 지방이나 똥을 고약과 함께 섞어 바르면 여드름이 치료된다. 말린 심장의 가루에다 사자의 지방과 장미의 기름을 더한 것은 말라리아를 낫게 한다. 사자의 뇌를 음료에 넣고 마시면 미치게 된다. 사자의 담즙은 황달과 눈병에 유용하다. 사자의 성기에서 추출한 지방은 수태를 방지할 수 있다. 이것은 사자를 이용한 약제법의 겨우 일부에 지나지 않는다.

톱셀은 덜 중요한 생물체에게도 많은 주의를 기울였다. 예를 들자면 그는 "저속하고 하찮은 쥐"와 관련하여 이용 가능한 문헌을 요약하고는 이것의 의학적 용도를 기술했다. 쥐는 껍질을 벗겨서 반으로 잘라 화살로 생긴 상처 위에 두면 상처를 낫게 하는 데 도움이 된다. 만일 쥐를 두드려 부숴 조각으로 만들어 오래된 포도주와 섞으면 그 조제약은 눈썹 위의 털을 자라게 한다. 껍질을 벗기고 오일에 담근 후에 소금으로 문지르면 허파의 고통을 치료할 수 있다. 물에 불린 쥐는 어린이가 오줌을 많이 싸는 것을 방지해준다. 태워서 가루로 만든 쥐는 이를 닦는 데 좋다. 여러 가지 방법으로 준비한 쥐똥은 좌골 신경통, 두통, 편두통, 습진, 옴, 머리 위의 붉은 반점, 통풍, 외상, 토혈, 복통, 변비, 결석, 유산유도, 체중증가와 젖이 많이 나오게 하여 여자에게 유용하다.

이 모두는 히포크라테스와 그의 온건한 이성적 의학에 비하면 정말로 어처구니없는 짓이다. 어떻게 수세대가 지난 뒤에 오래전 히포크라테스가 그리고 오늘날 우리가 난센스라고 여기는 것을 신뢰할 수 있을까? 이유 중 하나는 사람이 아프게 되면 무언가를 해주기 바라기 때문이다. 효과적인 의약품이 없는 상황에서 그 무언가는 어느 것이나 가능한데 특히 맛이 끔찍하고 재료원이 혐오스러울 경우 더욱 그렇다. 견해는 악마가 질병의 원인인 시절에 나왔는데, 그때 의약품의 효능은 그 물질이 대체적으로 악마에게 큰 불쾌감을 주어 악마가 환자를 떠나도록 하는 데 의존했다. 더 그럴싸한 이유는 이러한 "저속하고 하찮은 쥐"로부터 나온 약이 더 효과적인 치료제로 보였기 때문이다 — 결국 아픈 사람은 거의 언제나 회복되었기에. 낫기 위해 쥐똥을 사용했고 그래서 나았다면 그 치료법은 확실히 효과적인 것이다. 그리고 기록에도 명백히 남아 있듯이 위약(*placebo*)의 위력을 잊어서는 안 된다. 요약하자면 쥐똥도 그 효능을 믿는다면 효과적일 수가 있다. 오늘날 세상에도 동물과 질병에 대한 지식수준이 톱셀의 수준에 비해 전혀 진보하지 않은 수백만의 사람들이 살고 있다.

중세 《우화집》은 개인적 관찰이나 데이터를 점검할 필요성 또는 자연주의적 기술에 대해 강조하지 않았다. 그런데도 톱셀은 자신의 책에서 대부분의 신학적 요소를 삭제할 수가 있었다. 생물계에 대한 지식은 향상되고 있었기에 우리는 톱셀이 중세 시대의 생물학을 마무리지은 것으로 볼 수도 있다. 그의 《동물의 역사》는 《피지올로구스》와 중세 《우화집》에서 동물의 상상적, 상징적, 신화적인 기술과 더 현대적인 접근에 의한 이해의 연결고리이다.

혁명의 선례들

13세기에 이르러서 새로우면서 미리 결론을 내지 않는 과정을 담은 거의 모든 그리스 철학과 과학이 아라비아어(원래가 그리스어에서 번역되었던)에서 라틴어로 번역되어 서구학자가 이용할 수 있게 되었다. 일단 그리스인의 성취에 대한 학자적 경외감을 극복하고 수용된 권위에 대한 속박이 풀어지자 학자들은 앵무새처럼 그리스인이 말한 바를 되새기지는 않았지만 그들이 행한 바를 모방할 수 있었다. 다시 한 번 과학적 연구가 가능해졌다.

　16세기와 17세기에 과학의 부흥이 가능하도록 만든 많은 중요한 혁신 중에서 특별히 더 중요한 것은 구텐베르크의 금속활자 발명인데, 이것으로 다수의 동일한(identical) 사본 제작이 가능하게 되었다. 이 발명은 과학에서 신뢰할 만한 교류의 기초가 되었다. 개인 간, 세대 간의 정보 전달은 더 이상 오류를 가져오거나 더 나쁘게는 내용을 고치려고 시도할 수도 있는 필기사에게 의존하지 않아도 되었다. 인쇄된 책은 또한 도해 그림도 곁들일 수 있었는데 생물학으로서는 커다란 혜택이었다 ― 예를 들면, 단어만으로는 바다가재는 제쳐두고 조개

껍질도 묘사하기가 어렵다.

서구 유럽에서 대학의 등장과 성장도 역시 과학의 진보에 중요했다. 과학은 개인 간의 교류를 필요로 하고 전통적으로 대학이 그것을 가능하게 했다. 비록 플라톤과 아리스토텔레스가 학교를 열었고 알렉산드리아의 도서관과 박물관은 뛰어난 학문을 가르치기로 잘 알려져 있지만 고전 시대에는 고등교육을 쉽게 이용할 수가 없었다. 그러한 기관은 드물었던 데다가 오래 지속되지도 못했다. 대학은 중세 말기에 등장해서 16세기에 이르러서는 유럽에도 많이 생겼다. 대학은 학

〈그림 9〉 임페라토(Ferrante Imperato, 1550~1625)가 설립한 이탈리아 나폴리의 임페라토 박물관. 페란테와 그의 아들이 방문객에게 동물 형상의 수집품들을 설명하고 있다. 주로 동물들로 된 호기심을 끄는 수집품들을 방문객에게 설명했다. 이와 같은 박물관은 자연과학사에 대한 흥미를 이끌어내었다.

생들이 신학, 법학, 그리고 의학 분야에서 평생 직업을 갖도록 준비시켰다. 절대적인 시설이 대학 도서관이었는데 학자 개개인이 수집가능한 양보다 훨씬 많은 책을 유지할 수가 있었다.

그리고 마지막으로 16세기에 다시 출발한 박물관이 생물학의 부흥을 위한 무대를 마련했다. 콘래드 게스너가 처음 박물관을 열었으며 곧 다른 박물관도 많은 유럽 도시에 설립되었다. 그러나 많은 종류의 동물이 박물관의 수집품으로 보존될 수가 없었다. 연체성 동물은 당시 이들을 보존하는 방법이 알려져 있지 않았기에 빠르게 부패했다. 곤충처럼 단단한 부위를 지닌 일부 종은 건조시킬 수가 있었다. 따라서 동물학적 수집품은 로버트 보일(Robert Boyle, 1627~1691, 보일의 법칙을 만든 영국의 물리화학자—역자)이 동물의 연체구조를 보존할 방법을 고안해내기 전까지는 주로 건조된 절지동물, 척추동물의 뼈, 조개류의 껍질, 강장동물(산호충류)의 단단한 부위, 그리고 동물과 새의 가죽 등의 물질에 한정되었다. 보일은 최초로 원소와 분자를 구별했고 화학반응의 본성을 이해했으며 밀폐된 가스에서 압력, 부피, 그리고 온도의 상관관계를 밝혀내었다. 그는 자신의 보존방법을 1666년 5월 7일 런던왕립학회 모임에서 설명했다.

이번에는 내가 오랫동안 왕립학회(Society)에 제출해왔던 실험의 다른 용도 중 어미의 자궁에서 끄집어낸 새끼 또는 다른 태아(Faetus) 또는 태아의 부위를 알코올 용액(Spirit of Wine, 아마도 약 85% 알코올)에 보존하는 법을 소개드리려고 합니다. 병아리 새끼의 형성에 대한 자연 과정을 관찰하고 싶어 부화가 시작된 후 각기 일정한 시일이 경과된 계란을 깨어 조심스럽게 배를 끄집어냈다. 각각을 별도로 알코올 용액이 담긴 유리병(주의 깊게 뚜껑을 닫은)에 방부 처리하였다고 기억하는데, 이는 언제든지 원할 때 쉽게 관찰하기 위해서였다. 그리고 연중 어느 때든 내

동료가 3일째, 4일째, 7일째, 14일째 또는 다른 날에 병아리 새끼의 다른 모습을 볼 수 있도록 하기 위해서였다. 약 7일째에 태아를 끄집어내었을 때 늘 그런 것처럼 아주 완벽하게 형태가 형성되었는데, 그 이후에도 병 속에서 형태가 잘 보존되어 나의 호기심을 충족시켰다. 내가 초봄에 만든 것 중에 일부를 아직도 여러분에게 보여드릴 수 있다(보일의 1666년 논문 "알에서 끄집어낸 새와 다른 작은 태아를 보존하는 방법", 〈영국왕립학술원지〉 1: 199~200).

과학학회는 16세기 이후 과학의 진보에 중심적인 역할을 했다. 최초로 설립된 것은 1662년에 "자연지식의 향상을 위해서" 설립된 런던왕립학회였다. 차후의 자매기관들처럼 왕립학회는 강연, 회원 간의 비공식적 토론, 그리고 간단한 교신용 정기간행물과 나중에는 더 광범위한 과학적 기여를 위한 전공 논문집 시리즈의 출판을 통해 교류를 장려하였다. 초창기 런던왕립학회는 전 서구 유럽 과학적 교류의 중심으로 기여했다. 왕립학회의 길고도 영예로운 역사는 바로 지금까지도 지속되고 있다.

제5장

과학의 부흥

아리스토텔레스와의 연결 탯줄이 끊어지게 된 16세기에 이르자 자연계가 탐구에 적절한 것으로 받아들여졌으며 관찰과 실험에 바탕을 둔 과학이 존중받게 되었다. 그러나 지금 우리가 과학의 혁명기라고 아는 시기가 마치 장애물을 뛰어넘듯이 갑작스레 시작된 것이 아니다. 사실상 명백한 시작은 없었고 단지 자연현상에 대한 지식을 얻는 새로운 방식에 관한 정의가 서서히 퍼져나갔을 뿐이다. 일부 역사가는 과학 혁명기의 도래를 런던왕립학회의 설립과 아이작 뉴턴 경의 중력연구의 시기와 가까운 약 1660년으로 추정하고 있다. 그러나 그러한 일정은 진정으로 우리에게 과학을 지식탐구의 방법으로서 제공한 대부분의 지성적인 거인들 — 베살리우스(Andreas Vesalius), 하비(Harvey), 베이컨(Bacon), 코페르니쿠스(Copernicus), 갈릴레오(Galileo), 케플러(Kepler), 브라헤(Brahe) 등을 제외시키게 된다. 지금 막 언급하려는 이유를 근거로 나는 1543년을 출발점으로 선호한다. 어떤 시기가 탄생일로 선택되던 우리는 이를 "혁명"(*revolution*)이라고 말할 수가 있는데, 자연지식에 대한 일부 예외적으로 뛰어난 기여가 비교적 짧은 기간 동안에 이루어졌기 때문이다.

1543년에는 과학사에서 3가지 중요한 사건이 일어났다. 첫째는 그리스의 물리학자이자 수학자인 아르키메데스(Archimedes, 기원전 287~212)의 연구 결과물이 복원되어 번역되고 출판되었다. 그는 수학과 역학에 놀랄 만한 기여를 했으며 뛰어난 발명가이기도 했다. 그는 우주 그 자체를 기계적 원리에 의해 작동하는 거대한 기계로 보았다. 이것은 자연의 힘이 신비로우며 불가사의하다고 생각했던 16세기에는 너무나 자유로운 개념이었다. 아르키메데스의 역학은 갈릴레오와 차후 뉴턴 연구의 기초가 되었다.

1543년의 두 번째 성취는 폴란드의 물리학자이자 천문학자이며 목사였던 니콜라우스 코페르니쿠스(Nicolaus Copernicus, 1473~1543)가 《천구의 회전에 관하여》(De Revolutionibus Orbium Coelestrium)의 출간이다. 이것이 바로 그리스의 천문학자 프톨레마이오스(Ptolemy)의 의견에 반하여 지구가 아니라 태양이 중심이라고 주장한 현대 천문학의 시초였다. 이 태양중심설은 가설을 뒷받침할 충분한 증거를 갖고 있지 않았다. 나중에서야 코페르니쿠스의 가설이 덴마크의 천문학자 티코 브라헤(Tycho Brahe, 1546~1601)가 주의 깊게 수집한 데이터와 독일의 천문학자 요하네스 케플러(Johannes Kepler, 1571~1630)에 의한 이론의 보완, 그리고 이탈리아의 물리학자이자 천문학자인 갈릴레오 갈릴레이(Galileo Galilei, 1564~1642)의 관찰에 의해서 의심의 여지없이 증명되었다(이 시대에 이르러서 과학은 진정으로 국제화되었다).

16세기와 17세기에 과학을 하는 일은 규율과 열린 태도뿐만 아니라 커다란 용기를 필요로 했다. 이미 본 것처럼 결코 열린 태도의 지지자가 아니었던 교회는 많은 과학적 문제에 대해 확고하게 고정된 태도를 갖고 있었다. 수세대에 걸쳐 가톨릭 학자들은 성경과 그리스 철학자와 과학자의 이용 가능한 연구 결과, 그리고 교회의 신부들이 남긴 글 등을 연구하였고 여기에 바탕을 두어 교회의 교조 ― 유일하게 공식적으로 허용된 ― 사고체계가 세워졌다. 교회는 프톨레마이오스의 천문학 이론이 옳다고 선언했는데, 여러 이유 중 하나가 바로 지구를 우주의 중심에 둔 것이 신의 주요 창조물로서 적절한 위치였기 때문이었다. 코페르니쿠스는 지구를 소행성의 위치로 강등시킴으로서 자신이 걸게 될 위험을 알고 있었기에 조심스러웠으며, 그의 견해는 단지 하나의 이론일 뿐이라고 암시하며 자신의 저서 《천구의 회전에 관하여》를 교황에게 헌정했다. 아마도 그는 책이 출간된 지 얼마 지나지 않아 자연사함으로써 많은 고초를 겪지 않아도 되었을 것이다. 다른 이들은 그렇게 운이 좋지 않았다. 모든 교조를 반대하고 주로 코페르니쿠스의 이론을 받아들였던 도미니카 신부, 조르다노 브루노(Giordano Bruno)는 1600년에 화형을 당함으로써 자신의 지적 독립에 대한 대가를 치렀다. 루터 목사는 코페르니쿠스에 대해 이런 말을 했다. "이 멍청이는 천문학에 관한 모든 과학을 뒤집으려고 한다. 그렇지만 성서에는 여호수아가 지구가 아니라 태양이 제 자리에 서 있도록 명령하고 있다." 그러나 브라헤, 케플러, 그리고 갈릴레오는 자신들이 해야 할 바를 다하여 지구가 지축을 중심으로 매일 자전하며 매년마다 태양을 한 바퀴 돈다는 결론에서 벗어날 수가 없었다. 갈릴레오는 종교재판소에 의해 두 번이나 재판을 받고 1663년 두 번째 재판에서 태양중심설에 대한 자신의 믿음을 철회한다고 공식적으로 밝혀야만 했다.

1543년의 세 번째 중요한 사건은 벨기에인으로 파도바(Padua) 대학의 해부학 교수였던 안드레아스 베살리우스(Andreas Vesalius, 1514~1564)에 의해 《인체해부에 대하여》(De Humani Corporis Fabrica)가 출판된 일이다. 이 시기 이전까지는 갈레노스의 해부학이 최고의 권위를 누리고 있었다. 베살리우스는 인체를 해부할 수 있었고 그 결과로 갈레노스가 어떤 경우에는 부정확하다는 사실을 알게 되었다. 《인체해부에 대하여》는 전체 해부에 대한 완전한 기술일 뿐만 아니라 또한 벨기에의 예술가 얀 반 칼카르(Jan van Calcar)와 다른 이들[일부에서 가정한 알브레흐트 뒤러(Albrecht Dürer)가 아니라]에 의한 아름다운 도해집이기도 했다. 이것이 현대 해부학의 시초였으며 그레이(Grey, 현대 해부학 교과서 저자 — 역자) 해부학으로의 지름길이었다.

처음에 베살리우스는 강한 반대에 부딪혔다. 왜냐하면 갈레노스처럼 고대의 아주 존경받는 권위가가 오류를 범했을 수도 있다고 제안하는 것조차도 별로 구미에 맞는 것이 아니었기 때문이다. 다르게 생각한 탓으로 고통을 겪은 한 용감한 자유인으로 미카엘 세르베투스(Michael Servetus, 1511~1553)가 있었다. 주로 신학 분야에 관심을 가졌지만 다른 분야에도 폭넓은 관심을 갖고 있던 학자였던 그는 또한 진지한 갈레노스의 학도이기도 했다. 갈레노스를 연구하는 도중에 그는 갈레노스가 모든 문제에서 옳지는 않다는 결론에 도달했다. 예를 들면, 세르베투스는 혈액이 갈레노스가 가정한 구멍을 통해 우심실에서 좌심실로 직접 가는 것이 아니라 우심실에서 허파로 가서 공기를 실은 후에 좌심실로 돌아온다고 가정했다. 이는 대부분 신학적 교조에 의문을 가진 것이었지만 부분적으로 교회가 해부학과 생리학의 권위가로 거명한 갈레노스에 의문을 표했다는 이유 때문에 세르베투스는 기도 중에 체포되어 약식재판을 거친 후 1553년 10월 27일 불꽃 속으로 던져졌다. 처형 이유를 의심받지 않도록 그의 위법적인 책 중 한 권을 그의 목에 걸었으며 그 책 또한 장작더미 위에서 재로 변하였다.

교회는 자신의 교조에 의해 스스로 속박당했다. 코페르니쿠스와 베살리우스 이전에는 교회가 이용할 수 있는 최상의 데이터를 선택하였는데, 그 점에서는 가장 최신이면서 최대로 정확했다. 그러나 교조가 되어버린 개념은 새로운 개념을 제시하는 더 나은 데이터에 의해 쉽게 변화되지 않았다.

안드레아스 베살리우스와 구조의 연구

두 분야의 상대적 복잡성의 정도뿐만 아니라 16세기 천문학과 생물학의 개념적 수준 모두를 반영할 때 코페르니쿠스와 베살리우스의 공헌은 근본적으로 달랐다. 코페르니쿠스는 진정한 패러다임의 전환을 가져왔다. 태양을 행성이 그 주위를 도는 태양계의 중심에 둠으로써 코페르니쿠스는 현대 천문학의 터전을 마련했다.

코페르니쿠스와 달리 베살리우스는 패러다임의 전환과 무관하지만 해부학에서 그의 공헌은 획기적인 것이었다. 베살리우스는 1514년 새해 전야에 브뤼셀에서 태어났다. 그는 파리에서 갈레노스의 해부학을 공부하곤 루뱅(Louvain)으로 돌아와서 인체의 해부를 다시 도입하여 시행하였다. 나중에 그는 파도바 대학에 가서 이틀간 시험을 치르고는 의학 학위인 마그나 쿰 라우데(*Magna cum laude*)를 수여받았다. 다음날 그는 당시 가장 저명했던 의과대학이었던 이곳에서 외과수술과 해부학에 대한 강의를 맡게 되었다. 학계에서의 승진으로 보면 이것이 신기록임에 틀림없을 것이다. 베살리우스는 언급 중인 해부 부위를 조교가 가리키면 갈레노스의 저서에 바탕을 둔 강의노트를 크게 낭독하는 기존의 관습을 따르는 대신 자신이 직접 해부를 수행함으로서 전통에서 탈피했다.

베살리우스는 주의 깊은 갈레노스의 학도였지만 인체 해부에 대한 그의 경험이 늘어나자 갈레노스의 기술에 많은 오류가 있다는 것을 확신하게 되었는데, 이러한 오류에 대한 근본 이유를 추정할 수 있었다. 갈레노스는 아마도 자신이 그렇게 자세히 기술한 체계적이고 상세한 인체 해부를 해볼 수 있도록 허용받지 못했을 것이다. 그가 살아 있을 때는 인체 해부가 금지되어 있었고 그가 인체해부학에 대해 서술한 바는 부분적으로는 인체를 해부했었던 의사 헤로필루스(Herophilus)의 이전 저서에다 자신의 대원숭이류와 다른 포유류에 대한 해부 결과에 바탕을 둔 것이었다. 베살리우스는 인체에 대해 광범위하게 연구할 수 있었기에 갈레노스가 보고한 인체해부학의 일부는 실제로는 대원숭이의 해부학이었다는 것을 깨닫게 되었다.

베살리우스 덕분에 인체에 대한 지식은 더욱 정확해졌다. 《인체해부에 대하여》는 엄청난 양의 멋진 책이다. 이 책의 가장 주목할 만한 점은 글로 써서는 도저히 표현할 수가 없는 구조에 대한 정보를 전달한 멋들어진 목각 그림이다. 얀 반 칼카르를 비롯하여 여기에 종사한 예술가들은 티티앙(Titian)의 화실에서 일했던 학생으로 보인다.

흔히들 베살리우스 이후로는 인체해부학에 대해 더 이상 알아낼 것이 없다고 믿고 있다. 결단코 그렇지는 않으며 오늘날까지도 새로운 발견은 계속되고 있다. 그러나 어떤 중요한 기관도 최근에 드러나지 않았다는 사실은 인정해야 한다. 베살리우스는 인체해부학에 대해 이미 알려진 것으로 시작하여 일부 오류를 교정하며 자신의 새로운 결과를 첨가하였다. 그의 가장 커다란 공헌 중의 한 가지는 자신의 결론을 갈레노스의 주지된 권위가 아니라 자신이 본 바에 기초를 두고 얻었다는 점이다. 그는 또한 의학도는 몸소 해부를 해보면서 해부학을 배워야 한다고 주장했다.

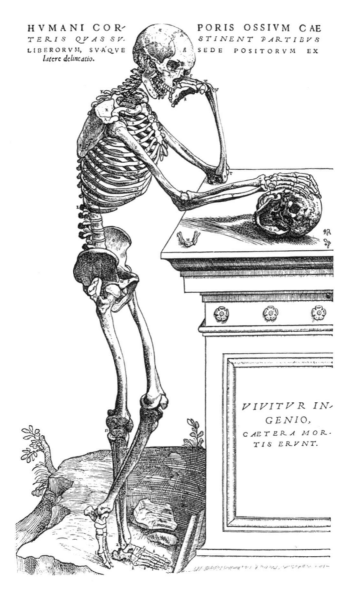

HVMANI COR-   PORIS OSSIVM CAE
TERIS QVAS SV.   *STINENT PARTIBVS*
LIBERORVM, SVÁQVE   SEDE POSITORVM EX
latere delineatio.

VIVITVR IN-
GENIO,
CÆTERA MOR-
TIS ERVNT.

〈그림 10〉 안드레아스 베살리우스의 《인체해부에 대하여》에서 따온 인간 두개골을 놓고 명상하는 인체 골격. 이런 식의 골격 표현법이 현재 실행법과 얼마나 다른지 고려해보라. 〈그림 11〉 ～ 〈그림 14〉에서도 같은 철학이 나타나 있다.

베살리우스는 세심한 해부를 통해서도 답할 수 없었던 문제에 관해서는 계속 갈레노스에 의존했다. 그는 혈액이 간에서 만들어지며 신경의 내부가 비어 있다는 갈레노스의 의견을 따랐다. 심실 간 판막에서 구멍을 찾는 데 실패하자 그는 혈액이 한쪽에서 다른 쪽으로 스며나오도록 하는 것을 가능하게 한 조물주에 감탄했다. 인체 동맥에 대한 베살리우스의 도해도는 부분적으로 갈레노스의 대원숭이 자료에 바탕을 둔 것으로 보인다.

베살리우스는 갈레노스의 전통을 계속 받아들인 많은 해부학자들에 의해 극심한 비판을 받았지만 곧 특히 젊은 해부학자들 가운데서 추종자를 얻게 되었다. 자신의 명저를 출간한 이후로는 해부학적 연구를 거의 하지 않았고 개업의가 되었다. 그에게서 효과적인 의료수단은 식이요법, 의약품, 그리고 수술이었다. 해부학에 대한 지식은 가장 기본이 되었다. 외견상으로도 그는 재능이 있던 의사로서 신성로마제국의 황제 사를르 5세(Charles V)를 수년간 돌보았다.

모든 포유류의 구조는 기본 체제에 대한 변형이라던 아리스토텔레스의 개념보다는 베살리우스의 인체해부학에 대한 공들인 기술이 외과의사들에게는 훨씬 더 중요했다. 그렇지만 믿을 만한 데이터를 수집하는 이와 개념을 세우는 이는 과학적 진보에 필수적인 공생관계를 형성한다. 질문에 답하기 위해 데이터를 구하게 되며 그 답이 중요한 개념이 되기도 하며 그 개념이 새로운 질문을 낳게 되는 식으로 진행된다. 따라서 과학은 포괄적인 개념을 확립하기 위해 데이터를 서로 연관지을 수 있는 사람들뿐만 아니라 데이터를 수집할 수 있는 사람들이 있을 때에만 진보한다. 장군과 병졸에 대한 비유를 적용할 수 있을 텐데 둘 중 하나로는 전쟁에서 이길 수가 없다.

베살리우스가 인체해부학에 대한 거의 현대적 이해를 한 최초의 사람은 아니다. 1517년 베살리우스가 세 살이었을 때 레오나르도 다빈치(Leonardo da Vinci)는 남부 프랑스에서 살고 있었다. 아라곤의 대주교 루이(Cardinal Luis)와 그의 일행은,

> 피렌체의 레오나르도 다빈치 씨를 만나러 갔다. 이 신사 분은 그전에 누구도 하지 못했던 방식으로 사지, 근육, 신경, 정맥, 인대, 내장 그리고 남자와 여자의 신체에서 논할 수 있는 것은 무엇이든 아주 상세하게 도해로서 보여주는 해부학 노트를 만들었다. 이 모든 것을 우리 눈으로 보았는데, 그가 말하기를 자신이 모든 나이 대에 속한 남녀를 막론하고 30구 이상의 시체를 해부하였다고 했다(맥커디의 1938년 저서 《레오나르도 다빈치의 노트북》, p. 13).

레오나르도의 관찰은 자신의 노트에만 기록되어 있었고 — 그는 자신의 기술이나 도해를 출판하지 않았다. 20세기에 들어서서야 그의 관찰 기록을 발견하여 분석할 수 있었다. 남아 있는 도해는 베살리우스의 것보다 훨씬 더 훌륭했는데, 부분적 이유로는 베살리우스 시대에 이용 가능했던 비교적 조잡한 목각화가 아니라 현대의 사본으로 보게 되었기 때문일 것이다.

맥머리히(McMurrich, 1930)는 "베살리우스는 의심의 여지없이 현대 해부학의 창시자이며 레오나르도는 그의 전구자로서 광야에서 울부짖던 세례 요한에 해당된다"라고 자신의 의견을 피력했다. 이에 대한 과학적 윤리는 명백하다. 레오나르도는 자신의 정보를 독점했고 그 결과로 그 시대 과학에 기여하지 않았다. 과학은 집단노력으로서 정보를 공유하며 한 과학자의 결론이 다른 과학자에 의해 확인될 때에만 진보한다.

윌리엄 하비와 기능의 연구

윌리엄 하비(William Harvey, 1578~1657)는 베살리우스가 죽은 지 14년 후에 태어났다. 그도 역시 왕의 의사였으며 인간의 몸 — 신체 각부위의 구조와 기능 모두를 연구한 학도였다. 오늘날 그는 주로 심장, 순환, 그리고 제4부에서 논의하게 될 배 발생에 관한 연구로서 기억되고 있다.

비록 심장, 혈액, 그리고 허파의 중요성이 인정되고 있었지만 각 기능에 대한 이해는 아주 모호했다. 그렇더라도 베살리우스와 하비, 그리고 동료 과학자들은 당시에는 적절히 검증할 수가 없었던 설명적 가설을 제안했었다. 갈레노스의 가설에 의하면 신체의 모든 부위가 생명과정에 "음식"(*food*)과 "정신"(*pneuma*)을 필요로 하며 혈관이 이들을 수송한다. 단지 이들이 어떻게 수송되는지가 알려져 있지 않았다. 이전과 마찬가지로 혈액은 소화관에서 받은 물질로 간에서 만들어진다고 주장했다. 신체부위에 음식을 공급하는 이 혈액은 허파를 제외하곤 정맥에 의해 퍼져나간다. 허파는 폐동맥으로부터 혈액을 받게된다. 신체부위에 필요한 정신(*pneuma*)은 동맥에 의해 이들에게 전달된다. 갈레노스의 견해는 본질적으로 옳았다: 음식과 정신(*pneuma*)이 필요한 부위와 이들을 정맥과 동맥으로부터 받는다는 사실에서는.

하비는 동일한 현상을 다양한 생물체에서 연구하는 유서 깊은 방법을 사용하여, 각각의 결과가 부분적인 답을 제공하는, 많은 종류의 살아 있는 척추동물에서 심장과 혈관을 관찰했다 — 죽은 동물로부터는 결코 답이 나올 수가 없다. 그의 실험은 혈액이 정맥, 심장, 그리고 동맥의 관으로 된 체계에서 끊임없이 몸 전체를 순환한다는 결론을 낳았다. 그는 동맥과 정맥이 서로 연결되었을 거라고 알고 있었는

〈그림 11〉 일련의 삽화도에서 베살리우스는 피부 층이 단계적으로 제거되어 껍질이 벗겨진 인체를 보여준다. 여기서 근육 체계는 완벽하며, 이 표본은 교외에서 산책을 즐기고 있다.

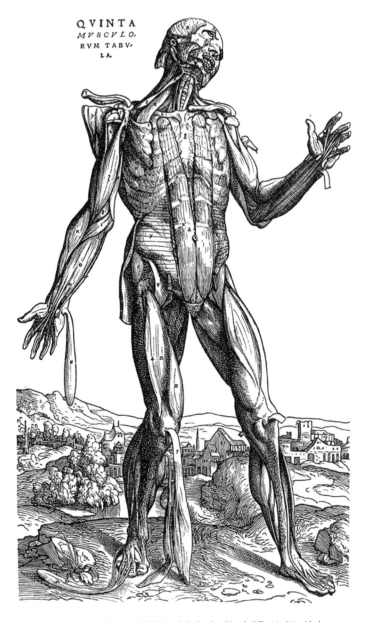

QVINTA
MVSCVLO.
RVM TABV.
LA.

〈그림 12〉 외부 근육의 일부가 제거되어 명백히 피로한 기색을 보이고 있다.

데, 이는 모세혈관이라고 알려진 것이며 다른 사람들에 의해서야 발견되었다.

이것은 단지 혈액이 어떻게 이동하는지를 기술한 데 지나지 않는 사소한 진보로 보이지만 생리학에서 관찰에 의해 입증된 최초의 중요한 발견을 뜻한다. 하비는 자신의 가설을 그리스 이오니아인들도 이용할 수 있었던 극도로 간단한 관찰과 분석을 통해 검증했다. 왜 이오니아인이 하비가 한 일을 하지 않았는지 묻는 것은 쓸데없는 일이다. 생물학의 성숙도 수준에서 보면 그 문제를 해결할 만한 질문과 방법이 이오니아인에게는 떠오르지 않았을 수도 있다.

다시 한 번 우리는 자연현상을 이해하는 것이 얼마나 어려우며 얼마나 느리게 답을 구하게 되는지를 보게 된다. 이것은 과학에는 과학적 방법이라는 틀에 짜인 과정이 존재하므로 제대로 따르기만 하면 예외 없이 새로운 발견과 더 깊은 이해를 얻게 된다는 만연된 관념을 고려한다면 놀랍게 보일 수도 있다. 아주 효과적인 것으로 판명된 이 방법이 17세기 이전에는 제대로 틀이 잡혀져 있지 않았다.

바로 그 17세기 영국 대법관이었던 프랜시스 베이컨 경(Sir Francis Bacon, 1561~1626)이 과학자가 자연현상에 대한 이해를 구할 수 있는 방법을 분석했다. 의도적으로 과장하여 데 솔라 프라이스(de Solla Price, 1975)가 표현했듯이 "프랜시스 베이컨은 과학혁명의 줄거리를 만들고 과학적 방법을 성문화했다."

프랜시스 베이컨 경의 대개혁

베이컨은 자연현상을 조사하는 데 철학적 체계를 부여하였고 이전에는 아이디어를 시험하는 데 흔히 사용되었던 실험의 중요성을 강조하였다. 그는 과학의 본성을 탐구하는 데에서 그리고 자연계의 지식을 얻기 위한 "과학적 방법"(scientific method)으로 알려지게 된 방법을 확립하는 데에서 주도적 인물이었다. 과학적 방법의 본질은 고전과 중세 시대의 신학적 관습을 추방하고 사실로 받아들여진 관점으로 탐구를 시작하여 그 결과를 추론하는 것이다(베이컨의 저서, 프랜시스 베이컨의 저서들, 《대개혁》, 《신논리학》과 관련 저서 등에서).

이 연역적 추론의 고전적 예는 유대-그리스도교의 신을 우주와 그 속의 모든 거주자의 조물주로서 수용하고 일부 필요한 결과로 생각되는 일, 즉 창조는 겨우 수천 년 전에 일어났다, 모든 종은 동일한 상태로 남아 있다, 어느 종도 멸종되지 않았다, 모든 살아 있는 생물체의 한 쌍이 하나의 보트, 노아의 방주에 수용될 수 있다는 등을 연역적으로 추론하는 것이다. 유대-그리스도교의 세계관은 수세기 동안 맞는 것으로 받아들여졌으며 오늘날까지도 많은 개개인에게 그렇게 받아들여지고 있다. 하지만 이것은 현대 과학에서 제공하는 것과는 아주 다른 자연관에 도달하도록 이끌게 된다.

정반대편의 관점이 16세기와 17세기 동안 과학혁명이 모습을 드러내면서 발달하기 시작했다. 베이컨은 신앙이 아니라 데이터로 시작하도록 제안했다. 즉, 어떤 자연현상과 관련된 모든 알려진 사실을 고려해서 그러한 사실을 설명할 수 있는 가설을 세우려고 노력해야 한다고 주장했다. 이러한 특정 사항에서 일반 사항으로의 논리적 추론 방법이 귀납법이라고 알려진 과정으로 우리에게 현대적 세계관을 가

저다주었다.

베이컨의 철학은 1620년에 출간된 자신의 《대개혁》(*Instauratio Magna*)에서 제시되었다. 이것은 전집으로 계획된 것이지만 겨우 일부만 출판되었으며 가장 유명한 것이 《신기관》(노붐 오르가눔; *Novum Organum*) 혹은 《자연의 해석에 대한 진정한 제안》(*True suggestions for the Interpretation of Nature*)이라는 책이다. 심지어는 이 책도 예비 요약서로 제 1권과 2권이 각각 129개의 잠언(*aphorism*)과 52개의 잠언으로 구성되어 있다. 베이컨이 대체하고자 원했던 과정들이 담긴 것이 구 《기관》(오르가눔; *Organum*)으로 아리스토텔레스의 논리적 논문집으로 구성되어 있다.

그의 주장은 전통적인 시도가 자연을 이해하는 데에서 얼마나 비효과적인가를 지적하면서 시작된다. 베이컨은 아주 깊은 주의를 기울이지 않으면 인간의 마음이 받아들이는 것은 "틀리거나(*false*), 혼돈스런 것이거나(*confused*) 사실로부터 성급히 도출한 것"들인 경향이 있다고 주장했다. 이것은 이미 우리가 사실이라고 가정한 것에 의존하여 종종 우리가 관찰한 바를 해석하는 탓이다. 우리는 자신이 보는 바를 믿기보다 믿는 바를 보게 된다. 이런 연역적(*a priori*) 접근법의 결과는 "철학과 다른 지성적 과학은 숭배받고 찬양받는 동상처럼 서있지만 움직이거나 전진하지는 않는다"라는 표현과 마찬가지이다. 우리의 자연에 대한 이해가 "졸속으로 세워졌으며 기초가 없는 어떤 장엄한 구조물"과 마찬가지인 것이 전혀 놀랍지 않다.

베이컨은 자연계의 신뢰할 만한 지식은 인간의 마음이 아니라 자연그 자체를 관찰하는 데서 나온다고 주장했다. 자연은 "과학과 예술, 그리고 모든 인간의 지식에 대한 완전한 재구성의 시작"을 유도하는 중재자이다 ― 그의 《대개혁》(*Great Instauration*) (혁신, *renovation*)에서

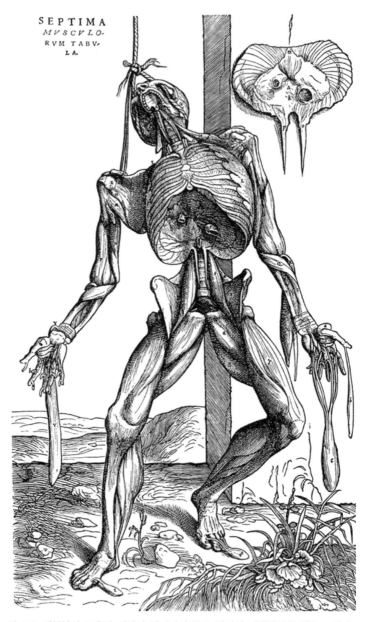

<그림 13> 대부분의 근육과 내장이 제거되어 몸은 명백히 지탱장치를 필요로 한다.

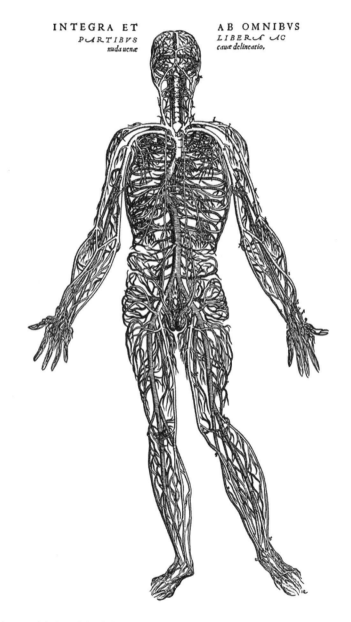

INTEGRA ET   AB OMNIBVS
PARTIBVS   LIBER AC
nuda uenæ   cauæ delineatio,

〈그림 14〉 인간의 동맥과 정맥에 대한 베살리우스의 삽화.

인용한 글이다.

모든 과학적 탐구는 어떤 자연현상과 관련된 관찰과 실험으로부터 나온 모든 데이터를 오류 정보가 포함되지 않도록 지대한 주의를 기울이면서 수집하는 것으로 시작해야만 한다. 물론 오류 정보가 포함되면 잘못된 결론을 얻게 된다. 관찰이 가능한 한 정확하게 이루어져야 될 뿐만 아니라 종종 "도구 없이 맨손으로 얻은 결과나 그 결과로 나온 이해가 영향을 미쳐서는 안 된다. 연구의 진행은 기구를 통하거나 (심적인) 도움에 의해서만 이루어져야 한다."

만일 관찰이 정확하게 해석되려면 마음은 미리 인지된 아이디어에 대해 경계해야만 한다. 이것은 지극히 달성하기가 어려운데 왜냐하면 우리가 존재하고 생각하며 행하는 것이 우리가 살고 있으며 과학을 공부하는 사회의 신앙체계를 수용하는 것에 너무나 크게 좌우되기 때문이다. 이러한 신앙체계는 우리가 복종해야 하는 우상이 되며 복종하는 정도만큼 잘못된 결론에 도달할 수 있다. 베이컨은 다음의 4가지를 열거했다. 바로 종족의 우상(Idols of the Tribe, 정신의 자연적 결함으로서 나태와 타성에 젖어서 나오는 행동 — 역자), 동굴의 우상(Cave, 습관의 반복과 주관적 오류나 정신이 감옥에 갇혀서 받은 교육에서 나오는 행동 — 역자), 시장의 우상(Marketplace, 단어들이 혼동된 의미를 갖기에 언어에 의하여 기만당해 나오는 행동 — 역자), 그리고 극장의 우상(Theater, 유명한 철학적 이론이나 소피스트들의 이론을 바탕으로 나오는 행동)이다[버트런드 러셀(Bertrand Russell)은 또 다른 우상인 학교의 우상(Idols of the Schools, 맹목적 규칙과 잘못된 지시에 바탕을 둔 사고)도 첨가시켰다 — 역자](1945년 저서 《서양철학사》, p. 544).

종족의 우상은 자신의 종족이나 사회에서 흔히 나타나는 미리 인식된 잘못된 아이디어와 불분명한 사고로 구성되어 있다.

동굴의 우상은 각 개인의 마음—격리된 동굴과 같은 마음에 자리 잡은 잘못된 믿음이다. 그는 특히 개개인이 어떻게 자신의 의견과 발견을 선호하는지에 주목한다—이것은 오늘날까지도 우리에게 중대한 문제이다.

사람들은 어떤 특정한 과학이나 추론에 대해 자신이 저자나 발명가라고 상상하거나 아니면 엄청난 수고를 들여 그것에 아주 익숙해졌기 때문에 그 문제에 집착하게 된다. 그러나 이런 유형의 사람들은 철학이나 보편적인 성격의 명상에 몰두하게 되면 사실을 이전의 상상에 맞추려고 뒤틀거나 채색한다 …(《신기관》 1권, 잠언 54).

　그리고 일반적으로 자연을 탐구하는 모든 학도들은 이것을 규칙으로 받아들이도록 해야 한다—마음이 파악한 바가 무엇이든 그리고 그것에 특별히 만족하더라도 일단은 의심을 해봐야 한다 …(《신기관》 1권, 잠언 58).

시장의 우상은 사람들이 의사소통하면서 다른 의미로 단어를 사용할 때 일어나는 의미론적 문제이다. 우리가 사용하는 언어에서 단어는 일상적 용도로 개발되었기에 종종 과학에서 사용하기에는 부적절하거나 충분히 특정적이지 않다.

극장의 우상은 "진실"(truth)이 기존의(a priori) 전제에서 유도되는 철학적이거나 신학적 사고방식에 집착할 때 주로 생긴다. 그가 언급하길 예를 들면, 일부 학자가 〈창세기〉 1권에 대한 자연철학(즉, 자연과학)의 체계를 세우려고 시도하고 있다. 그러나 그는 "정신을 차리고 신앙에 속하는 것만 신앙으로 다루어라"라고 조언한다.

그리고 더 일반적인 문제들이 있다. 왜냐하면 "모든 시대마다 자연철학은 골치 아프고 다루기 힘든 적, 즉 미신과 맹목적이고 무절제한 종교적 열정을 상대해왔다는 것을 잊어서는 안 된다." 아니면 아주 실망스럽게도 학교나 대학에서 "학자나 학문의 배양에 자리 잡기 마련인 유사한 유형의 모든 것이 과학의 진보에 적대적인 것으로 드러났다. … 그러나 이제까지 과학의 진보에 가장 큰 장애는 실현 불가능하다고 생각하고 절망하는 것에서 나타난다."

　과학의 진보를 어렵거나 불가능하게 했던 과거의 절차나 철학적 오류를 장황하게 늘어놓은 후 베이컨은 이런 매력적인 수사법으로 자신의 새로운 접근법을 소개하였다.

> 과학을 다루어본 사람은 실험을 하는 자(men of experiment)이거나 신조에 바탕을 두고 정리하는 사람(men of dogma)이다. 실험을 하는 사람은 개미와 같다. 이들은 수집하고 사용하기만 한다. 추론자는 자신의 물질로 거미집을 만드는 거미와 같다. 그러나 벌은 중간 과정을 취한다. 정원이나 야생의 꽃에서 꿀의 재료를 모으지만 자신의 힘으로 변형하고 소화한다. 마찬가지로 이것이 진정한 철학의 업무이다. 왜냐하면 철학은 전적으로 또는 주로 정신력에만 의존해서는 안 되며 자연사나 기계적 실험으로 수집한 자료를 받아들여서 발견한 그대로 통째로 기억에 담아서는 안 된다. 변형시키고 소화시켜 이해한 상태로 담아두어야 한다. 따라서 이러한 두 종류의 집단 간에 더 밀접하고 순수한 연맹을 통해 실험주의자 겸 논리주의자(the experimental and the rational, 아직까지는 등장하지 않은)가 나올 희망이 커진다(《신기관》 1권, 잠언 95).

　따라서 베이컨은 자신이 자연현상을 이해할 실험적 방법을 체계적으로 사용하는 법을 처음으로 제안했다고 믿었다. 그러나 벌이 되고자 어떻게 노력해야 하는지는 그렇게 분명하지가 않다. 《신기관》 2권에서 열의 진정한 본성이 무엇인지를 분석함으로써 그는 자신이 마음에 품고 있는 생각의 예를 제공한다. 우리 주변 환경에서 늘 나타나는 특징인 이 현상을 어떻게 이해해야 하는가?

처음에 열에 대해 쉽게 얻을 수 있는 모든 정보를 수집해야만 한다. 베이컨은 적절한 데이터가 담긴 3개의 표를 내놓는다. "존재와 실재의 표"(*Table of Existence and Presence*)는 열과 연관된 많은 현상을 열거한다. 태양광선, 운석, 천둥번개, 화산폭발, 불길, 불꽃, 연소중인 고체, 물을 뿌린 생석회, 갓 배설된 말똥, 독한 와인, 일부 향신료, 피부에 쏟은 산, 그리고 심지어는 극심한 추위.

두 번째 "이탈과 부재의 표"(*Table of Deviation and Absence*)는 우리가 열을 발견할 것으로 예상하지만 볼 수 없는 현상을 나열한다. 예를 들면, 그는 태양광선의 빛은 뜨겁지만 달빛이나 별빛은 차갑다고 언급한다. 더욱이 사람의 머리카락이 불꽃처럼 보이는 것에 휩싸였지만 머리카락이 타지 않은 경우들도 있었다. 이런 현상을 성 엘모의 불 (*St. Elmo's Fire*)이라고 한다.

세 번째 표인 "열의 단계와 비교"(*Degrees or Comparisons of Heat*)는 같은 항목이 온도에 따라 다른 예를 열거한다. 예를 들면, 식물은 사람이 만져볼 때 따뜻하지 않지만 상자에 밀폐되어 있거나 분해되도록 방치하면 그렇게 된다. 동물의 열은 운동하거나 와인을 마시거나 향연을 즐기거나 사랑을 나누거나 열병을 앓거나 고통을 느낄 때 증가한다.

귀납법, 가설, 연역법

이제 베이컨의 분석에서 진정으로 비범한 부분이 등장하게 된다. 어느 누구라도 그가 3개의 표에 열거한 다양하지만 종종 부적절하면서도 의심스런 얼마간의 데이터를 고찰하여 귀납법에 의해 열을 이해하는 것이 불가능하다고 생각할 것이다. 먼저 그는 일부 가능성을 제거하였다. 예를 들면, 빛이 열의 바탕이 될 수 없다는 점이다. 왜냐하면 비록 불꽃이나 태양으로부터 나온 빛은 뜨거울지 모르지만 달이나 별로부터 나온 빛은 뜨겁지 않기 때문이다. 빨갛고 뜨겁게 달아오른 다리미와 알코올이 탈 때 비교적 차가운 불꽃은 너무나 다르기 때문에 색깔이 원인이 될 리는 없다. 철이나 다른 물질을 뜨겁게 하더라도 물질의 손실이 일어나지 않으므로 열은 물질이 될 수가 없다.

많은 가능성을 배제한 후 베이컨은 놀라운 결론에 도달한다.

> 개별적으로뿐만 아니라 집합적으로 수집한 예로 볼 때 열이라는 자연현상은 운동(motion)으로 보인다. 이것은 일정한 운동을 하는 불꽃과 마찬가지로 일정한 운동을 하는 따뜻하거나 끓는 중인 액체에서 주로 드러난다. 흥분하거나 운동하거나 고함을 지르고 체커게임을 하면서 열이 증가할 때도 나타난다. 또한 불이 꺼질 때와 동작을 멈추게 하려는 강한 압력에서 나오는 마찰열에서도 나타난다 …(따라서 부싯깃이나 초의 심지, 램프 또는 심지어 뜨거운 석탄재도 촛불11개, 발 또는 유사한 것으로 누르게 되면 불의 효과가 즉시 멈추게 된다) … 더 나아가 다음의 예, 즉 모든 물질은 강력한 열에 의해 파괴되거나 적어도 물질적으로 변화하는 것에서도 나타난다. 따라서 열에 의해 몸체의 내부가 격렬하게 움직이는 것과 더불어 소동과 혼란이 야기되며 서서히 해소된다 … 열이 운동을 일으키거나 운동이 열을 발생한다고 생각해서는 안 된다(비록 일부의

경우에는 사실이지만). 그러기에 열의 정수는 다른 게 아니라 바로 운동
이다(《신기관》 2권, 잠언 20).

베이컨에게 이용 가능한 데이터는 우리가 현재 옳다고 받아들이는
열의 본성에 대한 견해에 도달하기에 전적으로 부적절했다. 더욱이
베이컨이 매우 가치를 두었던 철학적 과정인 귀납법만으로는 베이컨
이 적절하다고 생각했던 모든 관찰을 분류하여 열이 운동의 한 가지
형태라는 결론을 내릴 수가 없다. 이 경우 뛰어난 지성이 운 좋게도
옳은 추측을 했을 뿐이다.

이것이 별개의 예는 아니다. 베이컨 이후 시대에 나온 많은 중요한
과학적 발견이 잘못된 데이터에 바탕을 둔 것으로 드러났다. 이러한
경우들에서 수용할 만한 증거는 나중에 제공되었다.

아마 베이컨 체계에서 가장 큰 약점은 별개의 사실들로부터 어떻게
일반적 진술 ― 가설로 지적 단계를 밟아 가는지에 대한 분명한 지시
가 누락되어 있다는 점이다. 이것이 오늘날까지 귀납적 추론의 핵심
적인 어려움으로 남아 있다. 여기서 천재성, 직관, 영감, 우연적 발
견, 그리고 행운 중에서 하나 또는 여러 가지를 사용하여 분석을 이끌
어가야만 한다.

두 세기 반이 지난 후 영국의 위대한 과학자 존 틴달(John Tyndall,
1863)은 다음과 같이 말했다 "열의 일부 현상을 직접 숙고하면 학식이
뛰어난 지성인은 거의 직관적으로 열이 일종의 운동이라는 결론을 내
리게 된다. 베이컨은 이런 종류의 견해를 지니고 있었다." 그러나 뛰
어난 지성이 필수조건(sine qua non)에 해당한다.

귀납법은 어떤 자연현상과 관련된 관찰과 실험으로 연구를 시작하
고 그 데이터를 사용하여 근본적 이유를 이해하거나 외견상 관련되어

있지 않는 사건들과 연관시키는 것에 지나지 않는다. 잠정적인 가설을 세우기 위해 선별된 데이터가 사용되며 이러한 가설로부터 연역을 만들어 검증한다. 연역법은 강력한 분석의 부가장치이지만 현대 과학자의 연역은 베이컨이 아주 반감을 가졌던 연역적 추론과 같은 것이 아니다. 오늘날 과학에서 가설로부터의 연역은 그 가설로부터 나오는 필요한 결론이다. 연역의 가치는 가설을 확인하거나 부인하기 위해 어떤 관찰이나 실험을 해야 하는지를 제시하는 데 있을 뿐이다. 이런 방식으로 원래의 가설이 향상되거나 교체된다. 그런 후 새로운 가설이 새로운 연역의 기초가 되어 당시의 작업가설(working hypothesis)을 다듬게 되거나 교체하게 된다. 이러한 귀납법, 가설 세우기, 연역법, 그리고 검증의 끝없는 상호작용이 탐구해야 할 자연현상의 이해를 증가시킨다.

초기 철학자와 신학자의 귀납법은 종종 영원한 진실에서 나온 영구적인 결론이었는데 사실은 고유의 믿음이나 과감한 상상에 바탕을 둔 것이었다. 따라서 철학자와 신학자는 진실로 받아들여진 진술로 시작한다. 반면에 과학자는 자신이 검증을 통해 확인하거나 부인하려는 진술인 가설로서 시작한다.

오늘날까지도 과학자는 가장 신뢰되고 확인된 데이터를 갖고서만 시작하려고 노력하며 그로부터 더 근본적인 자연세계의 이해에 도달하고자 계속적인 귀납법과 연역법의 상호교환 과정을 채택한다. 이러한 이해는 단지 "이것이 현재 가진 증거로 만들 수 있는 가장 정확한 진술이다"에 지나지 않는다. 이것이 현 시점의 과학이 "틀렸다"라는 의미가 아니라고 강조해야겠다. 오늘날의 과학이 일시적인 것으로 미래의 더 나은 과학에 의해 대체될 것이라는 의미이다. 유전학 개념의 발전에 대한 분석이 이에 대한 훌륭한 예가 된다. 1865년 멘델의 유전학이 잘못된 것은 아니다. 이것이 1903년에 서턴(Sutton)의 더 나은 유전학으로 확장되었고 1912년에 그보다 더 나은 모건(Morgan)의 유전학으로, 그리고 마침내는 훨씬 더 나은 오늘날의 유전학으로 확장되었다.

일부 과학철학자는 베이컨이 연역적 추론의 가치를 이해하지 못한 것은 심각한 결격을 범한 것이라고 주장해왔다. 확실히 그는 오늘날의 철학자처럼 명쾌하게 드러내놓고 표현하지는 않았다. 그렇지만 그가 기울인 노력의 개척자적인 면을 고려한다면 그가 꽤 잘했다고 주장할 수 있다. 예를 들면, "자연을 해석하는 데는 두 가지 구역이 내포되는데, 첫째는 실험을 통해 금언(axiom)을 끄집어내거나 만들어내는 데 관한 것이며, 둘째는 금언으로부터 새로운 실험을 연역추론하거나 유도하는 것이다."(《신기관》 2권, 잠언 10) 오늘날 우리는 "가설"(hypothesis)을 "금언"(axiom)의 동의어로 사용하기에 여기서 우리는 현시대의 철학자가 과학적 방법론의 중요한 구성요인으로 인식하는 것에 대한 묘사를 보게 될 뿐만 아니라 연구 중인 과학자가 실제로 행하는 방법론에 대해 완벽하게 정확한 진술도 보게 된다. 그리고 과학적 이해가 오로지 사실을 수집하는 실무자로부터만 온다고 기대하기는커녕 베이컨은 오히려 그의 접근법으로 "따라서 우리는 이러한 두 종류의 집단(실험자와 논리추론자) 간에 더 밀접하고 순수한 연맹을 통해 여태까지 시도되었던 것보다 더 큰 희망을 기대할 만한 훌륭한 이유를 갖고 있다"(《신기관》 1권, 잠언 95)라고 제안했다.

베이컨의 접근법과 그가 공격한 접근법 간의 근본적 차이는 과학적 진술이 자연현상에 관한 관찰과 실험에서 파생된 데이터에 바탕을 두어야지 고전 저술에서 미리 인지한 원리나 믿음 또는 상상이나 미신에 바탕을 두어서는 안 된다는 점이다. 베이컨이 충고하듯이 우리는

"거만하게 인간의 지능이 담긴 작은 세포에서가 아니라 겸손하게 더 큰 세상에서 과학적 탐구를 해야만 한다."

따라서 귀납법만이 수용할 만한 과학적 진술에 도달하는 유일한 효과적 과정이라고 베이컨이 믿었다고 말하는 것은 부정확한 것이다. 그가 귀납법을 강조한 것은 철학자와 신학자들이 아주 포괄적인 기존의 믿음에서 나온 연역추론에 외견상 완전히 의존하는 데 반하기 위해서였다. 귀납법은 과학적 진보를 이끄는 자동적인 과정이 아니다. 과학적 진보는 절대적으로 과학자의 탁월성, 끈기, 지식, 그리고 운에 달려 있다. 그리고 연역법은 일시적인 가설로부터 검증 가능한 연역을 만드는 데 사용하게 되면 효과적이며 강력한 과정이 될 수 있다.

영국 대법관 프랜시스 베이컨 경은 우리가 자연을 공부해야만 하되 책에만 의존해서는 안 되며 앞서 언급한 4가지 우상을 숭배하는 것을 그만두어야만 한다는 유산을 남겼다. 17세기의 과학자들 — 안드레아스 베살리우스, 갈릴레오 갈릴레이, 요하네스 케플러, 윌리엄 하비, 그리고 아이작 뉴턴 경 등은 그렇게 하려고 시도했었다. 베이컨은 정치평론가로서 아주 영향력이 컸던 사람이면서 자연계에 대한 신뢰할 정보를 획득하게 한 새로운 방식인 위대한 《대개혁》을 편찬한 사람이기도 했다.

아주 작은 것들 — 미세 동물들 (*Animalcules*)

해부학 분야의 베살리우스 추종자와 생리학 분야의 하비 추종자는 그들 전임자의 접근방식을 계속 사용하여 많은 새로운 정보를 얻는 데 기여했다. 그러나 17세기 후반 우리가 동물계를 보는 방식에 중대한 기여를 거의 할 것 같지 않아 보이던 전혀 다른 종류의 연구가 시작되었다. 하나는 이 장에서 우리가 살펴보게 될 것으로 아주 작은 것에 대한 연구이고 다른 하나는 다음 장에서 다루게 될 아주 오래된 것에 대한 연구이다. 전자가 없었다면 유전학 연구가 극도로 한정되었을 것이며, 후자가 없었다면 현대적 진화론이 존재하지 않았을 것이다.

역사의 대부분 기간 동안 인간의 자연관은 주로 눈에 해당하는 감각기관에 의해 제한을 받았다. 이 시각은 한쪽 척도로는 거대나무, 고래, 코끼리처럼 커다란 생물체를 포함하며 반대편 척도로는 작은 날파리나 치즈 진드기처럼 작은 생물체를 포함한다. 사람 눈의 해상력 한계는 약 1분(*minute of arc*, 원래 각도의 단위, 1도의 1/60로서 1분—역자)인데 볼 수 있는 가장 작은 생물체가 직경이 약 0.1mm라는 의미이다.

눈으로 보이는 동식물계의 구성원 외에도 생명체가 존재하는가? 더 큰 생물체는 존재할 가능성이 없지만 더 작은 생물체는 확실히 가능하다. 그러한 생물체 — 미생물의 세계가 막 발견되었던 것이다. 이제 우리는 미생물이 수적으로 가장 풍부한 형태의 생물체라는 것을 알고 있는데 아마도 모든 개체의 99% 이상을 차지할 것이다. 비옥한 1g의 토양은 100만 개 이상의 미생물을 함유하는데, 이들의 활성은 모든 커다란 생물체의 생활에 필수적이다. 이들에 대한 지식을 얻기까지는 확대렌즈의 발명을 기다려야 했다.

단순 이중볼록 확대렌즈 또는 단순 현미경이 15세기 중간에 이르러서 알려졌던 것 같다. 이것으로 몇 배의 확대가 가능하여 곤충이나 다른 무생물체의 매혹적인 세부구조를 관찰할 수가 있었다.

단순 현미경은 네덜란드 델프트(Delft)에 거주하던 안톤 반 레벤후크(anton van Leeuwenhoek, 1632~1723)에 의해 상당히 완벽해졌다. 그가 만든 기기는 틀에 고정된 아주 작은 이중볼록 확대렌즈와 이동성 바늘로 구성되어 있었는데 여기에 시료를 부착하여 볼 수가 있었다. 그가 얻을 수 있었던 최대 확대비율은 약 2백 배였다. 이 정도면 크기가 약 0.002~0.003㎜인 박테리아를 관찰하기에 충분했다.

1673년에 런던왕립학술원(Royal Society of London)의 간사였던 헨리 올든버그(Henry Oldenberg)는 레벤후크와 교신을 시작하였다. 50년 동안 레벤후크는 자신의 발견을 학회 회원들에게 보고하였다. 그들은 깊은 인상을 받았으며 지지를 보냈다. 그는 1680년에 왕립학술원의 회원으로 가입했는데 정말로 커다란 영예였다. 많은 레벤후크의 교신은 〈왕립학술원철학회보지〉(Philosophical Transactions of the Royal Society)에 발표되었다.

1674년 9월 7일에 작성된 다음의 서신은 이전에는 감추어졌던 세계의 발견을 기록하고 있다〔이것과 다른 인용은 도벨(Dobell)의 1960년 저서《안톤 반 레벤후크와 그의 작은 동물들》에서 발췌한 것이다〕.

델프트에서 약 2시간 떨어진 곳에 바닥이 늪인 호수가 있다. 이곳의 물은 겨울에는 아주 투명하지만 여름에는 뿌옇게 변한다. 이곳 지방 사람들 말에 따르면 안개에 의해 초래된 작은 녹색의 부유물이 떠다닌다. 최근에 이 호수를 지나다 보니 물이 방금 묘사한 것처럼 변한 것을 보고 작은 병에 담아왔다. 다음날 검사를 했더니 그 속에 흙 입자가 떠다니고 나선 모양으로 규칙적으로 배열된 어떤 녹색의 띠 같은 것을 발견했다. 이 띠의 전체 원주는 대략 머리카락 굵기 정도였다〔도벨은 이것이 녹조류인 스피로지라(*Spirogyra*, 해캄의 일종으로 세포당 나사선 모양의 엽록체를 하나 갖고 있다 — 역자)라고 동정했다〕. 이들 중에는 또한 아주 작은 동물들이 많이 있었는데 일부(원생동물, *protozoan*)는 둥글게 생겼다. 다른 것들(담륜충, *rotifer*, 담수 동물성 플랑크톤의 주요 구성원인 윤형동물의 일종 — 역자)은 약간 더 컸는데 타원형으로 머리 가까이에 작은 두 개의 다리와 몸 뒤편에 작은 두 개의 지느러미가 보였다. 또 다른 것들(아마도 섬모충, *ciliate*)은 타원형보다 약간 더 길며 아주 천천히 움직였는데 그 수가 적었다. 이런 작은 동물의 대부분은 물속에서 운동이 너무나 빠르고 변화가 많아서 — 위 방향으로, 아래 방향으로, 그리고 주변을 회전하는 식으로 — 관찰하는 것이 경이로웠다. 내 판단으로는 이 작은 생물체들 중 일부는 내가 여태까지 치즈의 껍질, 밀가루, 곰팡이 등에서 보게 되었던 가장 작은 것들에 비해 부피가 천분의 일 이하로 여겨졌다.

수년간 레벤후크는 자신의 단순 현미경으로 관찰한 다양한 생물체에 대한 기술을 학술원에 보냈는데, 지금의 원생동물, 단세포 조류(*algae*, 주로 광합성을 하는 수생식물 — 역자), 담륜충, 그리고 박테리아 등이었다. 그는 이들을 며칠 동안 방치해둔 빗물, 바닷물, 여러 곳에서 채취한 연못물, 그리고 고추, 생강, 클로브(*clove*, 정향나무의 꽃봉오리를 말린 향료 — 역자), 너트메그(*nutmeg*, 육두구의 종자로 만든 향료 — 역자)를 섞은 혼합물 속에서도 발견했다. 그는 식초 속에서 "선충류의 기생충"(*eel*, *nematode worm*)도 관찰했다. 그는 자신이 관찰한 2천 7백만 개의 미세동물이 모래 한 알의 크기와 동등하며 $1\mathrm{in}^3$(약 164㎤)에 이들이 13조 8,240억 개 들어갈 수 있다고 추정했다.

레벤후크는 담즙과 여러 가지 동물과 사람의 내장 배설물을 검사하여 박테리아와 원생동물을 발견했다. 그는 사람의 입과 혈액의 적혈구에서 박테리아를, 사람과 다른 동물의 성액에서 미세동물(실제로는 정자를 일컬음 — 역자)을 발견했는데 이들을 "정충"(*spermatozoa*; *sperm animal*)이라고 불렀다.

그는 생물체의 자연발생이 밀폐된 용기 내에서는 일어날 수 없다는 레디(Redi)의 가설을 검증하려고 시도했지만 박테리아가 나타나는 것을 발견했다. 그는 아마도 레디는 "부패한 고기에서 흔히 볼 수 있으며 보통 파리의 알에서 나오며 구분하기 위해 좋은 현미경이 필요 없을 만큼 큰 벌레나 구더기"에 대해 말한 것일 거라고 언급했다(《안톤 반 레벤후크와 그의 작은 동물들》, p. 192). 그러나 그는 자연발생이 일어나는지에 대해서는 의구심을 가졌으며 박테리아가 오염에 의해 생긴 것으로 추측했다.

비록 레벤후크가 사람의 맨눈으로는 볼 수 없었던 새로운 세상을 드러냈지만 그는 "우리가 이제껏 발견한 것은 자연의 위대한 보물 속에 여전히 놓여 있는 것과 비교한다면 사소한 것에 지나지 않는다"라고 느꼈다(《안톤 반 레벤후크와 그의 작은 동물들》, p. 192). 왜 그랬을까?

여러 회원들께 보낸 나의 발견에 대해 박식한 왕립학술원의 간사께서 너무나 많은 만족스런 표현이 담긴 답장을 보내주셨다. 그 편지의 내용을 읽으니 너무나 당황스러웠다. 아니, 나의 연구에 대한 과찬과 존경으로 내 눈에는 눈물이 가득 고이게 되었다. 돈이 목적이 아니라 단지 발견하고자 하는 나 자신의 충동과 성벽 탓에 나의 연구가 홀로 수행되었다. 내 천성 속에 들어 있는 충동 때문에 나는 연구를 하고 있다. 자연의 존재물을 찾고자 나만큼 많은 시간과 일을 할 다른 이들을 만나리라고는 믿을 수가 없다(《안톤 반 레벤후크와 그의 작은 동물들》, pp. 88~89).

몇몇 소수가 그 숨겨진 보물을 찾으려는 동일한 충동에 휩싸여 서서히 수십 년에 걸쳐 미생물의 세계를 관찰하고 기술했다. 그 중 한 사람이 레벤후크와 동시대 사람인 로버트 훅이었다. 그는 왕립학술원에서 가장 활발했던 회원이었기에 레벤후크의 연구를 알고 있었으며 일부를 반복하기도 했다. 그리고는 자신의 새로운 현미경을 이용하여 많은 발견을 하였다.

로버트 훅과 세포의 발견

로버트 훅(Robert Hooke, 1635~1703)은 미생물보다는 눈에 보이는 동식물 부위의 현미경적 구조에 더 관심이 많았다. 이러한 연구를 위해 그는 레벤후크가 사용했던 단일 렌즈로 된 기기와는 아주 다른 복합 현미경을 고안했다.

　　복합 현미경은 각각이 가죽이나 나무, 나중에는 금속관으로 된 통의 끝에 달린 두 개의 렌즈로 구성되어 있다. 이들은 아마도 1590년과 1609년 사이 네덜란드에서 처음 만들어진 것 같다. 이러한 비교정 렌즈를 가진 초기 기구는 아주 형편없는 이미지를 제공했다. 그런데도 이들은 네덜란드뿐만 아니라 영국과 이탈리아에서도 널리 사용되었다 — 어떤 이미지든지 있는 것이 없는 것보다 낫다. 1830년에 조셉 리스터(Joseph Lister, 방부제로 유명한 리스터와 동명이인이다)는 렌즈의 광학적 및 구형적 에러를 교정할 수 있는 방법을 보여주었다. 이러한 비광학적(*achromatic*) 렌즈는 19세기 후반에 아포크로매틱(*apochromatic*) 렌즈(색수차 및 구면 수차를 없앤 렌즈 — 역자)가 생산되기 전까지는 이용 가능한 최상의 것이었다.

훅은 1660년대 왕립학술원의 첫 회합 때부터 회원들에게 자신의 현미경으로 물체를 관찰하는 것을 실연해보였고 모든 회합에서 계속 그렇게 하도록 요청받으면서 실험담당 간사(Curator of Experiments)로 임명되었다. 1665년 그의 발견들은《미크로그라피아 또는 확대경으로 본 미세생물체의 생리적 기술; 그에 따른 관찰과 탐구》(Micrograpia or Some Physiological Descriptions of Minute Bodies, made by Magnifying Glasses: with Observations and Inquiries Thereupon)라는 저서로 출간되었다.

그는 "관찰 1. 날카로운 작은 바늘의 끝에 관하여"로 시작하였는데 "우리가 만일 아주 좋은 현미경으로 본다면 바늘의 끝(top)이 감각으로는 아주 날카로울(sharp) 것 같지만 폭이 넓고(broad) 뭉툭한데다 (blunt) 아주 불규칙적인(irregular) 끝을 가진 것을 발견하게 된다. 상상했던 것처럼 뿔 모양이 아니라 끝 부분이 상당수 제거되었거나 결여된 끝이 가느다란 물체로 보인다."(《미크로그라피아》, pp. 1~2) 훅은 면도칼의 날, 아마로 만든 옷, 실크, 유리조각, 모래, 얼음조각 등의 많은 흔히 마주치는 무생물체를 검사했다. 생물체에서 나온 것으로는 많은 갑각류 종의 외형적 구조뿐만 아니라 요석, 석탄, 규화목, 코르크, 곰팡이, 이끼, 해면, 해초, 나뭇잎, 쐐기풀의 가시, 많은 식물의 종자, 많은 동물의 털, 물고기 비늘, 벌의 침, 깃털 등이 있었다. 확대하지 않고는 알려져 있지 않던 많은 세부적인 것이 밝혀졌다.

멋들어진 목각화와 현미경적 세계가 담긴 훅의 《미크로그라피아》는 동시대인에게 엄청난 인상을 남겼다. 영국 해군성 관료로서 꼼꼼하게 일기를 남긴, 그리고 차후에 왕립학술원의 원장이 된 사무엘 피프스 (Samuel Pepys)는 1665년 1월 20일 일기에 다음과 같이 기록했다. "서적 판매인에게서 가장 훌륭한 책이자 아주 자랑스러운 훅의 현미경에 관한 책을 받아들고 집에 가져갔다." 다음날 그는 다음과 같이 썼다. "잠자리에 들기 전에 내 평생 동안 읽은 책 중에서 가장 독창적인 혹의 현미경적 관찰을 읽으면서 내 방에서 2시까지 앉아 있었다."

혹은 보통 코르크의 절편에서 그가 "세포"(cell)라고 불렀던 상자 같은 것을 기술한 사람으로 기억된다. 그 관찰은 세포가 살아 있는 생물체의 구조와 기능의 기본 단위라는 개념을 확립한 일련의 연구에 대한 시초였다. 그 드라마에서 주 에피소드는 코르크와 일부 다른 식물의 세포적인 본성에 대한 혹의 묘사, 많은 식물이 세포로 구성되어 있다고 결론지은 많은 현미경 학자의 연구, 모든 생물체가 세포로 구성되어 있다는 슐라이덴(Schleiden)과 슈반(Schwann)의 가설, 그리고 세포는 다른 세포로부터 기원한다는 비르코프(Virchov)의 가설이었다. 따라서 세포는 배아와 성체의 구조와 기능의 단위일 뿐만 아니라 유전의 단위도 되었다. 이에 대한 총체적 정보가 세포설로 불리게 되었다.

결국에는 생물학자의 독특한 도구가 된 현미경의 중요성은 17세기 후반에 들어 감소하기 시작했다. 그때의 기구는 명확치 못한 이미지를 보여주었고 검사용 생물학적 재료를 준비하는 방법도 마땅치 않았다. 1692년에 쓴 글에서 혹은 아직도 작동 중인 렌즈 연마기는 별로 없다고 언급했다. 니콜슨(Nicholson)은 다음과 같이 주석을 달았다.

> 오직 레벤후크만이 남았다. 그는 과학적 추종자도 별로 없는 외로운 인물이 되었는데, 풍자대상이자 속인에게는 어리석은 일로 보이는 것에 몰두한 광인이나 다름없었다. 당분간 현미경은 중요한 과학적 도구로서의 역할을 멈추고 귀족층의 — 특히 "귀부인"(lady)의 노리개가 되었다. 현미경이 한동안 과학사에 영향을 미치지 못하게 되자 문학사에 중요한 영향을 미치게 되었다(《현미경과 영국인의 상상력》, 1972: 22).

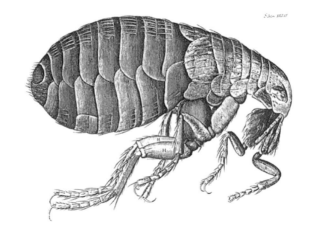

〈그림 15〉 로버트 훅(Robert Hook)의 《미크로그라피아》(1665)에서 따온 유명한 벼룩 그림. 이 작은 생물체의 강함과 아름다움이 이것이 우리 인간과 전혀 관계가 없더라도 기술할 가치는 있다. 현미경에 의해 드러난 그 아름다움에 대해 말하자면 깔끔하게 연결된 데다, 수많은 날카로운 핀으로 에워싸이고 신기하게 광택을 내는 흑색 갑피로 전체가 장식되었다. 또한 양편에 빨리 돌아가는 둥글고 검은 눈이 달린 머리를 가졌다. 아주 미천하고 귀찮은 생물체의 커다란 삽화와 더불어 훅의 세심한 묘사는 그 시대의 많은 사람들에게 웃음거리나 조롱거리였다.

그리고 풍자는 넘쳐났다. 토머스 섀드웰(Thomas Shadwell)의 연극, 〈거장〉(The Virtuoso)은 1676년에 개막공연을 했는데, 주인공인 니콜라스 김크랙(Nicholas Gimcrack) 경은 훅을 흉내 낸 인물이었다. 이와 벼룩의 세부적인 구조에 대한 깊은 관심은 여하튼 일반대중에게는 이해되지 않았다―그 점은 오늘날에도 마찬가지이다.

베살리우스, 하비, 레벤후크, 그리고 훅은 생물학 분야의 과학적 혁명에서 서로 다른 기여를 했지만 이 뛰어난 사람들 중 어느 누구도 막대한 중요성을 가진 개념이나 진정한 패러다임의 전환을 가져오지는 못했다. 원생동물론, 인체해부학과 생리학 이론, 곤충구조론 등의 이론이 나타나지 않았고―근본적인 질문이 나오지 않았을 뿐더러 검증할 주요 가설이 없었기에 새로운 이론이 나타날 수도 없었다. 이러한 과학자들의 연구는 이론생물학이 아니라 주로 기술생물학이었다. 사실상 그 시절의 자연과학자는 왕립학술원과 과학의 반명제였던 추론적인 스콜라철학에 대해 맹렬히 공격했던 프랜시스 베이컨 경에 영향을 받아 추론에 대한 의구심을 가졌었다. 혹은 세포의 발견으로 근본적인 생물학적 이론에 거의 닿을 뻔했지만 이것조차도 당시에는 그 중요성이 사소한 것이었고 2세기 이상 동안 그런 상태로 남게 되었다. 세포가 생명의 기본 단위라는 개념은 19세기에 와서야 확고하게 정립되었다.

이것은 앞에서 언급한 16세기와 17세기 생물학자의 중요성과 그들의 연구를 깎아내리려는 것이 아니라 오늘날 생물계에 대한 우리의 견해를 세우게 된 생물학의 개념적 토대를 제공하는 데 필요한 엄청난 노동량을 다시 강조하려는 것이다. 생물학은 19세기에 와서야 진정한 혁명을 겪게 되었다.

제6장

무늬암석과 지구의 성형력

지구의 지각은 여러 가지가 어질러져 있는 복잡한 장소이다. 인간이 거주하는 지역에서 집, 길, 맥주병, 그리고 파손된 자동차 등의 인조물은 분명히 인간과 연계된 것이며 그들의 출처를 설명하는 데 문제가 없다. 나뭇잎과 씨앗, 깃털, 빈 껍질, 표백된 뼈 등은 생물학적 기원을 가진 것으로 알려져 있다. 그 밖에 생물체와 명백한 연관이 없거나 그 기원에 대한 증거가 전혀 없는 물체인 여러 가지 다른 모양이나 색깔 또는 균질성을 지닌 암석과 광물이 있다. 그러나 17세기 전까지 자연과학자(*naturalist*, 당시에는 자연과학이 박물학 수준이었으므로 저자가 원래 영어의 의미인 박물학자보다는 자연과학자라는 의미로 사용했음―역자)에게 혼란스런 네 번째 종류의 물체가 어떤 생물체나 생물체의 일부와 닮은 모습을 지닌 암석이었다. 심지어는 고대의 관찰자들도 해양생물의 껍질이나 거대한 동물의 뼈처럼 보이는 것들에 대해 알고 있었는데, 이들이 "무늬암석"(*figured stones*)이다.

이들은 어떤 식으로든 생물체와 관련이 있는 것일까 아니면 단순히 이상한 디자인을 가진 돌일까? 이들의 본성에 대한 궁극적 이해는 우리가 생물계를 바라보는 시각에 대변혁을 불러일으켰다. 마치 레벤후크와 훅을 위시한 다른 이들이 아주 작은 세계를 발견하였듯이 무늬암석을 이해하고자 했던 이들은 아주 오래된 세계를 발견하였다. 그 세계의 발견은 과학과 유대-그리스도교의 세계관 간의 또 다른 대결 국면을 가져왔으며 지금도 여전히 그런 상태가 완전히 가시지 않았다.

17세기에는 무늬암석에 대해 다음에 나열한 것만큼 이야기할 수 있었다.

> (1) 이들은 연체 조개류의 껍질이나 식물의 잎처럼 생물체와 명백히 닮은 물체에서부터 알려진 생물체와도 닮지 않은 다른 것들에 이르기까지 점차 단계적 변화를 보였다.
> (2) 이들은 살아 있거나 최근에 죽은 동식물로서가 아니라 이들이 자리 잡고 있는 돌의 종류에서 일정하게 보였다.
> (3) 해양생물체의 모습을 닮은 무늬암석이 해안에 가까운 지역에서뿐만 아니라 바다에서 멀리 떨어진 산에서도 발견되었다.
> (4) 생물체 같은 구조가 단단한 돌 내부에 나타나기도 한다.

17세기 자연과학자는 무늬암석에 대해 다양한 해석을 내렸다. 일부는 무늬암석이 순수하게 무기물인 물질에서 보통 일어나는 변이의 범위 내에 있으며 생물체와 관련이 없다는 가설을 제안했다. 무늬암석에 대한 가설적 원인은 암석 내에 존재하는 "잠재적인 지구의 성형력"(plastick virtue, 돌을 어떤 형태로도 바꿀 수 있는 지구 내부의 물리력 — 역자)이었다. 이 가설은 검증하기가 쉽지 않았다.

다른 자연과학자는 무늬암석이 규화된 생물체, 즉 오늘날 우리가 화석(fossil)이라고 부르는 것이라는 가설을 세웠다. 비록 이 가설이 결국에는 옳은 것으로 판명되었지만 이와 관련된 몇 가지 문제를 고려해보자. 만일 이 물체가 한때 연질구조로 구성된 생물체였다면 어떻게 돌로 변할 수 있었는가? 만일 화석이 해양생물체, 예를 들어 조개를 닮았다고 한다면 어떻게 산 위 높은 곳에 있을 수 있으며 바다에서 멀리 떨어진 암석에서 나타나는지를 설명할 수 있을까? 조개가 땅위를 수백 ㎞ 기어가서는 그곳에 일단 도달하자 들어간 입구의 자취도 남기지 않고 거대한 암석의 한가운데로 구멍을 뚫고 들어갔다는 것을 상상할 수 있을까?

로버트 훅은 화석이 생물체에서 기원했다는 가설을 받아들인 자연과학자 중의 한 사람이었다. 《미크로그라피아》에서 발췌한 다음 장문의 요약은 그가 어떻게 규화목(petrified wood)이 정말 나무로부터 시작되었는지를 보여주려 시도한 매혹적인 일례이다.

관찰 17. 규화목과 다른 규화된 몸체들

이런 종류의 물질 가운데서 나는 외형적인 모습, 색깔, 결정 상태, 결, 단단함 등에서 아주 다른 종류의 여러 가지 표본을 관찰하였다. 내가 더 특별히 검사한 것은 사람의 손 크기만 한 표본인데, 어떤 커다란 나무의 일부처럼 보였다. 규화가 시작되기 전에 나무가 썩게 되면서 떨어져 나온 것 같았다.

훅은 썩은 참나무 조각과 석탄을 자신의 현미경으로 관찰하여 규화목과 비교하였다. 3가지 물체는 서로 밀접하게 닮아 있었다.

이 규화된 물질은 다음과 같은 점에서 나무와 닮았다. 첫째로 모든 부위가 나무로 있었을 때 원래의 자연적 위치에서 전혀 위치가 바뀌었거나 변형되지 않았으며 전체가 정확히 나무의 형태를 유지하고 있었다. 나무의 뚜렷한 세공이 여전히 그대로 남아 있었으며 나뭇결과 껍질 간에 차이가 구분될 만큼 양자 간에 명백한 차이를 보였다. 다음으로 나무를 횡단이나 종단면으로 절단하여 광택을 내면 드러나는 모든 작고 미세한 구멍이 완벽하게 여러 종류의 나무에서 나타나는 미세한 구멍처럼 보인다는 점에서 나무를 닮았다.

닮은 점에 대해서 충분히 이야기했으니 이제 차이점을 이야기할 차례다.

규화목은 다음 면에서 나무와 달랐다. 첫째는 무게(weight)가 보통 물에 비해 3.25배나 무거웠다. 반면에 우리 영국의 목재는 아주 건조되었을 때 물만큼 무거운 것은 별로 없다. 둘째는 단단한 정도(hardness)인데 거의 플린트 돌(부싯돌)만큼 단단하다. 셋째는 (규화된 물질의 미세한 구멍에 대한) 밀집도(closeness)로서 속이 비어서가 아니라 단지 더 거무스레한 물질로 채워져 있기 때문에 몸체의 다른 부위보다 어둡게 보인다. 넷째는 불연소성(incombustibleness)으로 불에 타지 않는다. 다섯째는 용해성(dissolubleness)으로 증류한 식초를 몇 방울 돌 위에 떨어뜨렸을 때 바로 많은 거품을 형성하는 것을 목격했다. 여섯째로는 견고성(rigidness)이나 탄성(friability)으로 전혀 탄성이 없으며 플린트 돌처럼 부스러진다. 일곱째로 촉감(touch)이 나무와 아주 달라서 느낌(feeling)이 보통 나무보다 차갑고 다른 밀집된 돌이나 광물 같았다.

이런 규화된 물체의 본성 문제에 대한 감탄스런 분석에서 훅은 이들이 썩은 나무와 닮은 것을 부인키 힘든 데이터를 내놓았다. 현미경으로 얻은 증거는 특히 설득력이 있었는데 그가 양 단면으로 규화된 물체를 관찰하여 비교한 점을 주목해야 한다. 그것은 특히 노력이 들어가는 검사였다. 또한 주의 깊은 과학자라면 반드시 해야 할 부정적인 증거도 혹은 열거하였다. 7가지 열거한 차이 중 6가지는 정확하게 규화된 물체, 즉 돌로 구성된 것에서 예상되는 바였다. 세 번째 열거된 다른 차이에 대해서 혹은 그럴싸한 설명을 제공했다. 따라서 규화된 물체가 변형된 나무라는 가설은 아주 그럴 듯해 보였다. 그가 다음에 해야 할 일은 한 조각의 썩은 나무가 단단한 돌로 변하는 특별한 사건을 설명하는 것이었다.

이 현상의 이유는 다음과 같아 보인다. 이 규화목이 규화수(*petrifying water*, 즉 돌가루나 흙가루가 많이 들어 있는 물)에 완전히 젖은 채로 어떤 장소에 놓이게 되면 돌가루의 양적 차이와 물에 의해 내부 구멍(*interstitia*)으로 옮겨진다. 이 때문에 나무의 구멍에 돌가루가 완벽하게 채워져 현미경으로 관찰했을 때 아주 단단하게 보인다. 이런 규화용 입자(*petrifying particle*)로 인해 이 물질도 단단해지고 잘 부스러지게 된다.

규화수를 갑자기 거론한 것이 난데없는 억지 결말(*deus ex machina*, 기계장치의 신이라는 뜻으로 만능 해결장치 — 역자)처럼 보일 것이다. 이 제안은 "잠재적인 지구의 성형력"(*latent plastic virtue*)만큼이나 의심스러워 보일 수도 있다. 그러나 전혀 그렇지 않다. 석회암 지역의 동굴에 기다랗고 끝이 뾰족한 천장의 종유석과 바닥의 석순이 형성되는 것은 잘 알려져 있다. 이들은 동굴의 천장에서 떨어지거나 바닥에서 솟아오르는 염이 포화된 물의 증발에 의해 형성되는 것으로 알려져 있다.

혹은 규화목의 생물적 기원에 대한 자신의 가설을 다른 종류의 화석에도 확장시켰다. 눈과 현미경으로 아주 철저한 검사를 한 후에 다음처럼 결론을 내렸다.

나는 이상한 형태로 발견되는 모든 이런 종류 그리고 대부분의 다른 종류의 화석의 형성이나 형태가 어떤 종류의 지구의 성형력에서가 아니라 범람이나 홍수, 지진이나 다른 수단에 의해 그곳에 던져진 어떤 갑각류의 껍질 탓이라고 생각할 수밖에 없다. 그리고 그곳에서 일종의 진흙이나 규화수 또는 다른 물질에 의해 채워져서는 시간이 경과됨에 따라 함께 가라앉으면서 그 껍질 주형에서 우리가 지금 보게 되는 모습을 가진 물체로 단단해졌을 것이다. 그리고 여러 가지 종류의 그런 신기한 형태의 돌을 철저히 조사하면 이들의 형성이 지구의 성형력이 아니라 내가 언급한 어떤 우연적 사건에 기인한다고 가정할 이유를 발견하게 될 것이다(아주 그렇게 생각하고 싶다).

오늘날 우리들은 화석의 기원에 관한 훅의 가설을 즐겁게 읽을 수 있다. 그가 본질적으로 옳았다는 것이 차후의 사건으로 판명되었기 때문이다. 그러나 당시에 수긍하면서 즐겁게 읽게 된다. 그의 동료 자연과학자가 모두 다 납득하지는 않았으며 답을 구해야 할 많은 의문이 남아 있었다.

산꼭대기의 해양생물체?

훅이 규화목에 대한 자신의 관찰을 출간하기 한 세기 이상 전에 레오나르도 다빈치는 고도가 높은 장소에서 해양생물체의 화석 문제에 대한 다음의 해답을 자신의 노트에 기록해 두었다.

> 탁해진 강물이 범람하여 새조개, 달팽이, 굴, 가리비 등과 같이 바깥에 뼈가 있는 생물체 위에 진흙이 쌓이게 되면 이 생물체들은 그 속에 묻히게 된다. 엄청난 양의 진흙에 의해 완전히 덮이게 되면 먹이의 공급이 차단되어 죽게 된다. 시간이 지남에 따라 해수면은 낮아지고 해수가 빠져나가면 이 진흙은 돌로 변한다. 그리고 원래 거주자를 잃어버린 껍질도 진흙으로 채워져 돌로 변하게 된다(맥커디의 1938년 저서 《레오나르도 다빈치의 노트북》, p. 330에서 변형).

자신의 인체해부학 연구의 경우처럼 레오나르도는 이 가설을 출판하지 않았고 따라서 과학의 진보에 도움이 되지 않았다. 이 인용문은 16세기의 천재가 어떻게 현대지질학자가 수용한 가설을 제안할 수 있었는지를 보여준다. 바로 진흙으로 덮인 생물체, 진흙과 생물체의 규화, 그리고 화석 생물체를 가진 암석의 융기 등이 그것이다. 레오나르도의 가설은 또한 생물체가 바위를 뚫고 들어가야 하는 문제도 설명했다. 실제로 그런 것이 아니라 대신에 조개류가 진흙으로 뒤덮여 함께 돌로 변했다.

로버트 훅은 사후(1705)에 출간된 뛰어난 저서 《지진에 대한 강론》(Discourse of Earthquakes)에서 화석에 대한 자신의 관찰을 《미크로그라피아》에서 기술한 이상으로 크게 확장하였다. 바다에서 멀리 떨어진 장소에서 해양화석이 나타나는 데 대한 그의 가설은 레오나르도의 것과 유사했다.

창세기 이래로 지구 표면의 많은 부위가 변형되고 다른 성질을 갖게 되었다. 즉, 바다였던 많은 부위는 이제 육상이 되었고 지금은 바다인 다른 부위는 한때 단단한 육상이었다. 산은 평야로 변했고 평야는 산으로 변했다. 그리고 유사한 일들이 일어났다.

이런 종류의 돌(화석)이 있는 대부분의 내륙지역은 이전에 물 밑에 있었는데 지구 전체의 중력 중심이 변경되어 물이 다른 지역으로 떠나갔거나 아니면 일종의 화산 폭발이나 지진으로 말미암아 지구의 많은 부위가 그 지역의 이전 수면보다 올라갔을 것이다. 때문에 물로 덮여 있던 지역에서 물이 빠져나가서 표면이 수십 피트 이상 상승하였다.

알프스나 아펜니노(*Appennine*, 이탈리아 토스카니 지방의 산맥 — 역자), 카프카스(*Caucasus*) 산맥(러시아 남부의 산맥 — 역자), 테나리프(*Tenariff*) 봉 또는 테르카라스(*Terceras*) 봉처럼 세상의 가장 높고 중요한 산들의 꼭대기가 물 밑에 있었다는 것이 불가능해보이지는 않으며 그 까닭이 아마도 아주 강한 지진의 영향이었을 수도 있다(《지진에 대한 강론》, pp. 290~291).

미지 생물체의 무늬암석

혹의 《지진에 대한 강론》에는 다양하고 이상한 화석에 대한 기술이 수록되어 있다. 어떤 것은 거대한 나선형의 물체로서 무게가 4백 파운드(약 180kg)나 나가는데다 위쪽의 지름이 2.5피트(75cm)에 달하는 것도 있다. 훨씬 더 큰 다른 것들도 거론하였다.

이러한 나선형 화석의 속칭이 꼬인 형태의 뱀과 닮았다고 해서 "뱀 모양 돌"(암모나이트화석 또는 국석, snake stone, Sceleta Serpentum — 역자)이다. 살아 있는 생물체 중에서 이들을 닮은 것이 알려져 있지 않기 때문에 이런 화석이 생물에서 기원했다고 주장하기는 힘들었다. 따라서 "어떻게 존재하지 않았던 것이 화석이 될 수가 있는가?"라는 물음이 나왔다.

혹은 뱀 모양 돌을 주의 깊게 기재하고는 이들이 일종의 연체동물이라는 결론을 내렸다. 그는 이들을 현존하는 앵무조개(Nautilus)와 비교하였는데 차후의 연구로 이것이 현존하는 가장 가까운 친척으로 드러났다. 이들을 지금은 암모나이트(ammonite)라고 부르는데, 고생기 후반부와 중생기의 해양에 살았던 두족류 그룹에 속한다.

그리고는 말타(Malta) 섬에서 수수께끼 같은 "혀 모양 돌"(tongue stone)이 나타났다. 이들 중 일부는 길이가 몇 인치(약 2.5cm)에 달했다. 역시나 혀 모양 돌을 닮은 현존 생물체는 알려져 있지 않았다. 니콜라우스 스테노(Nicolaus Steno, 1667) 덕분으로 이들을 올바르게 해석하게 되었는데, 이것이 고생물학 분야에서 올린 개가(凱歌) 중의 하나이다. 그는 현대 상어의 이빨이 크기를 제외하곤 혀 모양 돌과 동일하다는 사실을 알아차렸다. 그는 혀 모양 돌이 전체 생물체의 화석이 아니라 상어 이빨의 화석이라고 결론을 내렸다. 이들이 육상에서 나타난 것은 (이미 설명되었기에) 전혀 문제가 되지 않았다.

> 만일 우리가 새로운 섬이 바다에서 출현했다는 설명을 믿는다면 말타 섬의 생성지가 어딘지를 어떻게 알 수가 있겠는가? 아마도 이전에는 이곳이 바다 속에 잠겨 있어서 상어의 소굴이었을 것이다. 과거에 이들의 이빨이 진흙으로 된 해저에 묻혀 있다가 나중에 지하 화산의 폭발로 해저면이 융기하여 섬 한가운데서 발견되었을 것이다.
> 그 이후로는 땅에서 발굴된 동물의 부위를 닮은 것은 동물의 부위라고 가정했다. 계란이 다 똑같듯이 혀 모양 돌의 모습이 상어의 이빨과 유사했다. 땅에서 발굴된 이것들의 숫자나 위치도 반증되지 않기에 혀 모양 돌이 상어의 이빨이라는 단언이 진실에서 크게 벗어난 것처럼 보이지 않는다(《니콜라스 스테노의 최초의 지질학 강론》, 1667, 가보, 1958: 43, 45).

따라서 17세기 동안 일부 자연과학자는 생명체의 존재가 긴 역사를 갖고 있으며 지구의 지각 층이 이전 생명체의 증거를 함유하고 있다고 확신했다. 또한 일부 화석은 더 이상 존재하지 않는 생물체의 것으로 보였다. 다음은 훅이 했던 말이다. "이전 시대에는 지금 우리가 발견할 수 없는 많은 다른 종의 생물체가 존재했다. 그리고 시초부터 존재하지 않았던 새로운 종류가 지금 존재할 가능성이 없는 것도 아니다." 이것은 단지 가능할 수도 있다는 것이지 그럴 법하다는 것은 아니다. 왜냐하면 아마 아주 멀리 떨어져 있는 장소에서 수수께끼 같은 화석과 같은 종류의 생물체가 살고 있어 아직 발견되지 않았기 때문일 수도 있다.

일부 종이 멸종되었다는 가설은 자연과학자뿐만 아니라 신학자에게도 심각한 문제가 되었다. 멸종된 종은 조물주가 생존할 수 없는 종을

〈그림 16〉 훅의 저서 《지진에 대한 강론》(1715)의 앵무조개, 투구 및 단추 모양 돌의 삽화. 앵무조개는 최근의 것이지만 나머지는 오늘날의 극피동물과 연관된 화석들이다.

디자인한 실수를 저질렀다는 것을 암시하는 것처럼 보였다.

퀴비에 남작

조르쥬 퀴비에(Geroges Cuvier)라고도 알려진 퀴비에 남작(Baron Cuvier), 레오폴드 크레티엥 프레데릭 다고베르(Leopold Chretien Frederic Dagobert)는 1769년에 태어나 1832년에 죽었다. 그는 미천한 배경을 가졌지만 프랑스 과학계와 사회에서 당당한 위치에까지 올라섰다. 그는 왕정, 혁명, 공화정, 그리고 나폴레옹 시대를 거치면서 프랑스 역사에서 가장 스트레스가 심했던 시절을 거치면서도 살아남았다. 혁명의 뒤를 이은 시기 동안 프랑스에서는 커다란 지적 발전이 있었기에 과학의 중요성이 인정받게 되었으며 과학자들은 후원을 받을 수 있게 되었다. 퀴비에는 성년 시절의 대부분을 파리 자연사박물관의 해부학 교수 직위에 머무르며 보냈다.

퀴비에는 아주 특출한 사람이었다. 자신의 생애 전반에 걸쳐 그는 여러 사람의 재능을 합쳐야 가능했을 일련의 활동에 종사했다. 그는 거만했고 허영심이 많았으며 아부에 아주 약했고 비판에 바로 반박했으며 자신보다 열등하다고 여긴 많은 사람들에게 권위적이었으며 자기보다 뛰어나다고 여긴 아주 극소수에는 다소간 아첨을 보였다. 그는 근거 없는 추론을 의심했으며 아리스토텔레스의 찬미자였다. 여하튼 그가 위대한 과학자였음에는 의심의 여지가 없다.

퀴비에는 특출한 기억력을 갖고 있어서 자신의 도서관에 소장된 거의 2만 권에 달하는 책의 내용을 상당히 세세하게 알고 있었다고 한다. 이 특성은 자신의 연구 관심사인 비교해부학과 고생물학에 이상적으로 적합했다. 양 학문 분야는 생물체의 구조에 대해 엄청난 양의 세부사항을 알고 있어야만 했다. 재능 있는 비교해부학자가 되기 위해 알아야 할 양은 경이적이었다. 재능 있는 고생물학자가 되려면 더욱 많이 필요했다. 그의 애장품인 척추동물의 화석은 거의 언제나 떨어져 나간 뼈나 뼛조각의 형태로 발견되었기에 동정하기가 어려웠다. 따라서 고생물학자는 현존하든 멸종되었든 상관없이 수많은 동물의

〈그림 17〉 두 배로 확대된 "혀 모양의 돌"(tongue stone). 플리니우스는 이런 수수께끼 같은 돌이 달이 기울었을 때 비에 씻겨 천국에서 내려왔다고 믿었다. 스테노는 이 돌을 멸종된 거대한 상어의 이빨이라고 제안했는데 맞는 걸로 판명되었다. 이것은 캘리포니아의 마이오세기에서 나온 상어(Isurus hautilus)의 이빨이다.

개별적인 뼈에 대한 이미지를 마음속에 담고 있어야만 했다.

퀴비에는 지치지 않고 파리 자연사박물관의 소장품을 늘려갔었다. 그리고 고생물학에서 그의 연구 관심에 너무나 기본적인 이 기준 수집품에는 전 세계에 걸쳐 수집한 물체들이 포함되었다. 이로 인해 그가 습득한 어떤 화석 뼈든지 자신의 수집품인 현존하는 종의 뼈와 비교하는 것이 가능해졌다.

그가 처음 남긴 중요한 공헌 중의 하나는 일부 종이 멸망되었다는 사실을 확립한 것이다. 이미 오래전인 17세기에 훅과 스테노를 비롯한 다른 학자에게 거대한 상어의 이빨과 암모나이트는 더 이상 살아서 존재하지 않는 종에 속할 가능성이 아주 높다고 보였기에 그 사실을 증명해야 했다는 것이 이상하게 보일 수도 있다. 차후 연구로 이들의 가설이 의심의 여지없이 사실인 것으로 드러났다. 그러나 20세기까지는 의심의 여지가 남아 있었다.

〈그림 18〉 초기 석탄기의 암모나이트 화석. 〈그림 16〉의 앵무조개와 비교해보라.

문제는 만일 화석종이 알려진 현존 대표생물을 갖고 있지 않다면 정말로 멸종되었거나 아니면 여전히 살아 있지만 발견되지 않은 탓일 수도 있다. 혹과 스테노의 비판자는 아주 정당하게 단지 거대한 상어가 지중해에서 채집되지 않았고 암모나이트가 영국 근처의 바다에서 발견되지 않았다고 해서 이들이 존재하지 않는다고 할 수 없다고 주장할 수 있다. 이들은 너무나 흔치 않기에 아직 채집되지 않았을 수도 있고 채집이 불가능한 아주 먼 대양이나 심해에 존재할 수도 있다. 과학에서 이런 종류의 "부정적인 답"을 증명하는 것은 불가능하며 "현재로서는" 살아 있는 암모나이트나 거대한 상어와 아직 마주치지 않았다라고까지 말할 수 있다.

　차후의 역사는 신중한 처신이 중요한 것을 보여주었다. 일부 퇴적층에는 단추 모양의 원주형 구조를 가진 화석이 흔히 나타났다. 이러한 화석과 닮은 생물체는 알려져 있지 않았다. 오직 나중에 전체 표본이 나타난 후에야 수수께끼 같은 물체가 떨어져 나온 갯나리(crinoid)의 줄기에 지나지 않는다는 것을 깨닫게 되었다. 또 다른 예로 1939년 아프리카의 동부 연안에서 잡은 이상한 물고기가 있다. "라티메리아"(Latimeria)라고 명명되었는데 약 7천 5백만 년 전에 멸종한 것으로 알려진 그룹인 총기류에 속했다. 더 최근에는 코스타리카 해안에서 "네오필리나"(Neopilina)라는 "멸종된"(extinct) 종이 발견되었다. "라티메리아"의 경우처럼 최초의 표본은 아주 심해에서 채취되었다. "네오필리나"는 아주 원시적인 연체동물 그룹에 속하는데 이전에는 5억 년 전인 캄브리아기에서만 알려져 있었다.

　따라서 퀴비에가 19세기 초 무렵에 어느 종이 멸종되었는지 여부에 대한 문제를 연구하기 시작했을 때는 이 문제에 대한 만족할 만한 답이 존재하지 않았다. 이 질문이 생물학자와 고생물학자에게 중대한 관심사였을 뿐만 아니라 종교적으로 함축된 의미도 들어 있었다. 유내-그리스도교적 전통의 한 저명한 학교는 칭세기에서 모든 종이 창조의 주(Creation Week) 동안 창조되었으며 모두가 지금까지 생존하고 있다고 한 것으로 해석했다. 멸종은 일부 종이 불완전하여 신의 일부 작품이 하급에 속한다는 것을 암시하게 될 것이다. 더욱이 창조의 시기가 신학자들에 의해 기원전 4004년으로 확립되었기 때문에 멸종에 필요한 충분한 시간이 없었을 것이다.

어떤 종류의 화석이 멸종의 가설을 검증하기에 가장 적합할까? 퀴비에는 전에 언급한 대로 잠정적으로 멸종된 종이 살아서 대양 깊숙이 숨어 있을 수도 있어서 이들이 살아 있지 않다는 것을 증명하기가 어렵기에 해양생물체의 화석은 배제하였다. 따라서 그는 명확한 답을 줄 가능성이 가장 높은 타입의 화석종인 커다란 육상 네발동물, 즉 포유류를 선택했다. 퀴비에는 많은 화석 네발짐승이 현존종과 유사하지만 동일하지는 않다는 것을 보여줄 수 있었다. 화석 코끼리의 뼈는 아프리카와 아시아에 사는 코끼리의 뼈와 달랐다. 이러한 커다란 육상 네발동물의 화석이 현재 이에 대응할 만한 생물체를 갖고 있지 않았기 때문에 퀴비에는 이들이 멸종되었다고 가정했다. 비록 아프리카와 아시아의 내부를 샅샅이 뒤져보지 않았다는 사실을 퀴비에는 알고 있었지만 그가 새로운 것으로 기재한 수십 개의 화석종이 미지의 땅에 숨겨져 있을 것 같지는 않았다. 확실히 커다란 육상 네발동물은 유럽의 탐험가에 가장 먼저 알려질 것이기 때문이었다.

그러나 퀴비에는 고대의 뼈를 동정하거나 현존 척추동물의 해부학적 세부사항만이 아니라 그 이상으로 훨씬 더 많은 관심을 갖고 있었다. 그가 공부한 현상의 규칙, 원인, 그리고 그 내력이 무엇인가? 해부학, 특히 육상 척추동물의 뼈에 대한 퀴비에의 폭넓고 직접적인 경험은 모든 것이 무질서한 상태가 아니라는 것을 깨닫게 했다 — 구조에 적용되는 규칙이 있었고 그것은 기능에도 확장되었다. 일반적 원칙 — 구조체제의 통일성과 부위 간의 상관관계는 아리스토텔레스도 알고 있었지만 그것의 예측력을 보여준 사람은 퀴비에였다.

비교해부학은 제대로 사용되었을 때 다음의 문제를 해결할 수 있는 원리를 소유하고 있다. 조직화된 생물체의 부위는 서로 아주 적응되어 있어서 각 부위를 바탕으로 해서 인식할 수가 있다. 모든 조직화된 생물체는 독특하면서도 완벽하게 통합된 전체를 형성한다. 전체가 바뀌지 않고는 어느 부위도 바뀔 수가 없기 때문에 하나의 부위를 바탕으로 모든 부위를 알 수가 있다.

따라서 만일 동물의 내장이 오직 육류만 소화할 수 있도록 조직화되어 있다면 그놈의 턱은 먹이를 먹어치울 수 있도록, 발톱은 먹이를 붙잡고 찢을 수 있도록, 이빨은 먹이를 자르고 쪼갤 수 있도록, 운동기관은 먹이를 쫓아가서 잡을 수 있도록, 감각기관은 멀리 떨어져 있는 먹이를 감지할 수 있도록 구성되어야 하며 자신을 숨겨 먹이를 함정에 빠뜨리게 할 수 있는데 필요한 본능을 가진 두뇌를 소유해야만 한다.

그런 것들이 모든 육식동물의 일반적 조건이 될 것이다. 모든 육식동물은 항상 이런 복잡한 특징을 갖고 있는데 그렇지 않으면 존재할 수가 없기 때문이다. 그러나 다른 종의 육식동물은 많은 면에서 서로 다를 수도 있다. 하지만 그 차이는 일반적 육식동물의 조건이 변형된 것에 지나지 않는다. 따라서 육식동물 간에는 강(class) 수준에서뿐만 아니라 목(order), 속(genus), 그리고 심지어 종 수준에서도 각 부위의 특징적 형태를 가진다(퀴비에, 《지구 표면의 변혁에 대한 강론》, 1831: 58~60).

이러한 체제의 통일성과 부위 간의 상관관계는 형태와 기능의 세부적인 면에서도 볼 수가 있다.

만일 육식동물의 턱이 먹이를 잡을 수 있으려면 저항력의 위치와 지지점에 가해지는 힘의 위치가 특정 관계를 갖는 어떤 특정한 타입의 관절을 갖고 있음에 틀림없을 것이다. 관골 아치의 특이한 구성에 필요한 관자놀이의 근육도 일정 수준 이상이 되어야만 한다(《지구 표면의 변혁에 대한 강론》, p. 59).

발굽을 가진 또 다른 대그룹의 육상 네발짐승 간에도 유사한 체제의 통일성과 부위 간의 상관관계가 존재한다.

우리는 발굽을 가진 동물이 초식동물임에 틀림없다고 바로 알게 된다. 왜냐하면 이들은 먹이를 포획할 수단을 갖고 있지 않기 때문이다. 몸을 지탱하는 일을 제외하곤 앞발이 쓸모가 없기에 강력한 어깨를 가질 필요가 없다. 이것이 쇄골과 견갑골의 견봉이 결여되어 있고 견갑골이 직선형인 까닭이다. 앞다리를 회전해야 할 필요가 없기 때문에 요골이 단단하게 척골과 연결되어 있거나 아니면 적어도 구와관절 대신에 경첩관절이 어깨와 연결되어 있다. 초식성 음식은 종자와 풀을 으깰 넓은 표면을 가진 이빨을 필요로 한다. 이빨의 표면은 에나멜 부위와 뼈 부위가 교차되면서 불규칙해야 한다. 이러한 유형의 표면은 씹을 때 수평적 운동을 필요로 하여 음식을 갈게 된다. 턱의 접합은 육식동물처럼 아주 가까이 관절을 형성할 수가 없다. 대신에 평평해져야 하며 관자놀이 뼈에 맞추어져 있다. 아주 작은 근육만 가진 측두강은 작고 얇다. 이 모든 것이 서로 연관되어 나온 필요한 추론이다(《지구 표면의 변혁에 대한 강론》, pp. 61~62).

퀴비에가 이런 일반화된 결론에 도달하려 아주 다양한 종에 대한 예사롭지 않은 양의 연구가 필요했다. 그의 접근법은 과학적 탐구의 모델이 된다. 관찰에 바탕을 두어 많은 양의 데이터를 축적한다. 이러한 데이터는 가설로서 사용될 대략적인 원리를 제시한다. 이러한 가설이 연역적 추론을 만들어내고 추가적 관찰로 검증된다.

> 뼈의 미미한 돌출이나 가장 작은 척추골의 돌기도 강(*class*), 목(*order*), 속(*genus*), 그리고 심지어 종 수준에 대한 특정 형질이 될 수 있다. 우리가 단지 극단적으로 잘 보존된 뼈만 갖고 있더라도 주의 깊게 검사하고 유추기술을 적용하여 다른 재료와 비교하게 되면 동물 전체를 갖고 있을 때만큼이나 많은 것을 결정할 수 있다. 나는 이 방법을 화석에 적용하기 전에 종종 알려진 동물의 부분만 갖고 실험했다. 그런데 항상 오류 없이 성공하였기에 내가 얻게 될 결과의 정확성에 대해 더 이상 의심하지 않는다(《지구 표면의 변혁에 대한 강론》, pp. 64∼65).

뼛조각으로부터 동물 전체를 구성할 수 있다는 퀴비에의 주장은 그당시부터 고생물학자들을 당혹스럽게 만들었다. 그렇게 할 수가 없어야 한다. 그런데도 퀴비에는 그렇게 할 수 있는 것처럼 보였는데 그의 성공에는 특별한 이유가 있었다. 그가 연구한 대부분의 커다란 화석 포유동물은 아주 최근인 홍적세에서 나온 것이었다. 따라서 그가 연구한 화석 코끼리는 오늘날의 코끼리와 아주 유사했었고 일단 그가 화석 뼈 한 조각이 코끼리의 것과 같다고 동정하면 코끼리 전체로 대입할 수가 있었다.

퀴비에 접근법의 예측적 가치는 흥미로운 대중 테스트를 거치게 되었다. 그는 암석에 들어 있는 화석을 받게 되었다. 극히 작은 일부분만 노출되었지만 그는 이것이 유대류라고 가정했다. 그 동정은 현존하는 남미와 호주의 유대류 골격이 박물관에 소장되어 있었기 때문에 가능했다. 따라서 골격이 노출되면 유대류의 특징을 가져야만 할 것이다. 그런데 유대류는 단공류와 특이한 구조인 상치골 또는 유대골을 공유한다. 이것이 유대류의 자루를 지탱하는 뼈이다. 이 표본이 유대류라고 퀴비에가 예측했기에 이것은 태반 포유류에는 존재하지 않는 이러한 이상한 뼈를 갖고 있어야만 한다. 퀴비에가 암석을 파헤쳤더니 바로 이 상치골이 들어 있어서 자신의 방법과 가설을 확인할 수 있었다.

네발짐승의 이상한 부위 통합에 대한 설명이 필요하다. 바탕에 깔린 이유가 있어야만 했다. 그런데도 퀴비에는 이유를 찾아 낼 수가 없었고 계속 관찰하다보면 답이 나올 거라고 제안했다. 비록 그가 유명한 진화생물학자인 라마르크와 동시대에 살았지만 퀴비에는 진화생물학자가 아니었다. 퀴비에에게 좋은 항상적인 것이었다. 그것을 증명하기 위해 그가 행한 한 가지 흥미로운 일이 미라로 만들어진 신성한 따오기(이집트에서 영물로 숭배된 새 ― 역자)의 골격을 현존하는 것과 주의 깊게 비교했던 것이었는데 둘 다 동일했다. 따라서 이들이 4천년 이상 동안이나 진화하지 않았다면 이들은 결코 진화하지 않았을 것이고 앞으로도 하지 않을 것이다.

`

파리 분지의 채석장

19세기 초엽 지질학자들은 지각에 평행인 대략 수평층으로 발견되는 암석의 중요성을 파악하려고 했었다. 이 층들은 물속에 퇴적된 미사 (silt, 微砂)가 결국 암석으로 바뀌어 만들어진 것으로 보였다. 단층화가 이뤄지지 않고 화산의 작용으로 형성된 것으로 보이는 화성암과 대비하여 이들은 성층암 또는 단층으로 알려지게 되었다.

성층암의 예들이 낮은 언덕으로 둘러싸여 전체가 분지를 형성한 평지에 위치한 파리의 근교에 드러났다. 이 파리 분지 전반에 걸쳐 수많은 상업적 채석장이 생겨 지질학자가 지각의 상층부 일부를 엿볼 수 있게 하였다.

퀴비에와 동료 과학자 알렉상드르 브롱니아르(Alexandre Brongniart, 1770~1847)는 암석층과 그 속에 함유된 화석과의 관계를 연구하는데 이러한 채석장을 이용하였다. 그들은 암석의 타입에 따라 5가지 주요 층을 인식하였다.

(1) 토양의 바로 아래 첫 번째인 가장 위층은 이회토로 구성되어 있다. 이곳은 호수와 담수늪지대의 특징인 많은 동식물의 화석을 함유하고 있었다.

(2) 장소에 따라 두께가 80피트 이상이 되기도 하는 두 번째 층은 이회토와 사암으로 구성되어 있다. 화석은 주로 해양생물체의 껍질로 구성되어 있었다.

(3) 세 번째 층은 석고, 이회토, 그리고 석회암으로 구성되어 있으며 화석은 담수 종으로 보였다.

(4) 네 번째 층은 입자가 거친 석회암으로 구성되어 있으며 약 4백 종의 다른 종에 속하는 대부분 해양생물이지만 소수는 담수생물 형태의

화석이 많이 들어 있었다.

(5) 다섯 번째 층이자 가장 아래층은 초크 층(상부 백악계의 이회질 층)에 얹혀 있는데 대부분이 진흙과 모래로 구성되어 있었다. 화석은 담수생물체의 껍질이나 유목이었다.

퀴비에와 브롱니아르는 그 채석장들에서 고생물학적 분석에 근본이 되는 여러 관찰을 했다. 첫째는 동일한 순서로 배열된 이런 5개의 층이 파리 분지 전역에 걸친 채석장들에서 발견되었다. 둘째는 각각의 층이 특정 종의 집합체를 함유하고 있었다. 따라서 5개의 층은 그들의 조성, 상대적 위치, 그리고 함유하는 특정 화석 종에 의해 동정될 수가 있었다.

이런 층들은 퀴비에와 브롱니아르가 파리 분지의 지질학적 역사에 대해 추정할 수 있도록 했다. 해양 종을 함유한 층은 침전물이 만의 바닥이나 바다로 유입되는 강어귀에서 퇴적되었다는 증거였다. 만일 그 층이 담수 종을 함유한다면 과거의 다른 시기에 파리 분지가 거대한 담수 호수였다고 결론지을 수 있다. 많은 해양 종과 몇몇 담수 종을 함유한 네 번째 층의 경우 이 지역이 강물이 유입되던 곳에 가까운 바다의 일부였다는 결론을 내렸다.

각각의 층이 그것을 형성한 침전물이 퇴적된 특정 시기를 대표한다고 결론짓는 게 합당해 보였다. 만일 그렇다면 무엇보다 중요한 결론이 되는 어느 층의 상대적 위치는 해당 층의 상대적 나이에 대한 표시라는 결론에 도달하게 된다. 이 결론은 아주 간단한 관찰을 필요로 했다. 만일 물질이 담수 호수나 해양만의 바닥에 퇴적된다면 먼저 퇴적된 물질은 나중에 퇴적된 물질로 덮이게 된다. 어느 층도 이미 그곳에 존재하는 층 아래로 퇴적될 수가 없다.

가설에 의하면 초크 층 위에 얹혀 있는 다섯 번째의 층이 가장 오래되었고 첫 번째의 층이 가장 최근의 것이다. 이 가설은 다음의 분석에 의해 더욱 가능성이 높아졌다. 두 번째와 네 번째의 층은 모두 해양 종을 함유하고 있다. 이 화석 종들을 당시에도 프랑스 연안에 여전히 살고 있는 것들과 비교했다. 두 번째 층에 들어 있는 많은 것들은 현존 종과 동일한 것으로 드러났지만 다른 것들은 프랑스 연안에서 알려져 있지 않았다. 반면에 네 번째 층의 화석은 거의 현존 종을 담고 있지 않았다. 그러려면 주로 멸종된 종이 담긴 층이 여전히 존재하는 종으로 구성된 층보다 오래되었음이 틀림없다는 주장이 나오게 된다.

마치 지각의 층화된 퇴적암이 지구의 역사에 대한 운행일지처럼 보이기 시작했다. 겉보기로는 시간이 지남에 따라 파리 분지에 엄청난 변화가 일어나서 이곳이 때로는 마른 육상이었고 다른 때에는 담수 호수였고 또 다른 때에는 바다에 내포된 지역이었다.

그러나 다른 층에서 다른 종이 나타나는 것을 어떻게 설명할 수 있을까? 퀴비에는 다음의 3가지 결론에 바탕을 둔 가설을 개발했다. 첫째 종은 "고정"(fixed)되어 있다. 즉, 그의 동포 라마르크의 주장과는 반대로 종은 진화하지 않는다. 둘째 종은 멸종되기도 한다. 그리고 마지막으로 퇴적암의 층들이 보여준 것처럼 과거의 다른 시기에 다른 집합의 화석이 나타날 수도 있다.

퀴비에의 해결책은 또 다른 가설을 제안하는 것으로 바닷물이 육상 위로 범람하여 모든 생명체를 궤멸시키는 정기적인 지질학적 대재앙이었다. 마침내 바닷물이 물러나면 영향을 받지 않은 지역으로부터 온 육상생물체가 황폐화된 지역에 다시 거주하게 된다. 파리 분지의 채석장에서 그의 관찰은 바다로부터의 그러한 유입을 보여주고 있었다.

퀴비에는 현재 형태의 지구가 최근에 생긴 것으로 믿었다. 그래서

〈그림 19〉 지질학적 단층. 고대 해저 층의 침식으로 애리조나의 페트러파이드포리스트 국립공원(Petrified Forest National Park of Arizona)에 있는 이런 낭떠러지들이 형성되었다. 다른 색깔의 단층이 퇴적 순서를 나타내는데, 가장 오래된 것이 바닥에 가장 최근의 것이 위에 놓여 있다.

그는 역사, 천문학, 그리고 지질학에서 뒷받침할 만한 증거를 제시했다. 그는 지질학에서 배운 것이 있다면 우리 지구의 표면이 막대하고 갑작스런 변혁인 바다가 육지를 뒤덮은 "전면적인 대범람"(*general deluge*)을 겪었다는 것이라고 결론을 내렸다. 이 일은 5~6천 년도 지나지 않은 과거에도 일어났다. 물이 빠져나가자 새로이 마르게 된 육상에는 살아남거나 범람되지 않은 지역으로부터 이주해온 생물체가 거주하게 되었다. 이 최후의 변혁 이전에도 2, 3개의 다른 바다의 범람이 있었을 것이다.

특정한 생물체의 집합이 뒤따라온 이러한 변혁은 퀴비에에게 또 다른 중요한 원리를 제시했는데, 점차로 최근인 지질학 층에서 발견되는 화석이 구조적으로 더 복잡한 경향을 보인다는 것이었다. 그에게 알려진 가장 오래된 층의 화석은 강장동물이나 다른 무척추동물 그리고 아마도 일부 어류였다. 그 다음으로 오래된 석탄층에서는 양치류와 야자수 등이 있었지만 육상 척추동물은 없었다. 그 다음 주요 층은 이제는 더 이상 살아서 존재하지 않는 많은 어류 종과 더불어 독특한 육상 파충류를 갖고 있었다. 쥐라(Jura, 동부 프랑스의 산맥)의 석회암과 같은 더 나중의 퇴적층은 여러 종류의 많은 이상한 파충류를 갖고 있었는데 일부는 아주 거대한 것이었다. 그리고 단자엽식물도 갖고 있었다. 포유류는 훨씬 더 최근 층에서만 나타났다. 가장 오래된 포유류의 화석은 오늘날의 포유류와 완전히 달랐다. 퀴비에는 인간의 화석 자취에 대한 증거를 찾지는 못했다.

조물주의 마지막이자 가장 완벽한 작품이 아무 곳에도 존재하지 않는다는 것일까? 그리고 화석으로는 알려져 있지 않은 지금 지구상에 존재하는 동물은 어디에 있었던 걸까? 이런 다른 동물과 함께 인간이 거주했던 땅이 바다에 의해 삼켜졌던 것일까? 지금 사람과 현대의 동물이 거주하는 땅은 그전에 거주했던 생물을 멸망시킨 대홍수에 의해 삼켜졌었던 것일까? 화석의 연구는 이 주제에 대한 정보를 제공하지 못하지만 이 강연에서 우리의 질문에 대한 답을 다른 정보원에서 찾으려 해서도 안 된다.

우리가 이제는 적어도 육상동물의 네 번째 계승단계에 있는 것이 확실하다. 파충류의 시대는 수궁류(palaeotheres, 원시적 포유류)의 시대로 그리고는 매머드, 마스토돈, 그리고 메가테리아(megatheria, 거상의 일종 — 역자)의 시대로 이어졌다. 마침내 가축과 더불어 인간의 시대에 도달하게 되었다. 이 시대의 뒤를 바로 이을 충적토의 퇴적층에서만 지금 존재하는 모든 동물들의 뼈를 발견하게 될 것이다. 이런 것들이 대재앙이 남긴 막대한 퇴적층이나 그 사건에 앞선 시대의 퇴적층에 속하지는 않을 것이다(《지구 표면의 변혁에 대한 강론》, pp. 220~221).

그래서 퀴비에는 5, 6천 년 전에 일어난 것으로 자신이 믿었던 마지막 재앙인 대홍수가 인간의 도래를 위하여 지구를 깨끗이 치웠다고 생각했다.

격변설(*Catastrophism*)과 균일설(*Uniformitarianism*)

퀴비에의 지질학적 대재앙 ─ 연속적으로 일어난 대홍수가 지각과 거주자의 현존 상태에 대한 원인이라는 퀴비에의 가설은 지금도 열렬히 진행 중인 논쟁의 일부이다. 격변론(또는 천변지이설)자에 해당하는 지질학파는 현재의 지구 상태가 퀴비에의 대범람처럼 짧은 기간 동안 격렬한 재앙의 결과로부터 나온 것으로 여겼다. 균일론(또는 동일과정설)자인 다른 학파는 현재의 지구 상태가 오늘날 존재하는 동일한 지질학적 힘이 느리고 엄청나게 긴 기간 동안의 균일한 작용에 의해 생겨난 것으로 설명할 수 있다고 생각했다.

퀴비에가 기술한 대범람에 대한 증거는 충분히 있었다. 그와 브롱니아르가 수행한 파리 분지의 단층에 대한 연구는 연속적인 범람을 암시했다. 최근의 격렬한 지질학적 홍수에 대한 다른 증거도 있었다. 서유럽의 수많은 지역이 엄청난 양의 물과 함께 옮겨진 두터운 충적토에 덮여 있다.

이러한 관찰과 추론은 완벽하게 옳은 것이다. 이제 우리는 충적토가 약 만 년 전 홍적세 빙하기의 빙하가 녹으면서 방출된 엄청난 양의 물 때문이라는 것을 알고 있다. 빙하가 육상의 지형을 변형할 수 있다는 아이디어는 1802년 존 플레이페어(John Playfair)에 의해 분명하게 표현되었지만 널리 받아들여지지는 않았다.

커다란 덩어리의 암석을 움직이자면 의심의 여지없이 자연이 택할 수 있는 가장 강력한 엔진은 빙하인데 알프스의 높은 골짜기나 다른 일급의 산맥에 형성된 빙하 호수나 강도 그로 인해 생겼다. 이러한 거대한 얼음 덩어리는 지구로부터 유입되는 열에 의해 침식되어 영구적으로 움직이고 있다. 또한 자신의 엄청난 무게 탓에 자리 잡은 곳의 경사로 말미암아 얼음 속에 들어 있는 수많은 바위조각과 더불어 하강하려고 한다. 이러한 바위조각은 점차 얼음의 바깥 경계면으로 이동하는데 외곽의 엄청난 벽을 보면 이것이 분출하게 될 엔진의 크기와 힘을 감지할 수가 있다. 따라서 막대한 양과 크기의 바위가 운송될 수 있게 되어 모든 관찰자가 경이에 찬 언급을 하게 된다(《허턴의 지구의 이론에 관한 예시》, pp. 388~389).

수십 년 후에야 루이 아가시(Louis Agassiz)가 알프스의 빙하를 연구하게 되었고 다른 지역들에서의 빙하작용에 대한 증거를 관찰하여 꽤 최근의 지질시대에 대부분의 서구 유럽이 광대한 얼음판으로 덮여 있었다고 제안했다.

따라서 퀴비에와 격변론자는 대변화에 대한 증거를 확보하게 되었다. 또한 마지막 대범람이 최근 시기에 일어났다는 증거도 있었다. 론 강(Rhone River)은 로잔 호(Lake Lausanne)로 유입되어 흘러나오는데, 스위스의 자연과학자 장 앙드레 드 뤼크(Jean-Andre de Luc, 1727~1817)는 강어귀에 형성된 삼각주(델타; delta)를 연구하였다. 그는 삼각주가 너무나 빠른 속도로 커져가고 있기에 최근에 생긴 것이 아니라면 로잔 호를 오래전에 채우게 되었으리라고 추정했다. 이 관찰과 해석도 사실로 판명되었는데 호수와 강은 홍적세 말기의 빙하판이 녹아서 형성되었다.

오늘날에도 일어나는 같은 종류의 지질학적 과정이 과거에도 작용했다는 견해를 강력히 피력한 옹호자도 있었다. 스코틀랜드 지질학자

제임스 허턴(James Hutton, 1726~1797)이 균일론자 중의 한 사람이었다. 그는 현재의 지각 상태를 3가지 지질학적 과정으로 설명할 수 있다고 믿었다.

(1) 주로 대양에서 침전된 퇴적물은 층화된 퇴적암층, 즉 단층을 형성하였다.
(2) 화산작용이 단층을 융기시켜 산맥을 형성했다.
(3) 일단 단층이 융기되면 비, 강물, 그리고 바람 등에 의한 침식작용을 겪게 된다.

격변론자는 주요 지질학적 사건이 짧은 기간 동안에 일어난다고 생각하는 반면에 균일론자는 가정한 지질학적 힘이 작동하는 데 엄청난 시간의 시기를 요구하고 있다. 유대-그리스도교적인 전통과는 대조적으로 허턴은 과거가 엄청나게 긴 시간이었다고 믿었다. 그의 《지구의 이론》(*Theory of the Earth*, 1788)에서는 "그러므로 현재의 탐구 결과로는 우리가 시작의 자취를 찾을 수 없으며 종말도 예상할 수 없다"라고 결론을 짓는다. 이 문장의 시적 아름다움이 모든 이에게 받아들여지지는 않았다. 허턴은 성서와 대조되는 믿음을 가졌다고 극심한 비판을 받았다. 그러나 시대가 바뀌었기에 화형에 처해지지 않았고 진정한 균일론자로서 천수를 누렸다.

윌리엄 스미스와 지질학적 단층

퀴비에와 브롱니아르가 파리 분지의 신생대 3기를 연구하는 기간 동안 영국인 윌리엄 스미스(William Smith, 1769~1839)는 더 오래된 잉글랜드의 2기 단층을 연구하고 있었다. 잉글랜드와 웨일즈의 대부분이 들어 있는 그의 대규모 지질학 지도는 1815년에 출판되었다. 그도 역시 단층이 수평거리로 널리 걸쳐 있으며 각각이 특징적 화석의 집합체를 함유하고 있다는 것을 알고 있었다.

스미스의 연구는 유럽의 많은 지역에서 진행된 유사한 연구들의 한 가지 멋진 예에 지나지 않았다. 일단 모든 단층이 연구되면 이들을 가장 오래된 것이 바닥이고 가장 최근의 것이 꼭대기에 있는 지질학적 칼럼인 수직적 순서로 배열하는 것이 가능하다는 개념이 발전하고 있었다. 칼럼에서 단층의 상대적 위치는 그 단층의 상대적 나이에 해당할 것이다.

단층의 순서는 어느 지역에서도 절대 완전하지 않았으며 그렇게 기대해서도 안 된다. 퇴적암은 퇴적물이 생기는 곳에서 형성되며 그런 상황은 거의 언제나 얕은 바다, 강의 삼각주, 늪, 그리고 담수 호수에 한정되어 있다. 그런 장소는 널리 흩어져 분포되어 있으며 어느 곳이든 지질학적 시간으로는 비교적 짧은 기간에 퇴적이 일어났다.

따라서 지질학적 칼럼은 다른 많은 지역에서 나온 일부 단층에 의해 구성된다. 이 모든 조각이 서로 겹쳐졌을 때 서로 다른 단층의 합은 수천 ㎞에 이른다. 이것은 범세계적인 적용성을 가진 지질학적 시간의 척도가 되며 모든 고생물학 연구에서 기준점이 된다. 스미스 시대에는 절대적 나이를 추측할 도리밖에 없었다. 방사성을 이용한 신뢰할 수 있는 절대적 나이의 측정은 나중에서야 이루어졌다.

19세기 초반에 찰스 다윈의 친구였던 찰스 라이엘 경(Sir Charles Lyell)은 지질학에 대해 알려진 모든 것을 통합한 기념비적인 저서를 출간했다. 사실상 그의 《지질학의 원리》(*Principles of Geology*)는 지질학을 과학으로서 정립시킨 것이나 다름없다. 1797년 스코틀랜드에서 태어나 1875년에 타계한 라이엘은 균일론자였다. 《지질학의 원리》는 1830~1833년 사이에 처음 3권으로 된 세트로 출판되었다. 이 책은 라이엘의 생전에 12판이나 발행되었다. 그의 우아한 문체 스타일과 새로운 데이터와 해석을 거의 즉각적으로 감안한 개정으로 《지질학의 원리》는 지질학의 진보에 많은 기여를 하였지만 지질학적 시간이 거의 무한하다는 점을 강조한 것을 제외하면 훅, 스테노, 허턴, 퀴비에 등이 이미 밝혔던 일반적 결론에 별로 더한 것이 없었다.

1850년도의 자연에 대한 이해

앞서 2장에 아리스토텔레스의 관찰과 추론에 의해 제기된 생물체의 종류에 관한 질문목록이 수록되어 있다. 아리스토텔레스와 1850년 사이, 2천 년도 더 넘는 기간 동안 생물학적 정보가 막대하게 증가하였기에 앞서 열거했던 고대의 질문에 대해 어느 정도까지 답이 구해졌는지 물어보는 일이 흥미로울 것이다. 데이터가 엄청나게 증가했음에도 불구하고 이해는 별로 증가하지 않았다고 답해야만 할 것이다. 근본적인 개념적 혁신이나 기본 패러다임의 전환이 없었기 때문이다.

그렇다고 하더라도 19세기 중반까지 생물학자들은 아리스토텔레스가 답을 찾으려던 질문에 대해 확연하게 더 많이 알게 되었다. 두 가지 특이한 지식의 향상은 현미경이 아주 작은 세상을 밝힌 것과 지질학이 아주 오래된 세상을 밝힌 것이다. 양자 모두 1850년 이후 일어날 개념적 진보의 기초가 되었다.

아리스토텔레스의 질문을 반추해보면 살아 있다는 것이 어떤 의미인지에 대한 우리의 이해에 실질적 향상이 없었다는 것을 알게 된다. 19세기가 도래할 때 한 가지 가설은 생물체의 화학적 조성이 특이하다는 것이다. 오직 생물체만이 연구하기 어려우며 탄소가 풍부한 복잡한 화학물질로 구성되어 있다. 이러한 물질은 오직 생물체나 이들의 산물에서만 알려져 있다. 따라서 생명은 단순한 분자의 조합 이상으로 "생명력"(life force)을 가진 분자의 조합이었다. 이러한 유기물질의 특이성에 대한 가설은 1828년 프리드리히 뵐러(Fredrich Wöhler)가 무기물로부터 유기물인 요소를 합성하자 무너졌다.

살아 있다는 것이 모든 동물에게서 거의 동일하게 보인다는 관찰 외에 별로 추가할 만한 것이 없었다. "원래가 이런 식이다"라고 받아들일 수밖에 없었다. 생존의 필수 목록에 새로 첨가된 항목도 없었다. 음식, 물, 공기 그리고 적합한 주변 환경 등이 예전처럼 필수 항목으로 그대로 남아 있었다.

생명의 필요성에 관한 가장 중요한 새로운 지식은 정신(pneuma)의 본질과 관련된 것이었다. 공기에 있는 그 필수적 성분이 조셉 프리스틀리(Joseph Priestly, 1733~1804)에 의해 발견되어 앙투안 로랭 라부아지에(Antoine Lauren Lavoisier, 1743~1794)에 의해 산소라고 명명되었다. 라부아지에는 연소에서 산소의 중요성과 동식물의 호흡에서 그 역할을 확립하였다. 따라서 왜 동물이 숨을 쉬어야 하는지에 대한 답은 산소를 얻기 위한 것이었다. 라부아지에는 자국의 동료였던 퀴비에만큼 운이 좋지 못해 프랑스 혁명 때 단두대의 이슬로 사라졌다.

아리스토텔레스 이래로 생물학적 지식의 커다란 증가는 주로 종의 다양성과 관련되어 있었다. 15세기부터 19세기까지 유럽에서 발견의 시대(*European Age of Discovery*)는 자연과학자에게 세계의 모든 지역으로부터 풍부하고 다양하며 전에는 알려져 있지 않던 동물상과 식물상을 접촉할 수 있도록 했다. 자기 고향에 머물렀던 자는 국소적인 종을 연구했다. 새로운 종의 기재와 사적 혹은 공적 수집품에 많은 표본을 첨가하거나 동물을 애완용으로나 동물원에서 유지, 관리하는 일들에 커다란 관심을 보였다.

그러나 다양성에 대해 이렇게 늘어나는 지식은 그 원인에 대한 과학적 설명과 동반되지 않았다. 대부분의 사람들은 심지어 다양성이 문제라는 것도 인식하지 못했다. 완벽하게 수긍할 만한 답이 항상 유대-그리스도교 전통의 범위 내에 존재했는데, 바로 조물주에 의해 창세기주(*Creation Week*) 동안 3일, 5일 그리고 6일째에 동식물의 종들이 창조되었다는 것이다.

아리스토텔레스가 파악했었던 유사한 생물체 간의 구조와 기능에서의 유사성은 이후의 연구자들에 의해 확인되었고 퀴비에와 더불어 절정에 달했다. 이러한 관계가 공통적 특징을 공유하는 동물을 같은 그룹으로 배치하는 데 이용할 수 있었다. 그렇지만 이러한 기본 체제를 도대체 어떻게 설명할 수 있을까? 과학적인 답이 존재하지 않았다.

그리고 마지막으로 동일한 종류가 동일한 종류를 만든다는 명백한 규칙이 있다. 하지만 어떻게? 1850년도의 해답은 아리스토텔레스의 답보다 나을 게 없었다.

전체적으로 보아 개념적 진보가 없었더라도 다양성, 구조, 그리고 같은 수준에는 못 미치지만 기능에 대한 상당한 정보의 증가를 무시해서는 안 된다. 이러한 데이터로 말미암아 19세기 후반에 시작된 생물학적 혁명이 추진될 수 있었다. 그 데이터는 다음과 같이 요약될 수 있다.

미세구조(*Microstructure*)

아리스토텔레스 이후 가장 중요한 새로운 통찰은 모든 생물체에서 세 포가 구조와 기능의 단위라는 개념이다. 1850년까지 많은 수의 생물 학자들이 이 사실을 조심스럽게 받아들이기 시작했지만 데이터가 결 론을 내리기에는 충분치 않았는데 특히 기능의 단위로서 세포에 대한 증거가 부족했다. 비록 1858년에 피르호(Virchow)가 세포는 다른 세 포로부터만 기원할 수 있다는 가설(*omnis cellula e cellula*)을 제안했지 만 다시 한 세대가 더 지나서야 어떻게 이렇게 되는지를 이해할 수 있 었다.

이 가설은 아주 초기부터 생물학적 사고와 붙어 다니던 걱정거리로 서 자연발생설에 대한 대립명제(안티테제; *antithesis*)였다. 자연발생설 의 가능성을 인정하는 것이 줄어들었지만 심지어 루이 파스퇴르(Louis Pasteur)의 실험에 의해 이 개념이 불가능한 것으로 판명된 후에도 지 속되었다.

거대구조(*Macrostructure*)

기관과 체제 수준에서 구조를 이해하는 데 가장 현저한 진보가 일어 났다. 사실상 형태학은 19세기 전반에 걸쳐 가장 지배적인 탐구 분야 로 이를테면 생물학의 여왕 격이었다. 모든 그룹에 속하는 동물들이 조사되어 구조의 패턴이 밝혀졌다. 외견상 모든 동물은 생명과 관련 되어 동일하고도 일반적인 문제인 음식, 물, 그리고 산소의 획득, 음식의 소화, 이러한 필수품을 몸 전체로 수송하는 일, 노폐물의 제거, 생식, 발달, 포획자로부터의 피신, 이동 등의 문제를 가진 것으로 보였다. 이런 기능들과 연관하여 구조를 연구하였다. 다른 동물의 기관 체제 구조가 같은 기능적 필요성을 만족시키면서도 엄청나게 다를 수 있다는 게 밝혀졌다.

또한 비교해부학자들은 원래는 외부 특성에 의해 정의된 어떤 그룹의 종들이 공통적인 내부 구조 체제를 공유하는 것을 알아내었다. 심지어는 척추동물처럼 주요 그룹의 종들도 기본 구조 체제에서 변이한 것처럼 보였다.

상동관계와 유사관계의 개념이 활기차게 탐구되었다. 다윈 이전 시대에서 상동관계는 다른 종에서 변형된 "동일한 구조"를 의미했다. 따라서 새의 날개와 포유류의 앞다리는 동일한 기본 구조의 변이라고 보았다. 유사관계는 곤충의 날개와 새의 날개처럼 유사한 기능을 가진 "다른 구조"를 의미했다. 상동관계와 유사관계의 개념은 부위 간의 관계와 외견상 새로운 부위가 어떻게 이미 존재했던 부위의 변이로 형성될 수 있는지를 이해하는 데 도움이 되는 강력한 도구가 되었다.

또 다른 비교해부학의 중요한 원리는 퀴비에의 견해로서 몸의 부위는 서로 아주 밀접하게 적응되어 전체가 본질적으로 부위의 형태를 결정한다는 것이다.

생리학(Physiology)

형태와 기능을 병행되는 현상으로 고려해야 한다는 데 문제를 삼은 사람은 별로 없었다. 즉, 구조의 모습이 형태이고 구조가 하는 것이 기능이다. 형태에서의 과학적 진보는 빨랐지만 기능에서의 진보는 고통스러울 정도로 느렸으며 더 나은 방법, 기구, 그리고 화학 지식이 이용될 수 있을 때까지 그런 상태로 머물러 있었다. 일부 기능은 감각으로도 충분히 느껴진다. 먹는 일, 걷는 일, 말하는 일, 심장박동, 가슴의 운동, 노폐물의 제거 등이 여기에 해당된다. 그러나 신체는 기능이 외부적으로 표현되지 않는 한 기능상 "블랙박스"로 남아 있었다. 대부분의 연구는 인체와 다른 몇몇 포유류에 관해서였는데 습득한 지식이 의학에 쓸모가 있으리라 생각했기 때문이다.

체내 생리학을 연구하는 데에서의 어려움은 혈액순환에 관한 하비의 발견에 대한 우리의 평가에서 최대한 선명히 드러났다. 전체적인 구도로 보면 꽤 사소한 사건으로 보이는 그 단일 사실을 확립하는 것만으로도 천 년이나 걸렸던 것이다. 그렇지만 이것이 생리학을 지속적인 발견과 이해의 궤도에 처음으로 올려둔 돌파구였다.

생리학자는 실험에 의해 정보를 얻지만 1850년에 실험은 다른 생물학 분야에서 널리 채택되지 않았다.

생태학(Ecology)

1850년에 생태학은 아직 체계화된 탐구 분야가 아니었지만 일부 기본적 관찰이 이루어졌다. 대부분의 종이 특정 서식처와 생활방식에 한정되어 있다는 것이 인지되었다. 서로 상보적인 녹색식물과 동물의 생활양식이 포괄적으로는 이해가 되었다. 하나는 태양에너지를 이용하여 이산화탄소, 물, 그리고 단순염이 결합하여 복잡한 음식 분자를 생산하며 다른 하나는 이러한 음식 분자를 분해하여 에너지를 방출하는데 이산화탄소와 물이 최종 산물이 된다. "토양의 비옥함"이란 의미가 명백해졌다. 동물의 지리적 분포가 커다란 관심을 끌었으며 낯선

땅과 바다에는 이상한 동물상이 존재했다. 이러한 새로운 종의 목록이 만들어지자 특별한 관심을 끄는 사실이 밝혀졌는데 바로 이들 대부분이 기존의 분류체계에 들어맞는다는 점이다. 또한 지리적 분포와 분류가 느슨하지만 상관관계를 갖는 것이 밝혀졌다. 특정 종은 보통 단일 대륙에서만 발견되었는데 종종 그 대륙의 일부 지역에만 국한되었다. 한 속의 모든 종이 같은 대륙에서만 나타나는 많은 예가 나타났다. 이것이 무엇을 의미하는 걸까?

발생생물학(*Developmental Biology*)

발생을 설명하는 데 두 가지 경쟁적 가설이 있었다. 후성설(*epigenesis*, 생물의 발생은 점차적인 분화에 의해 일어난다는 학설 — 역자)은 새로운 구조가 발생 과정에서 나타난다고 주장한다. 전성설(*preformation*)은 모든 구조가 수정란 속에 존재하며 발생은 이러한 구조물의 생장에 지나지 않는다고 주장한다. 아리스토텔레스는 후성설을 발생의 패턴으로 받아들였지만 차후의 발생학자들은 18세기 말까지 후성설과 전성설의 상대적 장점에 대해 언쟁을 벌였다.

발생학자들은 또한 모든 연구 가능한 생물체에서 발생의 구조적 양상을 기술하기 바빴다. 발생의 패턴이 유사한 종 사이에서는 유사하다는 아리스토텔레스의 발견이 확인되어 확장되었다.

분류(*Classification*)

공통으로 지니는 특성에 바탕을 두고 다른 종들을 그룹화할 수 있다는 관찰은 이 사실을 분류의 수단으로 사용하게끔 만들었다. 아리스토텔레스와 고전 시대의 자연과학자들이 여러 분류체계를 제안했지만 아리스토텔레스의 체제가 18세기까지는 그 어느 것보다 나았다. 그럴 즈음 카를로스 린네우스(Carlos Linnaeus, 스웨덴의 분류학자 칼 린네의 라틴 식 이름으로 스스로 그렇게 불렀음, 1707~1778 — 역자)는 모든 알려진 동식물을 이명법 계급체계로 배열하려고 시도했는데 이것이 오늘날 우리가 사용하는 체계의 기초가 되었다.

척추동물은 오랫동안 자연적인 그룹으로 인지되었지만 무척추동물은 훨씬 더 많은 문제를 일으켰다. 훨씬 더 많은 종류가 있을 뿐만 아니라 이들은 작고 외견상 무형태인데다 더 잘 알려진 척추동물과는 내부 구조에서 완전히 달랐다. 라마르크는 무척추동물의 형태학에 크게 기여했으며 그 이후에 많은 진보가 이루어졌다. 1850년까지 오늘날 우리가 아는 주요 그룹의 경계가 서서히 정해졌다. 무척추동물이 "곤충"(insect)이나 "벌레"(worm)로 분류되던 시기는 지났다.

모든 종을 가장 단순한 미생물로부터 호모 사피엔스까지 복잡성이 증가하는 순서로 배열할 수 있다는 개념인 자연계의 직선적 등급은 무척추동물의 구조에 대해 더 많이 알게 되자 점차로 중요성이 감소되었다. 퀴비에는 복잡성이 증가하는 순서의 단일 계통에 대한 증거를 찾지 못했지만 그가 인지한 각각 4가지 주요 동물 그룹 내에서는 찾을 수 있을 거라고 추측하였다.

많은 자연과학자에게는, 특히 다수가 목사였던 영국의 경우 겉보기에 무한한 생물체의 다양성이나 분류체계에서 각 범주를 인지할 수 있는 공통적 특성의 소유, 인간이 다른 동물과 닮은 점, 발생의 공통적 패턴 또는 지리적 분포의 규칙성 등이 심각한 철학적 문제가 되지 않았다. 유대-그리스도교적인 패러다임을 택한 이들은 생물계를 현 상태 그대로 받아들였는데, 왜냐하면 이것이 창조주가 만든 그대로의 상태이기 때문이었다. 그러나 일부 사람에게는 창세기가 자연세계에 대해 완전하고 신뢰할 수 있는 기술을 제공했는지 점차 의심이 생겨났다.

유대-그리스도교적인 패러다임의 입장에서 더 꺼림칙한 사실은 지질학적 단층에서 나오는 해답들이었다. 점점 더 지구의 역사가 엄청난 길이의 시간을 함유하는 것 같아 보였다. 그리고 과거의 생물체에 대한 화석 증거도 문제가 되었다. 퀴비에는 일부 종이 멸종되었다고 확신했다. 1850년에 이르러서는 가장 오래된 단층이 더 최근의 단층보다 구조적으로 덜 복잡한 생물체의 화석을 갖는 경향이 더욱 분명해지고 있었다.

희미하게나마 생물학적 데이터를 설명할 일관된 개요가 나타나기 시작했다. 생물학적 사실이 일반적 아이디어와 연관이 되어 있었지만 왜 그런지에 대한 단서는 거의 없었다. 동물의 다양성이 전부 무질서가 아니라는 것을 알 수 있었지만 외견상 명백해 보이는 질서의 근본 원인을 이해하기가 어려웠다.

제2부

진화적 사고의 성장

제7장

진화의 패러다임

개념생물학은 1859년 찰스 다윈의 《종의 기원》이 출간되면서 크게 달라지기 시작했다. 생물체에 대한 엄청난 양의 데이터들이 전에는 도달하지 못했던 수준으로 앞뒤가 들어맞기 시작했다. 마치 오늘날 물리학이 거대한 구도하에 모든 기본적 힘을 통합하는 방법을 찾고자 시도하는 것과 같이 1859년 이후 생물학은 자체적인 만물의 법칙(통합이론, TOE: *Theory of Everything*)을 발전시키려는 중인 것처럼 보였다.

새로운 패러다임에 따르면 생명체는 복잡하면서도 늘 변화하는 역사를 지녔다. "처음에 신에 의해 창조된 작품은 오늘날에 이르기까지 처음 만들어졌을 때와 동일한 상태와 조건으로 보존되어 있다"는 존 레이(John Ray)의 믿음은 변화가 동반된 유전의 가설, 즉 생명은 진화되었다는 가설로 대체되었다.

자연적 변이에 대한 자연선택의 결과로 변화가 동반된 유전이 일어난다는 다윈의 가설은 아주 단순한 아이디어였다.

모든 생명체는 높은 비율로 증가하는 경향을 보이므로 이들 사이의 생존
투쟁은 불가피하다. 자신의 생애 동안 여러 개의 난자나 종자를 생산하
는 모든 생명체들은 생애 중 어느 시기나 계절 또는 어느 해에 죽음을 겪
게 마련이다. 그렇지 않다면 기하급수적으로 증가하는 원리에 따라 그
수가 급속히 너무 무절제하게 커져서 어떤 나라도 그 후손을 감당할 수
가 없게 된다. 따라서 생존 가능한 것보다 더 많은 개체가 생산되기 때문
에 모든 경우에 같은 종의 개체 간이나 특정 종들 사이의 개체들 또는 생
물체의 물리적 조건 내에서 생존경쟁이 있을 수밖에 없다. 이것이 전체
동물과 식물계에 다양한 힘으로 적용되는 맬서스(Malthus)의 학설이
다. 모든 생명체가 자연적으로 아주 높은 비율로 증가되어 만일 파멸되
지 않으면 한 쌍의 후손들이 곧 지구를 뒤덮게 된다는 규칙에는 예외가
없다(《종의 기원》, pp. 61~62).

생명체의 이런 경쟁 탓으로 아무리 미미하거나 어떤 이유에 의해서 생겨
났든 모든 변이는 어떤 종의 어느 한 개체에 조금이라도 이익이 된다면
다른 생명체와 외부환경과의 무한히 복잡한 관계에서 그 개체를 보존하
는 데 공헌하므로 보통 그 후손에게 유전된다. 따라서 그 후손도 역시 더
나은 생존기회를 갖게 된다. 왜냐하면 어떤 종에서 주기적으로 태어나
는 많은 개체들 중에서 소수만 생존할 수 있기 때문이다. 나는 만일 쓸모
가 있다면 미세한 변이와 함께 보존되는 이 원칙을 인간의 선택적 힘과
의 관계에 착안하여 자연선택이라는 용어로 부르게 되었다. 우리는 선
택된 인간이 자연의 손에 의해 그에게 주어진 미미하지만 유용한 변이의
축적을 통해 엄청난 결과를 낳고, 생물체를 자신의 목적에 맞게 적응시
키는 것을 보았다. 그러나 자연선택은 언제라도 작용할 태세가 되어 있
는 힘으로 인간의 예술품에 비해 자연의 예술품이 그렇듯이 인간의 미약
한 영향력에 비하면 무한하게 뛰어난 것이다(《종의 기원》, p. 61).

되돌아보건대 가장 놀라운 일 중 하나는 《종의 기원》이 제시하는 주장이 1859년까지는 체계적 방법으로 제안되지 못했다는 점이다. 그 주장은 너무나 단순하고 명백해보였다. 이에 필요한 전부는 종의 개체수가 차이를 보인다는 점을 관찰하는 것이며, 어떤 변이체가 다른 변이체보다 더 잘 적응될 수도 있다고 의심하는 것이고, 번식력이 환경의 수용능력을 초월할 수 있다고 관찰하는 것이며 더 잘 적응된 개체들이 생존하고 자손을 남기는 데 통계적으로 더 나은 기회를 갖는 것을 관찰하는 것이다.

어떤 이는 유대-그리스도교의 특별한 창조에 대한 교조가 변화가 동반된 유전에 대한 사고를 억제한 탓이라고 비난할 수 있으며 또 어느 정도는 그 비방이 타탕하다. 그러나 이 전통만으로는 이오니아 그리스 식의 사고방식을 억제하는 데 대한 모든 해명이 되지는 않는다. 따지고 보면 그리스인이 다윈보다 2천 5백 년 앞서 다윈이 설명한 진화의 요소를 끼워 맞추지 못했을 이유도 없다.

더욱 놀라운 점은 19세기 초의 자연과학자라면, 누구라도 존 레이와 윌리엄 페일리(William Paley) 등 다른 많은 이들이 이미 내놓은 데이터를 고찰해보면 특별한 창조의 개념보다는 진화가 더 만족스럽게 — 그 바탕이 초자연적 과정이라기보다는 자연적이기 때문에 적어도 과학자에게는 — 그 데이터를 설명할 수 있다는 것을 깨달았을 거라는 것이다. 심지어는 장 바티스트 라마르크(Jean Baptiste Lamarck)나 로버트 체임버스(Robert Chambers) 등이 내놓았던 논의가 이미 이뤄지던 진화이론도 존재했었다. 그러나 이 이론들이 진지하게 받아들여지진 않았다. 다윈조차도 1831년에서 1836년 비글호의 항해 동안 파타고니아(Patagonia)의 화석과 갈라파고스(Galapagos) 군도의 동물상을 직접 관찰하기 전까지는 진화가 유용한 가설이라고 생각하지 않았다. 그러나 우리는 과학사의 기본적 측면, 즉 일단 제안되면 많은 이에게 명백한 아이디어가 어느 한때에는 그렇지 않았다는 사실을 잊고 있다.

다윈이 제안한 자연선택을 통한 진화가 즉시 새로운 패러다임으로 받아들여지지는 않았으며 지난 150년간 험난한 여정을 겪었다. 사실상 진화생물학은 모든 과학 분야를 통틀어 오늘날까지 사회의 일각으로부터 상당한 심지어는 격렬한 반대에 부딪힌 유일한 생물학 분야이다. 반대는 주로 진화이론이 창세기에 주어진 생명의 기원과 역사를 문자 그대로 해석하고 설명한 것과 양립할 수 없다고 보는 측에서 오는데, 물론 그렇다. 이것은 오랜 기간 동안 지속되어온 종교 대 과학의 충돌에 대한 현대판 에피소드로서 학교에서 과학을 가르치는 데 문제가 되고 있다. 생물학적 진화는 법정소송으로 대법원까지 간 유일한 과학이론이다.

이 난투극은 일부 식자층에게는 회의나 여흥거리가 될 수도 있지만, 사실 아주 심각한 문제이다. 중심 관건은 과학현상의 이해가 순전히 관찰과 실험에 바탕을 둔 것이냐 아니면 초자연적 사건과 과정이 포함된 것이냐의 여부이다. 과학의 이용이 우리 문명을 지배하는 때인 이 시대에 우리가 과학의 본질이 무엇이며 그 강점과 한계를 이해하는 일은 중요하다. 진화생물학은 과학이 어떻게 이루어져야 하는지에 대한 역사의 좋은 본보기이다.

1958년 저명한 유전학자 뮬러(H. J. Muller)는 "다윈주의 없이 보낸 세월은 백 년이면 충분하다"라는 제목으로 유명한 강연을 했다. 뮬러는 진화를 학교에서 전혀 가르치지 않거나 실효적이지 못한 데 대해 우려를 표했으며 이러한 교육의 결여는 현대 생물학의 가장 필수적인 개념의 한 가지에 대해 시민적 무지를 초래했다. 그리고 더 나쁘게는 자연현상에 대한 초자연적 설명을 시민이 받아들이게 했다.

> 다윈과 월러스가 자연선택에 의한 진화라는 그들의 신기원적 발견을 출판한 지 네 세대가 지나서 우리가 마치 그것이 중요하지 않다거나 확실치 않다는 등의 완곡어법으로 그 영향을 숨기거나 약화시키는 것은 우리 위대한 국민에게 걸맞지 않다. 또한 학교에서 단지 하나의 대체적 이론으로서만 가르치거나 대중이 접할 수 없는 고급 교과목에서 가르치든지 아니면 학교나 고등학교의 생물학 과목에서 다루더라도 가능하면 드러나지 않도록 과목의 끝부분에 거의 다 도달해서 내놓는 식으로 만들어 학생들이 어떻게 생명체들에서 발견되는 모든 다른 특징과 원칙이 실상은 공통적 작동의 부산물이 되었는지를 이해하지 못하도록 하는 것은 옳지 않다(뮐러, 《다윈 없이 지낸 시간은 백 년이면 충분하다》, 1959).

기독교 근본주의자가 학교에서의 진화교육을 강력히 차단하는 대학교육 이전의 생물학에 대해 뮐러는 주로 이야기하고 있었다. 그러나 뮐러가 다음에 썼듯이 "그들 자식들에게 백신을 금지하여 육체적으로 전체 사회를 위험에 처하도록 할 권리가 우리에게 없듯이 무지한 사람들의 반대 때문에 우리 대중의 다수를 지성적으로 그리고 감성적으로 굶주리게 할 권리는 없다." 뮐러는 대중에 대한 지적 고갈을 끔찍하게 위험한 것으로 보았다.

마찬가지로 잘 알려진 "진화의 관점에서가 아니면 생물학에서 어느 것도 의미가 통하지 않는다"라는 에세이에서 테오도시우스 도브잔스키(Theodosius Dobzhansky)는 생물학의 주요 분야를 개관하면서 다음과 같이 자신의 입장을 요약했다. "진화의 관점에서 보게 될 때 생물학은 아마도 지성적으로 가장 만족스럽고 감격적인 과학이다. 그런 관점이 없었다면 생물학은 비록 일부가 흥미롭고 신기하더라도 잡다

한 사실의 더미에 지나지 않으며 전체로서 의미 있는 형상이 되지 못한다."

그러나 왜 그렇게 저명한 두 생물학자가 그런 선언을 해야만 했을까? 그 답은 오랜 기간의 정적 후 1950년대 후반부터 기독교 근본주의자들이 다시 학교에서 진화생물학을 가르치는 것을 맹렬히 차단하려고 하거나 그것이 불가능하다면 과학적 데이터를 성경의 설명에 따른 창조에 부합되도록 왜곡하여 진화론자의 발견을 의심하도록 하려는 시도인 "창조과학"(*creation science*)의 교육에 동일한 시간을 요구했기 때문이다. 강경적인 입장의 창조론자는 오늘날의 종들이 처음 창조되었을 때와 사소하게 다를 뿐이며 신의 창조는 만 년도 지나지 않은 최근의 사건이라고 주장한다.

최근에 들어서 진화론은 일부 사회계층의 비위에 거슬리는 유일한 과학이론이다. 교육위원회는 세포설이나 중력이론 또는 멘델의 유전을 가르치지 말도록 탄원한 적은 없다. 몇 세기 전이라면 코페르니쿠스의 이론과 지구가 둥글다는 이론을 가르치는 데 대한 심각한 항의가 있었겠지만, 세월이 지나 우리 대다수는 천문학자의 주장을 받아들였을 것이다. 태양은 평평한 지구를 돈다는 우리의 직접적인 경험에도 불구하고 말이다.

생물학적 진화는 이어지는 장들에서 자주 논의될 것이고 이 주제는 여러 가지 생물학적 현상을 이해하는 데 계속적으로 도움이 될 것이다. 그러나 여기서는 과학자가 어떻게 이 견해를 갖게 되었으며 왜 초자연적인 것에 의존한 모든 자연현상의 설명을 거부하는지를 강조하는 데 이용할 것이다. 내가 아는 한 진화를 생물과학의 기본 개념으로 여기지 않는 단 한 명의 전문 생물학자도 없다. 이것이 우리가 사고하는 방식이지만 다른 이들이 생각하는 방식이 아닐 수도 있다.

진화를 논의할 때 우리는 이론(*theory*), 가설(*hypothesis*), 증명된 사실(*proven fact*), 그리고 진실(*truth*) 등의 용어가 어떻게 사용되었는지 표시하기 위해 특별한 주의를 기울여야 한다. 사용법에 상당한 변이가 있기 때문이다. 예를 들면, 과학자에게 '이론'은 일부 연관된 일단의 자연현상에 대한 많은 중요한 정보의 총괄적 통합을 의미한다. 비과학자에게 이 용어는 경멸적인 것으로 "진화는 단지 하나의 이론에 지나지 않는다"라는 식의 미심쩍은 개념을 뜻한다. 이 두 가지 아주 다른 의미가 다른 것들과 더불어 사전 편찬자에게 완전히 용인을 받았다. 여기서 사용된 이론은 자연의 주요 현상에 대한 우리의 이해를 증가시키는 지식과 설명적 개념의 총체이다. 따라서 세포론은 대부분 생명체의 구조와 기능의 기본 단위와 관련된 많은 종류의 형태학적, 생화학적, 생리학적 관찰로 구성되어 있다.

이런 식으로 사용된다면 이론이 잘못될 리가 없다. 세포론이 절대 거짓으로 증명될 수가 없다. 우리가 세포에 대해 알고 있다고 생각하는 일부는 틀린 것으로 드러날 수도 있지만 이 결과로 세포론에 포함된 일부 데이터나 개념이 제거되거나 아니면 더 그럴싸한 다른 데이터나 개념으로 교체될 것이다. 일반적 이론은 절대 틀릴 수가 없으며 단지 향상될 뿐이다.

이론은 너무나 중요하나 이것이 제공하는 개념적 골격의 지식 분야에서 개념과 거의 동일한 범주에 속하기에 아주 종종 이론이라는 용어가 버려질 때도 많다. 따라서 오늘날 출간되는 책은 세포론이라는 제목 대신, 세포 또는 세포생물학일 가능성이 더 높다.

비록 이론이 적용되는 현상의 궁극적 원인이 알려져 있지 않더라도 이론의 유용성을 인정할 수도 있다. 따라서 중력이론을 물체 간의 상호 인력과 관련하여 비록 무엇이 이들을 서로 끌어당기는지를 이해하지 못하더라도 이용 가능한 지식을 유용하게 "통합한" 것으로 받아들일 수가 있다.

가설은 어떤 현상의 시험적 설명에 사용된다. 이것은 검증되어야할 "경험으로 배운 추측"이다. 많은 이들이 이론과 가설을 동의어로 사용한다. 나는 그러지 않을 것이다. 과학이 형성되던 시절에는 가설이 이론으로 발전하기도 한다. 생물체의 다양성과 적응의 근본적 원인에 대한 일부 초기 사색가들은 이러한 현상을 설명하고자 진화적변화의 가설을 채택했다. 데이터와 확실성이 증가됨에 따라 많은 양의 정보를 인지하기 시작했으며 가설은 "진화이론"으로 증명되었다.

만일 과학적 진술이 틀렸음을 증명할 모든 시도가 실패한다면 그진술은 진실이다. 과학에서의 진실은 언제나 옳은 어떤 최종적 진술이 아니다. 그것은 "현실적 시험으로는 의심의 여지가 없이 사실인" 것을 의미한다. 이 과학적 진술의 시험적 측면을 과장치 않는 것이 중요하다. 나는 좋은 진술이 어리석은 극으로 치달을 수 있다는 것을 알고 있다. 물이 수소와 산소로 구성되어 있다는 것을 우리가 진실로 받아들일 수 있지 않은가? 반대로 어떤 진술은 정의이기 때문에 사실이다. 경험이 많은 조류학자는 회색빛의 등과 불그스레한 가슴을 가진 중간 크기의 새를 잘 살펴보곤 이 새가 "거의 의심할 바 없이 확실히 울새"라고 진술하는 것을 조심스러워 해야 할 필요는 없다. 우리는 어떤 확실히 정의된 특징을 가진 새를 "울새"라고 하기로 동의했다. 만일 경험이 많은 조류학자가 그런 특징을 가진 새를 보았다면 정의에 따라 그 새는 울새이다.

우리는 또한 적절한 기록이 남겨져 있는 역사적 사건을 실험이나 그 사건의 재현을 관찰하여 증명할 필요가 없다는 것을 수긍한다. 사람은 공룡이 원시적 양서류와 원시적 파충류를 거쳐 웅장한 자신의 형태로 진화되었다는 것을 요구하지 않고도 한때 공룡이 존재했다는 실제("진실")를 받아들일 수가 있다. 생물학에서는 실험적으로 반복될 수 없거나 직접적인 관찰로 증명될 수 없는 많은 일들이 있다. 이것은 우리가 이들을 과학 영역에서 제외할 수 있다는 의미는 아니다.

생물학적 현상이 증명되자면 광범위하고도 멋지게 시험되어 틀리지 않은 것으로 드러나야 한다는 의미이다. 또다시 이것은 "거의 의심의 여지가 없이 사실로 증명된" 것을 의미한다.

최초의 질문들

진화이론에 이르기까지의 여정은 멀고 길었다. 진화적 변화의 가설은 초기 그리스 시대부터 인류 지성에 조금씩 피어나기 시작했으며, 자연사에 대한 관심이 강렬해졌던 19세기에 이르러 활짝 피어올랐다. 여행가, 과학자, 그리고 직업적 수집가들이 세상의 모든 지역 심지어는 대양의 심연으로부터 어리둥절할 만큼의 다양하고 새로운 종류의 동식물을 서구 유럽으로 들여왔다.

생물체에 대한 친숙함이 증가하면서 그들에 대한 의문과 질문도 증가하였다. 궁극적으로 진화적 변화의 개념에 이끈 종류의 질문은 다양했지만 주요 질문은 다음의 3가지로 보였다.

(1) 비정상적으로 많은 양의 생물학적 다양성을 어떻게 설명할 수 있을까? 구조, 생리, 행동, 그리고 생활방식에서 놀라운 차이를 보이는 수십만 어쩌면 수백만의 이 모든 종에 대한 설명은 무엇인가?

(2) 생물체의 놀라운 적응을 어떻게 설명할 수 있을까? 생물체의 구조와 행동에 대해 더 많이 알게 될수록 그들이 이끄는 생활에 대한 정교

한 적응이 더 놀라워진다. 현미경에 의해 드러난 새 날개의 복잡한 구조는 가벼움과 힘에서 완벽한 고안을 보여주고 있다. 뼈는 일반적으로 두껍고 무겁지만 일부 새의 뼈는 속이 비었고 벽도 얇다. 새의 폐는 몸체를 가볍게 하고 호흡을 향상시키는 공기주머니로 확장되었다. 새의 몸 전체가 비행 문제에 대한 완벽한 해결책으로 보인다. 어떤 인간 공학자도 새의 놀라운 성취를 재현할 수 없었고 최근까지 비행하려는 인간의 모든 시도는 죽음이나 조롱거리로 끝났다.

(3) 모든 동식물을 작은 간극을 기준으로 가장 단순한 종에서 가장 복잡한 종으로 확장하는 듯한 연속체의 일부로 간주하는 자연계 단계의 기초는 무엇인가? 전형적인 도마뱀으로부터 더 짧은 다리를 가진 도마뱀을 거쳐 전혀 다리가 없는 뱀에 이르기까지 작은 단계를 거쳐 갈 수가 있다. 유기체의 다양성에는 패턴이 존재하는 것처럼 보인다.

그러나 대부분의 인간 역사에 걸쳐 적어도 지난 2천 년 동안은 이러한 3가지 현상이 서구 세계에서 질문을 촉구하지는 않았다. 그 이유는 유대-그리스도 종교가 답을 제공했기 때문인데 세계와 그 속의 모든 살아 있는 거주자는 신이 만든 방식으로 존재한다는 것이다. 바로 〈창세기〉에 기술된 신에 의한 창조이다. 신은 동물, 식물, 지구 그리고 우주를 망라하는 모든 것을 과거의 어떤 먼 시점에 일부의 말로는 기원전 4004년에 창조했다. 오늘날 많은 종류의 동식물은 각각 신의 창조 행위의 결과였다. 놀라운 적응은 창조주가 행한 보살핌의 예였다. 종들이 거의 연속적인 단계의 변이로 배열될 수 있다는 것은 오로지 그런 식으로 창조되었다는 의미이다. 자연에서 관찰되는 무엇이든 특정적인 사건의 창조 결과이다. 원인과 관련된 모든 질문은 동일한 답을 갖는데 신이 행한 방식대로라는 것이다.

생물체의 본질과 행동이 신의 창조에 직접적으로 의존한다는 믿음이 모든 진지한 연구를 멈추게 했으리라고 가정할 것이다. 그러나 전혀 그렇지 않았다. 창조주가 창조한 것을 연구함으로서 창조주에 대해 알게 될 것이라고 추론하였는데, 이 접근법은 자연신학으로 알려져 있다.

자연신학의 패러다임

자연신학(*natural theology*)은 전통적 신학이 아니라 신의 작품인 자연을 공부함으로써 신의 속성에 대해 무엇을 배울 수 있는지를 보려는 시도이다. 대조적으로 전통 신학은 먼 과거에 살았던 누군가에게 보여준 신의 메시지와 속성인 계시록에서 비롯된 표준 도그마에 바탕을 둔 것이다. 반면에 자연신학은 스스로 공부하는 신학이다. 창조주의 속성에 대해 일부나마 엿보려는 희망으로 누구나 창조를 공부할 수가 있다. 이 두 가지 신학은 모두 생물적, 무생물적 자연계가 신의 작품이라 가정하기에 서로 대립되지는 않는다.

영국에서 자연신학에 대한 초기 옹호론자는 목사이자 자연박물학자인 존 레이(John Ray, 1627~1705)였는데 1691년에 《창조의 작품, 즉 천체, 원소, 운석, 화석, 채소, 동물(맹수, 조류, 어류, 그리고 곤충류), 특히 지구의 몸체, 모습, 운동, 그리고 일관성: 그리고 사람과 다른 동물 몸체의 감탄스런 구조와 이들의 발생 등에 드러난 신의 지혜. 일부 이의에 대한 답을 제공하며》를 출간하였다. 그는 서문에서 목차를 더 자세히 정의하였다.

제목에서 창조의 작품에 대한 의미는 처음에 신에 의해 창조된 작품, 그리고 그에 의해 처음 만들어진 대로 동일한 상태와 조건에서 오늘날까지 보존된 것을 뜻한다. 보존은 (철학자와 신학자 모두의 판단에 따르면) 창조의 지속이다.

존 레이를 그 시대에 가장 훌륭한 영국의 박물학자로 드러나게 했던 생물계와 무생물계에 대한 기나긴 설명이 이어진다. 그가 언급한 대부분은 단지 그 자체로 훌륭한 과학이다. 그는 창조의 작품을 가능한 한 최대로 정확하게 기술하였다. 게스너(Gesner)와 톱셀(Topsell)에 비할 때 그 진보는 놀라울 정도이다.

레이의 관점은 1802년 목사인 윌리엄 페일리(William Paley, 1743~1808)가 출간한 책으로 인해 19세기에 널리 알려지게 되었다. 그 책의 제목은 《자연신학: 자연계의 모습에서 수집된 신의 존재와 속성에 대한 증거들》이다. 페일리는 비록 적절한 인용을 하지는 않았지만 레이로부터 얻은 정보에 크게 의존하였다.

페일리의 저서는 수많은 증보판을 거쳐 엄청나게 인기를 끌었다. 이 책은 박물학자들에게 잘 알려지게 되었고 찰스 다윈은 《종의 기원》이 출판되기 9일 전인 1859년에 쓴 편지에서 "페일리의 《자연신학》보다 내가 더 탄복한 책은 거의 없었다. 옛날에는 책을 거의 암기할 수 있기도 했다"라고 진술하였다. 그는 《자서전》에서 "나는 기나긴 전제와 결론의 논법에 매료되고 납득되었다"라고 썼다. 토머스 헨리 헉슬리(Thomas Henry Huxley)는 이 책을 자기가 소년이었을 때 주일에 읽을 수 있도록 허용된 책 중에서 가장 흥미로운 책으로 기억했다. 20세기 초까지 이 책은 케임브리지 대학 입학 지망생의 필독 리스트에 속해 있었다. 옥스퍼드 대학의 경우 유사한 요건이 없었지만 옥스

퍼드 대학에 입학하고자 하는 학생은 이미 페일리에 아주 친숙해 있을 거라고 가정했을 것이다.

페일리는 신의 존재와 속성에 대한 증거를 자신의 유명한 시계에 대한 비유인 디자인의 논쟁으로부터 시작했다.

히스(관목성 잡초 — 역자)가 무성한 황야를 지나다 돌 끝에 채여 넘어지게 되어 그 돌이 어떻게 그 자리에 있게 되었는지 묻게 되었다고 가정하자. 내 답은 아마도 '돌이 그곳에 영구히 있었다'일 것이다. 내가 그렇지 않다고 알고 있지 않는 한 그 무엇도 이 답이 터무니없다는 것을 보여주기 힘들 것이다. 그러나 만일 내가 땅 위에서 시계를 발견하고 그 시계가 어떻게 그 장소에 있게 되었는지에 대해 질문받게 되었다고 가정한다면 앞서 내놓았던 답처럼 내가 알기로는 시계가 항상 그곳에 있었다고 생각할 수가 없을 것이다. 그런데 이 답이 왜 돌에서처럼 시계에 적용될 수가 없는 걸까? 왜 첫 번째 경우처럼 두 번째 경우에는 수용될 수가 없는 걸까? 다른 이유가 아닌 바로 이 이유만으로 우리가 시계를 검사하게 될 때 시계의 여러 부위가 고안되었으며 어떤 목적으로 조립된 (돌에서는 발견할 수 없었던) 것을 인지하게 된다. 즉, 시계는 운동하도록 조정되었고 그 운동은 하루의 시각을 지정하도록 조절되었다. 만일 여러 부분이 현재의 상태와 다르게 형태를 가졌거나 현재와 다른 크기를 가졌거나 현재와는 다른 방식이나 순서로 배열되었다면 기계적으로 전혀 운동이 진행되지 않거나 현재의 사용 용도에 대해 답할 수가 없었을 것이다. 이 메커니즘(기구를 인지하고 이해하자면 정말로 그 기구에 대한 조사와 아마도 그 대상에 대한 일부 사전지식이 요구된다)이 관찰되면 시계를 만든 이가 존재했을 거라는 추론은 불가피하다. 즉, 어느 때 어느 장소에서 우리가 사실상 답할 수 있는 어떤 목적으로 그 구성을 이해하고 사용법을 디자인한 고안가가 있었을 것이다(《자연신학》, pp. 1~3).

찰스 라이엘(Charles Lyell) 같은 지질학자는 페일리의 발끝에 채인 돌에 대해 알아내기 위해 열심히 연구한다는 사실을 간과하면 안 된다. 이들은 돌이 항상 그곳에 존재하지 않았다고 의심한다. 페일리는 그 다음에 생물체에서 발견되는 놀라운 일부 구조의 목록을 작성하고 사용 목적에 부합되도록 얼마나 잘 적응되어 있는지를 보여준다. 자연계를 더 많이 공부할수록 생물체가 디자인된 것이라는 명백한 증거를 더 많이 깨닫게 된다. 그는 심지어 가장 간단한 형태의 생명체도 우연적인 원소의 결합에 의해 생길 수가 없다고 주장했다. 인간의 눈과 같은 일부 구조는 시계보다 훨씬 더 복잡한데, 과연 우리가 어떤 결론에 도달할 수가 있을까?

세상의 발명품 중에 눈에 비견할 만한 예가 없다면 그것만으로도 우리는 지적인 창조자의 필요성에 대한 지지를 이끌어낼 수 있다. 우리가 소유한 지식의 모든 원칙에 위배되지 않는 다른 가정으로는 설명될 수가 없기 때문에 창조자를 배제할 수는 없다. 그에 따라 사물이 행해지는 그 원칙들은 종종 경험상의 시험을 거쳐 옳고 그름이 판명된다. 눈의 외막과 안액은 망원경의 렌즈처럼 그 기관이 적절히 작동하면 빛이 한 지점으로 굴절되도록 구성되어 있다. 나사로 조절되는 망원경과 유사하게 눈동자를 물체 쪽으로 돌리도록 하는 근육 힘줄의 설비는 광학기구로서의 소임이 달려 있는 눈의 방향을 돌리게 한다. 눈구멍과 눈꺼풀에서 볼 수 있듯이 방어를 위한 추가 설비나 눈물의 분비를 위한 샘에서의 연속적인 윤활성과 습기, 그것의 배출구나 눈물로 눈을 씻어낸 후 그 액을 배출해낼 코와의 연결통로 등 이러한 설비는 함께 기구를 형성한다. 즉, 부분이 모인 시스템이자 수단의 준비물로서 디자인에 명백히 드러나 있다. 그 고안이 너무나 절묘하여 그 목적에 아주 부합하며 그 유용성이 너무나 귀중하고 무한한 혜택을 주기에 내 의견으로는 그 물체에 대해 생길 수 있는 모든 의심이 없어지게 된다. 그리고 내가 논평하고자 하는 바는 만일 자연계의 다른 부분을 우리가 조사할 수 없다면 심지어 조사 결과 자연계의 다른 부분이 무질서와 혼란만을 제공한다 하더라도 내가 든 예의 타당성은 그대로 남을 것이다. 만일 세상에 하나의 시계만 있다 하더라도 그것의 제조자가 존재한다는 사실이 덜 확실해지지는 않을 것이다. 이 관점에서 각각의 기계는 다른 나머지 모든 것과는 별개로 증거가 된다. 따라서 신적인 매개체의 증거가 된다. 증거는 추론 선상의 종결점에 있는 결론이 아니다. 각각의 추론 선상에서 고안품의 개별적 예는 단지 하나의 연결고리이며 그 연결고리가 실패하면 전체가 무너지긴 하지만 모든 별개의 예에 의해 별개로 제공된 주장이다. 한 예를 진술하는 데에서의 오류는 그 예에만 영향을 미친다. 주장은 그것의 완전한 의미로 보면 의미가 축적된다. 눈은 귀가 없이도 귀는 눈이 없이도 그것을 증명하고 있다. 각각의 예에서 증거는 완전하다. 왜냐하면 부분의 디자인과 그 디자인에 대한 구조의 전도성이 드러날 때 스스로 문제가 해결될 것이다. 미래의 어떤 고려도 그 예증의 효력을 차감할 수는 없다(《자연신학》, pp. 75~77).

여기 선택된 예문은 신의 존재에 대한 페일리의 주장을 강조한 것이지 그가 논의한 자료의 대부분을 형성하는 엄청난 양의 자연사에 중점을 둔 것이 아니다. 《자연신학》은 18세기 후반과 19세기 초반에 자연에 대해 밝혀진 것, 특히 동물들에 대한 훌륭한 개관을 제공하였다. 일요일에 읽을 만한 충분한 가치를 지니고 있었다. 위에서 인용한 바와는 대조적으로 대부분은 명백하게 씌어져 있다. 페일리는 그의 명제를 수호할 때만 과장했었고 그때만 그의 산문이 그가 기술한 자연의 발명품만큼이나 복잡해졌다.

페일리의 디자인에 대한 유명한 주장은 인생의 초창기 시절 다윈을 위시하여 다른 많은 개개인에게 설득력이 있었다. 그러나 이것은 또 다른 언역적 추론의 경우였다. 페일리는 신앙에 바탕을 두고 신이 존재한다는 것을 받아들이고는 생물체에 대한 그의 관찰을 생명이 너무나 복잡하여 그냥 우연히 일어날 수는 없다는 것을 제안하는 식으로 배열하였다. 생명처럼 복잡한 무엇은 창조자를 필요로 할 수밖에 없다. 유대-그리스도 전통에서 자랐고 목사였기에 그의 결론은 사전에 규정된 것이었다. 만일 창조자가 존재한다는 사실을 먼저 받아들인다면 그의 작품이 무엇이든 그것은 창조자의 디자인에 대한 증거가 될 것이다.

그러나 신적 개념은 초자연적 영역에 속한다. 이 영역에서는 직접적으로 연구하거나 관찰하고 실험할 수가 없으며 신앙으로 받아들여야만 한다. 만일 초자연적 힘의 존재와 작동을 가정한다면 불가능한 것은 없다. 눈에 관해 언급하면서 페일리는 "이것은 다른 어떤 가정에 의해서도 설명될 수가 없다"고 진술한다. 그러한 입장은 더 자세한 탐구와 과학적 분석에 대한 모든 수단을 차단하게 된다. 더욱이 절대적으로 사실인 것으로 받아들여진 가정을 개정하거나 수정할 수는 없으며 "미래의 어떤 고려도 그 예증의 효력을 차감할 수는 없다."

초자연적 힘의 가정이 단호하게 바탕이 된 연역적 추론은 우리의 자연세계에 대한 이해를 진보시키는 데 유례없이 비생산적이었다. "미래의 어떤 고려도 예증의 효력을 차감할 수는 없다"고 주장할 때 과학은 현상유지 상태에 달하게 된다. 페일리와 같은 영국 사람인 프랜시스 베이컨 경은 오래전에 이러한 유형의 추론에 대해 경고한 바 있지만 페일리는 이 충고를 따르지 않았다. 대부분의 경우에서 대부분의 사람에게 연역적 추론은 더 편한 방편인데 답을 찾기 시작하기 전에 답이 무엇인지를 아는 것이 더 낫기 때문이다.

페일리와 다윈은 동일한 생물학적 현상, 즉 구조, 기능, 다양성, 그리고 적응을 다루었다. 전자의 연역적 추론은 비생산적으로 오늘날까지 그런 상태로 남아 있다. 후자의 귀납법적 추론은 우리에게 엄청난 설명과 예측력을 가진 현대 생물학을 제공하였다.

자연신학은 1833년과 1836년 사이에 《브리지워터 보고서》(Bridge-water treatise)의 출간으로 주목할 만한 정점에 달했다. 브리지워터의 백작이자 목사인 프랜시스 헨리(Francis Henry)는 은화 8천 파운드를 투자하여 그 이자로 다음에 관한 내용의 저서 시리즈를 저술하도록 했다.

> 〈창세기〉에 표현된 대로 신의 힘과 지혜, 그리고 선에 대해서; 모든 합당한 주장을 사용하여 그러한 일을 실례로 설명하는데 예를 들자면 동물, 식물, 그리고 광물계에서 신의 창조물의 형성과 다양성에 대해, 소화와 그에 따른 전환의 효과, 인간의 손에 의한 구조물, 그리고 다른 무한한 다양성의 주장에 대하여, 또한 예술, 과학, 그리고 전 범위의 문학에서 과거와 현재의 발견들에 대해서.

생물학, 지질학, 광물학, 기상학, 화학, 물리학, 그리고 천문학의 주제를 다루는 모두 8개의 보고서가 나왔다. 이들은 19세기 초기의 과학에 대한 통합을 제공하였으며 생물학 보고서는 그 분야를 망라하는 데 특히 성공적이었다. 여기에는 찰스 다윈이 자신의 자연선택에 의한 진화가설을 지지하는 데 사용했던 많은 종류의 관찰이 포함되어 있다. 사실상 생물학 전공 분야의 《브리지워터 보고서》를 읽다 보면 신에 의한 종의 창조라는 가설에서 진화에 의한 종의 창조가설로 바꾸는 데 얼마나 사소한 변화만이 필요한지를 깨닫게 된다. 데이터를 확보하는 것에 국한해서 보면 다윈은 비글호의 항해를 필요로 하지 않았다. 그는 집에 미물면서 페일리와 《브리지워터 보고서》로부터 그의 이론에 필요한 충분한 사실을 얻을 수 있었을 것이다. 그러나 또 한편으로는 비글호의 항해 도중 하게 된 겉보기에 사소한 일부 관찰들이 그의 가설에 대한 실마리였기 때문에 그렇지 않을 수도 있었다.

《브리지워터 보고서》가 출간된 지 30년 내에 대부분의 과학자 마음 속에서 신에 의한 창조가설이 진화의 가설로 대체되기 시작했다. 자연신학에서처럼 모든 것을 설명하는 접근법은 종국에는 아무것도 설명치 못하는 것으로 보인다. 탐구적인 마음은 모든 자연현상에 대해 동일한 신의 방식이라는 답에 만족하지 못한다. 토머스 쿤(Thomas Kuhn, 1970)은 가장 중요한 과학 현상을 설명하는 데 일반적으로 수용된 방식을 뜻하는 "패러다임"이라는 용어를 사용했다. 신에 의한 창조는 유기체의 다양성, 적응, 자연계의 단위(scala naturae), 그리고 더 많은 것을 설명하는 하나의 패러다임이다. 진화 패러다임은 같은 현상을 설명하는 다른 방식이다. 쿤은 자신이 "과학적 혁명"이라 부른 하나의 패러다임이 다른 패러다임을 교체하는 것을 관찰했다. 과학적 혁명은 오래된 과거의 패러다임이 더 이상 그것이 적용될 현상을 쓸모 있고 수용 가능한 방식으로 설명할 수 없을 때 일어난다. 그에 따르면 과학적 혁명은 한 가지 방편의 지식이 다른 방편의 지식으로 교체되는 것을 나타낸다.

최초의 답들

그러나 초자연적 설명을 거부한다면 어떻게 자연적 설명을 찾을 수가 있을까? 분명하지는 않다. 심지어 오늘날 우리의 지식으로 해답을 알면서도 다양성, 적응, 그리고 자연계의 단위 등과 관련된 위에서 배열한 이러한 질문들에 대한 답을 제공하리라 기대할 수 있는 어떤 직접적인 연구 프로그램을 우리가 상상할 수 있을까? 어떤 관찰을 해야 하며 어떤 실험을 수행해야 할까? 우리의 3가지 질문들 중에서 어떤 한 가지라도 과학적 과정으로 답을 구할 수 있을 만큼 충분히 정확한 방식으로 만들어지지 않았다. 질문만 갖고는 관찰이나 실험의 수행을 시작할 수가 없다. 현상을 일부나마 이해할 희망을 가지려면 시험 가능한 가설인 잠정적인 답으로 시작해야만 한다. 과학에서는 "해답"에 대한 답을 찾는다고 말해도 거의 무방하다. 우리는 단순히 생물계에 왜 믿기 어려울 정도의 다양성이 있는지를 물을 수는 없다. 어떤 이유가 있는지 그렇다면 그 까닭을 찾으려는 시도에 대한 추측(가설 설정)을 해야 한다.

다윈이 우리의 관심사인 3가지 종류의 질문에 대한 답을 찾는 데 흥미를 갖게 된 것은 비글호의 항해 동안이었다. 그는 꽤 성공적으로 답을 찾았는데 그 이유는 답을 찾을 수 있는 질문을 생각했기 때문이다. 우리의 3가지 질문은 너무나 광범위하고 모호하여 분석의 여지가 없다. 어떻게 "왜 그렇게 많은 종이 존재하는가?"나 "왜 개체가 환경에 그렇게 잘 적응하는가?"와 같은 너무나 광범위하고 모호한 질문을 공부할 수가 있겠는가? 그러나 질문들은 "왜 어떤 물건은 무거운가?"처럼 마찬가지로 별로 쓸모가 없다.

작게 시작해야만 하는데 다윈은 그렇게 했다. 그는 "나는 진화를 공부하고자 한다”고 말하면서 시작하지 않았지만 일부 아주 특정적인 관찰에 바탕을 두고 진화의 가설이 그가 관찰한 바를 설명할 수 있으리라는 결론에 도달했다. 사실상 다윈의 분석은 과학자가 주로 사용하는 가설 — 연역방법의 과정에 대한 사례연구이다. 그는 우리에게 진화의 가설이 제대로 대접받지 못했던 때에 그가 무엇 때문에 그 가설을 고려했는지를 말해준다. 그런 후 그는 그가 했던 바를 말해준다. “내 이론 전체를 거쳐 종종 추구된 주장의 요점은 연역에 의한 확률을 주안점으로 확립하여 그것을 가설로서 다른 점들에 적용하여 그 문제를 해결하는지를 검사한 것이다.”

이런 식의 단서와 관찰을 조합하여 가설을 만드는 귀납적 과정은 프랜시스 베이컨 경이 관찰하였듯이 일반적 진술(가설)로 시작하여 더 특정적인 연역으로 이동하는 연역적 과정과는 대조적으로 특정적 진술로부터 더 일반적 진술로 가는 논리적 단계이다. 《종의 기원》의 서론 첫 번째 문장에서는 지나듯이 언급되며 차후 다윈의 《자서전》에서 더 자세히 언급되는 3가지 주요 관찰이 있다.

(1) 비글호가 아르헨티나 해안에서 해도를 작성하는 동안 다윈은 부분적으로는 자신의 배 멀미 탓으로 지상에서 상당한 양의 현장조사를 수행했다. 그는 자신에게는 새로운 많은 종들을 관찰했다. 일부는 아르마딜로처럼 아주 이상했다. 다윈은 또한 화석도 수집했는데 이 중에서 일부 멸종된 아르마딜로인 글립토돈(*glyptodont*, 자이언트 아르마딜)의 잔재도 발견했다. 단서는 다음과 같다. 같은 종류의 하나는 현존하고 하나는 멸종된 두 가지 아주 이상한 동물이 같은 지역에서 발견되었다.

(2) 다윈은 브라질에서 남부 아르헨티나에 이르기까지 남아메리카 동부 연안의 많은 지역을 방문했다. 그는 한 지역에서 마주친 일부 종이

다른 장소에서도 존재하지만 여러 지역에서의 개체들이 정확하게 동일하지 않다는 사실에 주목했다. 따라서 동일한 종으로 보이는 것이 지역에 따라 변이를 보이는 집단으로 구성되어 있다는 사실이 또 다른 단서가 되었다. 서로 인접한 집단의 개체들은 거의 구분이 가지 않을 정도의 차이만 보였지만 더 멀리 떨어진 집단은 거의 두 종에 해당될 만큼 차이를 보였다. 이러한 현상을 지리적 변이라고 하는데 다윈이 영국에서는 관찰하지 못했던 종류의 현상이다. 그곳에서는 한 종의 모든 개체가 아주 유사했다. 그러나 영국은 작은 나라이며 기후가 지역에 따라 크게 변하지 않는다.

(3) 유사한 현상이 에콰도르 해안에서 떨어진 일단의 화산제도인 갈라파고스 군도에서 일어났다. 그곳에서 가장 눈에 띄는 종류의 동물은 자이언트거북(*giant tortoise*)이었다. 한 원주민이 다윈에게 각 섬마다 독특한 종류의 거북이 살고 있다고 지적했다. 그 차이는 경험이 있는 사람이라면 어떤 개체가 어느 섬에서 기원했는지를 구분할 정도나 되었다. 여기서는 서로 마주 보이는 섬 간에 지리적 변이가 일어났다. 그는 일부 식물과 새의 종에서 유사한 예를 알아챘다. 갈라파고스 군도의 핀치(피리새)는 오늘날까지 유명한 예로 남아 있다.

1830년대의 표준적 설명은 현존하거나 멸종된 아르마딜로처럼 생긴 생물체와 다른 집단의 현존 종은 별개로 창조되었다는 것이다. 만일 그렇다면 화석 형태와 현존 형태가 모두 정확하게 같은 장소에서 발견되었다는 사실이 놀랍지 않은가라고 다윈은 물었다. 화석이 매장된 땅 위에 살아 있는 동물이 분주히 돌아다니는 걸까? 멸종된 아르마딜로가 현존하는 아르마딜로로 진화되었다고 가정하는 것이 더 단순명료하지 않을까? 그리고 지리적 변이에 관해서는 신의 창조가 얼마만큼이나 정확해야 하는지 다윈은 의아스러웠다. 존 레이는 생물체가 창조된 날로부터 지금까지 정확하게 동일하다고 말했다. 그 말은 아주 사소하게 이웃 집단과 다르더라도 각각의 국소적 집단은 별개의 창조 행위를 대표한다는 것을 내포한다. 따라서 갈라파고스 군도에서 각각의 작은 섬마다 약간 다른 종류의 거북이 창조되었을 것이다.

아니면 지리적 변이의 현상을 진화의 결과로 설명할 수가 있다. 가설은 이런 식으로 진행될 것이다. 남아메리카 본토에 널리 퍼져 있는 종은 여러 다양한 환경 조건에 맞는 각각의 집단을 갖게 될 것이다. 아마도 국소적 집단은 지역적 조건 때문에 시간이 지나면 독특한 집단으로 진화될 것이다. 갈라파고스 군도의 핀치도 유사한 내력을 가졌을 것이다. 오래전에 몇몇 새가 우연히 바람이나 폭풍에 의해 오늘날 그들의 밀접한 친척이 사는 남아메리카의 서부 해안에서 갈라파고스 군도로 실려 갔다. 그곳에서 이들은 서서히 이 섬에서 저 섬으로 퍼져갔다. 이것은 현재의 경우 섬 간의 이주가 거의 일어나지 않는 것으로 보이기 때문에 드문 사건이었을 것이다. 따라서 각각의 섬은 거의 완전히 격리된 집단을 가지며 아마도 천천히 진화하여 거북의 경우처럼 각 섬에 그 섬만의 독특한 변이종이 생기게 했을 것이다. 그러나 무엇이 이러한 변화의 메커니즘이 될 수 있을까?

다윈이 추측을 내놓았지만 한동안은 꽤 엉뚱한 것이었다. 만일 진화가 일어난다면 아르마딜로, 거북, 그리고 핀치 등을 설명할 수 있으리라고 그는 말했다. 회의적인 생물학자라면 창조의 가설만이 아니라 진화의 가설도 정당하지 않음을 관찰했을 것이다. 둘 다 합당할 수도 있고 틀릴 수도 있다. 그러나 두 가지 가설 간에는 근본적 차이가 존재한다. 창조주의는 결코 과학적 방법으로는 연구할 수 없는 초자연적 사건에 바탕을 둔 것이다. 반면에 진화는 적어도 이론상으로는 과학자에 의해 연구될 수 있는 자연적 현상에 바탕을 두고 가정되었다. 우리의 3가지 원래 질문에 대한 답에 커다란 관심을 가진 사람에게 연구 프로그램은 명백해 보인다. 과학적 과정으로 연구 가능한 것을 연구하되 창조주의는 틀렸기 때문이 아니라 연구할 수가 없기 때문에 무시하라.

다윈은 회의적이었다. 진화의 가설이 확실히 그럴 듯해보였지만 과학적 진술은 그럴 만한 가능성이 아니라 확률에 바탕을 두어야만 한다. 그는 진화에 관한 장 바티스트 라마르크와 로버트 체임버스의 논문이 철저히 무시당한 것을 잘 알고 있었다. 찰스 라이엘은 지질학에서 으뜸가는 권위자였는데 그도 종에 대해 할 말이 많았다. 그는 진화를 받아들이지 않았다. 동료 과학자에 대한 그의 영향은 막강하여 본질적으로 과학자 전부가 진화의 가설을 거부했다. 더욱이 다윈은 진화적 변화의 메커니즘이 무엇인지 상상할 수가 없었다. 어떻게 한 종이 다른 종으로 변하는 게 가능할까? 거의 모든 경험을 통해 볼 때 "종의 고정성", 즉 종은 불변이라는 사실이 제시될 수밖에 없다.

만일 종이 고정되어 있지 않다고 의심한다면 한 종이 다른 종으로 변할 수 있다는 증거를 제공해야 한다. 아무도 아직 그런 것을 관찰하지 못했는데 다윈은 그 이유가 진화가 극도로 느린 과정이기 때문이라고 믿었다. 그런데도 진화의 가설을 진지하게 고려하자면 그것을 시험하는 방법을 찾아야만 했다. 그렇지 않으면 진화의 가설은 창조론만큼이나 쓸모가 없는 것이 된다.

그러나 진화적 변화의 가설, 즉 자연선택을 제안하는 것이 가능한 것으로 드러났다. 흥미롭게도 기본 개념은 동료 생물학자나 지질학자가 아닌 경제학자로부터 나왔다. 목사인 토머스 로버트 맬서스(Thomas Robert Malthus, 1766~1834)는 1798년에 그의 중요한 연구인 《인구론》을 출간하였다. 맬서스는 산업혁명 기간 동안 영국에 만연된 인류의 불행과 빈곤에 대해 대단히 고민했다. 왜 그러한 불행이 존재하는가? 그는 인구의 증가율과 식량 공급 증가율 간의 연관 관계에서 답을 찾아야 한다고 제안했다. 그는 사람이 곡물보다 더 빨리 늘어나는 것으로 추측했는데 그 결과는 불가피하게도 모두를 위한 충분한 식량이 없다는 것이다. 따라서 불행과 기아는 인류가 피할 수 없는 결과이다. 인류가 자신의 생식적 행동을 바꾸지 않는다면 기아는 언제나 있어 왔듯이 아마 앞으로도 그럴 것이다. 맬서스는 모든 생명체가 동일한 문제를 갖고 있다고 제안했다.

> 동물과 식물계를 통틀어 자연은 가장 후하고 관대한 손으로 생명의 씨앗을 뿌렸다. 이들을 키우는 데 필요한 자연의 공간과 영양분은 비교적 부족했다. 이 땅이 함유한 존재를 위한 배종은 충분한 먹이와 확장될 충분한 공간이 있다면 수천 년 내에 수백만의 세상을 채우게 될 것이다. 모두에게 적용되는 전제적인 자연의 법칙인 필요성은 이들을 이미 규정된 테두리 안에 제한한다. 식물과 동물의 종류는 이러한 위대한 한정적인 법칙 아래서 줄어들게 된다. 그리고 인류도 어떤 논리를 적용하더라도 이 법칙에서 벗어날 수가 없다. 동식물에서 그 효과는 종자의 낭비, 질병, 그리고 때 이른 죽음이다. 인류의 경우 불행과 악덕이다.

다윈은 이러한 맬서스의 제안이 그가 찾던 열쇠, 즉 진화적 변화의 메커니즘이라고 우리에게 말한다. 그는 확실히 단편적이긴 하지만 종의 개체 간의 변이를 잘 이해하고 있었다. 일부 변이는 크고 일부는 작아서 어떤 것은 한 가지 색깔의 패턴을 가지며 어떤 것은 다른 패턴을 가지며 어떤 것은 긴 털을 가지고 어떤 것은 짧은 털을 가진다. 그가 구분할 수 있는 한 어떤 형질("속성"이나 "특성"을 의미하는 단어)이 변이되지 않을 수도 있다고 의심할 만한 이유는 존재하지 않는다. 어떤 변이형질이 개체가 생존하고 자손을 남기는 데 더 잘 적응한다면 시간이 지남에 따라 더 잘 적응된 유형의 개체가 집단의 대부분, 궁극적으로는 모두를 구성하게 되리라고 가정하는 것이 합리적이지 않은가? 이들은 단순히 덜 적응된 유형의 개체보다 생식적으로 능가하게 될 것이다.

따라서 자연계에서 특성화된 종에서 모든 박물학자가 동의한 정상변이는 더 나은 변이체가 선택되도록 하여 서서히 종이 변하게 될 것이다. 다윈은 이런 현상을 자연선택이라 칭하고 이것이 오랫동안 찾았던 진화적 변화의 메커니즘이 될 수 있다고 가설을 세웠다.

다윈의 가설에 대한 검증

자연선택이 유전적 변이에 작용하는 결과로서 생물체의 다양성을 이해할 수가 있다는 가설은 오직 자연현상만을 다룬 가설이기에 일반적인 과학적 방법론의 일반적 과정인 연역을 세워 검증하는 방식으로 시험해 볼 수가 있다. 이 장에서는 10개의 연역추론(*deduction*)을 제시하고 이를 검증하고자 다윈의 데이터를 모아서 정리해 보겠다.

시간이 지나면서 생명체의 형태가 변해왔는가?

진화의 가설을 증명하는 데 필요한 결정적인 정보는 하나의 종이 다른 종으로 전환되는 데에 관한 데이터이다. 진화는 변화가 동반된 유전을 의미하기에 조상과 후손이 사실상 다르다는 것을 보여주는 것이 필요하다. 표면상으로 이것은 거의 불가능한 과업으로 보인다. 먼 조상은 아주 과거의 존재로 직접적인 연구에 이용될 수가 없다. 그러기에 진화의 가설은 아무리 논리적으로 보이더라도 과거 생명체의 역사를 재구성하는 어떤 수단이 존재하지 않는 한 증명되지 않은 상태로 남게 된다. 따라서 우리의 가장 중대한 연역 중의 한 가지는 다음이 될 것이다.

연역추론 1: 만일 진화의 가설이 사실이라면 아주 먼 과거에 살았던 종은 오늘날 살고 있는 종과 다를 것이 틀림없다.

이 연역은 논리적으로 옳을 수 있지만 수천 년 수백만 년 전에 죽은 생명체에 대한 정보를 실제로 어떻게 얻을 수가 있을까? 퀴비에와 다른 이들이 다윈보다 한 세기 앞서 발견했듯이 지각의 암석은 과거에 일어났던 많은 사건의 비밀을 지니고 있다. 오랫동안 식어온 용암의 분출 자국은 고대의 화산 폭발을 말해주고 있다. 석회암은 퇴적물이 서서히 암석으로 변화된 고대의 해저 바닥을 보여주고 있다. 평행으로 배치된 홈을 가진 매끄러운 수평 암반은 그들을 갈고 지나간 고대의 빙하를 증언하고 있다. 협곡의 깊이는 강물이 그것을 깎는 데 걸린 시간의 길이를 추정할 수 있도록 한다.

과거의 생명체에 대한 증거는 두 가지 기본 종류의 암석 가운데서 나타난다. 화강암과 용암은 지구의 내부에서 용해된 바위가 분출되어 형성된 화성암이다. 이들 속에는 화석이 들어 있지 않다. 그러나 세상 많은 지역의 절벽 면에서 두드러진 특징을 나타내는 수평 암반층인 퇴적암은 과거의 생명체에 대한 증거를 함유하기도 한다. 퀴비에와 브롱니아르가 파리 분지의 채석장에서 발견하였듯이 이러한 암반층은 호수나 내해 또는 해양의 바닥에 침전된 물질로 시작하거나 바람이나 침식수에 의해 지표면에 퇴적된다. 점차적으로 이러한 퇴적물이 덮이게 되어 서서히 돌로 변하게 된다. 이런 형성방법은 가장 위층의 퇴적층이 가장 최근의 것이고 가장 아래층의 퇴적층이 가장 오래된 것임을 의미하게 된다. 만일 이러한 퇴적층이 동물이나 식물의 잔재를 포함하게 된다면 이 잔재물은 돌로 변하여 화석화가 된다. 따라서 퇴적암은 지구 역사에 대한 타임캡슐이 될 수 있다. 각 퇴적층은 그것이 형성된 시기에 일어난 사건에 대한 정보를 함유한다.

죽어가는 생물체의 잔재가 화석화될 가능성은 지극히 낮다. 대부분의 죽은 생명체는 다른 생물체의 먹이가 되므로 빨리 소모된다. 만일 생물체가 껍질, 이빨, 뼈 또는 외골격 등의 부위를 갖고 있다면 이러한 구조가 파괴되지 않을 확률이 높아져서 화석화될 가능성이 증가하게 된다.

화석은 진화가 일어났는지 여부를 밝히는 실마리를 제공할 과거의 생물체에 대한 조사를 가능하도록 한다. 따라서 자연집단이 긴 시간에 걸쳐 천천히 변화하여 조상과 후손이 서로 다르다는 진화의 기본 개념을 우리가 검증할 수 있다. 이런 연역을 평가할 데이터가 다윈과 다른 박물학자에게 이용 가능했다. 즉, 화석은 아주 오랫동안 알려져 있었다. 몇 가지 화석 종은 현존 종과 아주 유사하거나 심지어는 동일한 것으로 드러났지만 절대 다수는 아주 달랐다. 특히 눈에 띄거나 흥미로운 것이 척추동물의 잔재였는데 이들의 뼈 골격으로 말미암아 화석화될 가능성이 높았다. 육상에 살았던 거대한 코끼리 같은 생물체와 늪지대와 바다에 살았던 파충류가 있었다. 거대나무 고사리나 현존하는 종과는 완전히 다른 많은 종들과 같은 장대한 식물의 잔재도 있었다.

따라서 현존하는 종들 중에서 아주 먼 과거에도 화석으로 존재했던 종은 거의 없었음은 의심할 여지없는 사실이다. 화석 종의 절대다수는 더 이상 우리와 함께 존재하지 않는다. 연역이 옳은 것으로 증명되어 진화의 가설이 맞을 가능성이 더 높아졌다.

우리는 유사하지만 더 복잡한 연역으로 계속 진행할 수 있게 되었다.

연역추론 2: 진화의 가설이 사실이라면 퇴적층이 오래될수록 현시대
종의 화석을 발견할 가능성이 낮다.

이 연역추론의 검증에는 화석을 발견하는 것뿐만 아니라 이들이 존재했던 시대에 대한 정보를 아는 것과도 관련이 있다. 19세기 중반에는 퇴적암층의 연대를 결정할 만한 정확한 방법이 존재하지 않았다. 그렇더라도 이러한 연역을 검증할 수 있는 데이터를 얻는 것이 가능했다. 만일 퇴적암의 절벽 면을 보게 된다면 일반적으로 암석층이 대체로 수평형이며 가장 아래층이 가장 오래되었고 가장 위층이 가장 최근의 것이다.

이미 살펴본 대로 19세기 초 반세기 동안 지질학자는 과거를 논의하는 토대가 되는 상대적 시간 단위인 ─ 지질 주상도(geological column)를 개발하였다. 기본 데이터는 퇴적암층의 두께를 측정하고 이들을 가장 오래된 것으로부터 더 최근 순서대로 배열하는 것으로 구성되어 있다. 물론 두께가 수 마일이나 되는 이러한 엄청난 더미의 암석이 한 지역에서 관찰될 수는 없다. 퇴적암이 지각 전체에 걸쳐 일정한 층으로 형성되지는 않는다. 특정 시기에는 어느 한 군데의 제한된 장소에서 그 후에는 또 다른 곳에서 퇴적이 일어난다. 모든 이용 가능한 절벽 면과 철로 공사로 생긴 단면을 조사함으로써 마침내 모든 퍼즐 조각을 제자리에 끼워 맞추어 상상의 퇴적암층 지질주상도에 모든 층을 배열하는 것이 가능해졌다.

처음 고안되었을 당시 이 지질주상도는 단지 상대적 시간만 측정했

<표 1> 여전히 생존 중인 제3기종의 퍼센트 비율

	화석 종	현재 생존 중인 종	여전히 생존 중인 화석 종의 퍼센트
근 플라이오세	226	216	96
원 플라이오세	569	238	42
미오세	1,021	176	17
에오세	1,238	42	3

자료: 라이엘, 《기초 지질학 편람》, 1854, pp. 389~395.

다. 즉, 층의 아래편에 있을수록 오래된 층이다. 절대적인 지질연대
는 20세기 초반에 연대 추정을 위한 방사선 추적방법이 이용되고 나
서야 알려졌다.

　오래된 층에 있는 종일수록 현존 종과 덜 비슷할 거라는 가설은 라
일과 프랑스 지질학자인 드제예(Deshayes)에 의해 시험되었다. 그들
은 신생대 제3기로 알려진 지질학적 연대에 형성된 다른 층에서 화석
껍질을 수집하였다(〈그림 20〉). 가장 오래된 제3기 층은 에오세
(Eocene, 5천 4백만 년 전부터 3천 8백만 년 전까지의 시기 — 역자)로, 가
장 최근의 것은 플라이오세(Pliocene, 선신세라고도 하며 약 7백만 년 전
부터 약 2백만 년 전까지의 시기 — 역자)라고 명명되었다. 플라이오세
후기(Recent Pliocene)의 거의 모든 화석은 여전히 지금 존재하는 종에
속하는 반면에 에오세의 거의 모든 화석은 그렇지 않다(〈표 1〉). 또
다시 연역이 검증되어 사실로 밝혀졌기에 진화의 가설은 맞을 가능성
이 한층 더 높아졌다고 말할 수 있다.

　오래된 층일수록 오늘날 살아 있는 종이 더 적게 발견된다는 사실은
신의 창조에 의한 가설에서는 기대할 수 없는 것이다. 만일 모든 종의
동물과 식물이 〈창세기〉의 문자 그대로 해석에 따라 4일 내에 창조되
었다면 모든 지층이 동일한 배열의 화석들을 가질 것으로 예상된다.

백만 년 전	eon	era	period	epoch	특징
0.01	현생누대	신생대	제4기	현세	지구의 온난화, 신석기 혁명, 문명화
1.6				플라이스토세(홍적세)	북반구의 빙하기, 인류의 전 세계 정착, 대형 포유류의 멸종
5			제3기	플라이오세	현대 조류, 태반포유류와 현화식물의 지속적 다양화, 말에 이르러서는 호모(Homo) 속이 등장, 초본과 초식포유류의 수적 증가와 번창
24				마이오세	
34				올리고세	
53				에오세	
65				팔레오세	
135		중생대	백악기		현화식물의 방사 시작, 공룡의 번창 후 멸종, 아마도 백악기 말의 유성충돌과 연관된 다른 많은 멸종
205			쥐라기		최초로 알려진 조류와 포유류, 공룡의 번창
250			트라이아스기		최초의 공룡, 소철류와 송백류의 번창, 대륙의 분리 이동
290		고생대	페름기		땅 덩어리가 단일 대륙인 판게아 형성, 페름기 말기에 극한 조건과 대멸종, 포유류 같은 파충류
355			석탄기		따뜻하고 습한 조건으로 광대한 석탄광을 형성케 한 원시적인 식물의 거대한 숲, 석탄기 말에 파충류 등장, 곤충류 존재, 삼엽충, 완족류, 갯나리, 미치류, 유악어류의 번창
405			데본기		어류 시대, 최초의 양서류, 육상식물과 육상절지동물의 번창, 대기 중 산소량이 현재 수준이거나 더 높음, 대륙의 상호 이동, 완족류, 극피동물, 두족류 번창, 최초의 곤충
435			실루리아기		완족류, 삼엽충, 완족류의 만연, 최초의 유악어류, 동식물의 육상진입, 대기 산소량 20%
510			오르도비스기		최초로 알려진 포유류, 완족류, 삼엽충, 두족류, 필석류의 만연
570			캄브리아기		모든 후생동물문 존재, 삼엽충과 완족류 풍부, 대기 산소량 약 2%
670			에디아카라기		가장 오래된 것으로 알려진 후생동물 강장동물, 환형동물 및 절지동물 존재 가능성
2500	원생대				원핵생물체의 번성, 진핵생물 약 20억 년 경에 출현했을 수도 있음, 대기 산소량 약 0.2%
3800	시생대				가장 오래된 것으로 알려진 화석과 원핵생물들
4600	지옥대		(하데스대)		지구의 생성, 지질학적 기록이 존재치 않음

〈그림 20〉 현대적인 지질학적 시간표

그런데 지질학적 기록에 의하면 절대로 그렇지 않다. 그렇다고 하더라도 라일의 데이터가 창조론이 잘못된 것을 증명하는 것은 아니다 — 만일 초자연적 힘이 가담한다면 무엇이든지 가능하다. 그러나 우리가 관찰할 수 있는 것만 유효한 증거로 받아들이고 자연주의적 과학의 방법만 채택한다면 진화론은 창조론보다 더 그럴싸한 가설이다.

> 연역추론 3: 진화의 가설이 사실이라면 가장 오래된 화석 퇴적층에서는 가장 단순한 형태의 개체만이 그리고 더 최근의 퇴적층에서는 더 복잡한 생명체가 발견될 것으로 예상된다.

이 연역추론에 대해서는 조심스런 비평이 뒤따라야만 한다. 진화는 변화를 뜻하지만 반드시 더 복잡한 방향으로의 변화를 의미하지는 않는다. 오늘날 존재하는 일부 종들, 예를 들면 많은 기생생물들은 구조적으로 그들의 조상보다 더 단순할 수 있다. 그런데도 다윈과 다른 진화론자들은 오늘날 우리가 그러하듯이 가장 초기의 생명체는 작고 단순했고 아주 서서히 더 복잡한 종이 진화되었다고 가정했다.

심지어 19세기 초에도 지질학자는 오래된 지층이 더 단순한 형태의 생물체 — 무척추동물만을 함유하는 사실을 깨닫고 있었다. 더 나중에서야 고등척추동물 — 파충류, 조류, 그리고 포유류가 등장한다. 식물계에서도 동일한 일이 일어난다. 조류, 선태류, 양치류, 그리고 유사한 종류의 식물은 아주 오래되었고 현화식물은 더 최근에 나타났다. 1824년에 라일은 다음처럼 기술했다.

> 유기체 잔재의 연구를 시작하자마자 곧 가장 아래의 지층에서 더 최근의 지층으로 상승하면서 가장 단순한 구성형태에서 더 복잡하며 인간과 가장 밀접한 종류의 동물(포유류)로 귀결되는 점진적이고 단계적인 차이

를 추적할 수가 있다(1826년 논문집, p. 513).

1820년대에는 고생물학적 연구가 거의 이뤄지지 않았기에 조심스러울 수밖에 없었다. 라일의 《지질학의 원리》(*Principles of Geology*)가 처음 출판된 1830년대에는 훨씬 더 많은 사실이 알려졌다. 《지질학의 원리》 개정판에서 삭제된 고생물학에 관한 데이터를 담고 있던 그의 《입문서》(*Manual*)는 《종의 기원》보다 몇 년 앞선 1852년에 4판으로 출간되었다. 그때에 이르게 되자 데이터는 훨씬 더 믿을 만했다.

19세기 중반 다윈과 다른 이들은 지질학적 기록의 부정확성에 대해 언급하곤 했다. 오직 일부 좁은 지역에서만 지층이 연구되었기 때문에 여러 많은 방면에서 부적절해보였다. 그런데도 연역추론 3을 검증하기에는 충분할 만큼 적절한 데이터가 존재했다. 생명체의 형태가 덜 복잡한 종이 더 복잡한 종보다 먼저 나타나는 식으로 진행되었다는 것은 의심의 여지가 없이 사실이었다. 여러 가지 종류의 무척추동물이 실루리아기에서 당시에는 화석 기록이 시작된 시기라고 알려진 때를 잘 대표하고 있다. 포유류는 훨씬 더 최근인 쥐라기의 지층에서 처음 마주치게 되었다. 따라서 진화의 가설이 맞을 가능성은 한층 더 높아졌다.

시간이 지나면서
종이 다른 종으로 진화되었는가?

《생명의 기원》이 출간되기 이전의 시절에 처음으로 지질학적 데이터를 총괄적으로 통합하고 생명체의 변천을 간파한 라이엘을 포함하여 거의 모든 저명한 지질학자는 창조론자였다. 그는 각각의 주요 지층이 자신만의 독특한—대다수가 더 최근이나 오래된 지층에서는 알려져 있지 않은 생명체의 형태를 갖고 있다는 것을 완전하게 깨닫고 있었다. 창조론자는 이런 사실들을 어떻게 설명할 수 있는가? 퀴비에는 일련의 창조와 멸종이 있었다고 제안했다. 다윈의 가설은 근본적으로 다르다. 다윈에게는 지구의 역사에서 어느 시기에 있었던 종은 그 이후 시기 종의 조상이다. 생명의 계보에서 끊어진 부위는 없었다. 아마도 오늘날 생존 중인 모든 형태는 지구상에 등장한 첫 번째 종류인 생명체의 먼 후손일 것이다. 따라서 가장 엄격한 연역은 다음과 같을 것이다.

> 연역추론 4: 진화의 가설이 사실이라면 한 종이 다른 종으로 느리게 변화하는 것을 실증해 보이는 것이 가능하다.

이 점에서 다윈은 실패했다. 1850년대에는 한 종이 다른 종으로 진화하는 것을 보여주는 결정적인 데이터가 없었다. 다윈은 이것이 화석 기록이 충분하지 않기 때문이라고 생각했다. 어떤 의미에서는 그가 옳다. 그러나 오늘날 우리가 종의 분화에 대해 훨씬 더 많이 아는 상황에서야 한 종에서 다른 종으로의 진화에 대한 납득할 만한 화석 기록을 얻는 것이 왜 지극히도 어려운지를 깨닫고 있다. 화석이 만들어지는 것은 아주 확률이 낮은 사건인데다가 절대적 증거가 되려면 오랜 시간에 걸쳐 언이은 지층으로부터 한 계보를 이루는 일련의 화석들로 구성되어야만 한다. 오늘날에도 그러한 예가 별로 많지 않다.

다윈과 당시의 다른 이들은 그와 연관된 질문에 더 관심이 많았다. 주요한 그룹의 동물 사이의 중간체인 화석이 존재하는가? 만일 발견된다면 생명체의 진화를 증명할 수 있는 "단절고리"(missing link)가 존재하는가? 이 질문은 또 다른 연역추론으로 귀결된다.

> 연역추론 5: 오늘날의 모든 종이 몇 가지 원래 형태의 후손이라고 가정하는 진화의 가설이 사실이라면 주요 그룹(문, 강, 목) 사이에 연결고리인 과도기형이 존재해야만 한다.

> 그렇다면 왜 모든 지질학적 형성과 지층이 그런 중간 연결고리로 넘쳐나지 않는 걸까? 지질학은 확실히 그렇게 미세하게 등급이 배열된 유기사슬을 드러내지 않았고 아마도 이것이 내 이론에 대해 반박할 수 있는 가장 명백하고도 중대한 반대일 것이다. 나는 지질학적 기록이 지극히 불완전한 탓으로 이를 설명할 수 있다고 믿는다(《종의 기원》, p. 280).

만일 그 설명이 옳다면 화석 수집가들이 엄청나게 더 노력한다면 결국에는 데이터를 얻을 수 있을 거라고 가정해야만 한다. 또한 어떤 종류의 화석이 가장 유망한지도 예측하는 것이 가능한데 두 가지 중요한 이유 탓에 그 답은 척추동물이다. 첫째로 척추동물의 뼈와 이빨은 화석화에 아주 적당한 물질이다. 둘째로 척추동물을 포함하는 척삭동물문은 주요 문들 중에서 가장 최근에 진화된 것이다. 많은 무척추동물의 문은 당시 화석이 수집되었던 지층 중에서 가장 오래된 층으로 알려진 실루리아 층에 이미 존재하고 있었다. 이것은 실루리아기에 이미 존재했던 어떤 두 문의 공통 조상도 당시에는 어떠한 화석 기록도 없었던 그 이전 시대에 살았다는 것을 의미한다. 반면에 뼈를 가진 척삭동물인 척추동물을 대상으로도 연구할 수가 있었다. 어류, 양서류, 파충류, 조류, 포유류의 주요 그룹 중에서 가장 원시적인 어류만이 가장 초기의 화석 함유 지층에 존재했다. 다윈이 상상했듯이 만일 모든 다른 척추동물이 어류로부터 진화되었다면 그의 믿음을 증명할 가능성이 있을 것이었다.

주요 그룹 간의 중간체 화석이 존재하는 것에 대한 최초의 극적인 증거는 《종의 기원》이 출간된 지 2년 후인 1861년에 나왔다. 바바리아의 졸렌호펜(Solenhofen) 근처에 있는 채석장의 쥐라기 지층에서 깃털이 발견되었다. 그 뒤에 얼마 후 아주 보존이 잘된 깃털을 가진 이상한 화석종이 발견되어 시조새(*Archaeopteryx*, 조류의 조상으로 당시 거의 완전한 두 개체의 화석이 발견되어 현재 하나는 영국의 자연사박물관, 나머지는 독일의 베를린 박물관에 소장되어 있음. 이 두 표본으로부터 깃털의 자국을 포함해 시조새의 모든 뼈를 확인할 수 있기에 조류와 파충류 사이의 연결고리로 여겨짐 — 역자) 라고 명명되었다. 이것은 아르코사우루스(*archosaurus*, 원시조룡류, 이 초기 공룡을 포함한 파충류로서 뒷발로 서서 걷는 이른바 두 다리 보행을 시작한 동물군 — 역자) 라고 알려진 멸종된 파충류와 조류의 구조적 특징이 섞인 혼란스런 혼합체였다. 두개골은 다소간 새처럼 보였지만 턱은 파충류의 특징과 현대의 모든 조류에서는 결여된 이빨을 갖고 있었다. 짧게 돌출되어 깃털로만 구성된 "꼬리"(*tail*) 와 미추가 접합된 현대의 조류와는 대조적으로 파충류처럼 긴 뼈로 된 꼬리가 존재했다. 사실상 골격구조는 현대의 조류보다 아르코사우루스와 더 유사하다. 그렇다고 하더라도 시조새는 날개를 갖고 있으며 몸이 깃털로 덮여 있다. 시조새가 파충류로 아니면 조류로 분류되어야 할지는 논란이 있지만 깃털의 존재여부를 주요 진단 특징으로 사용하여 고생물학자는 이들을 조류로 분류하도록 선택했다.

물론 이것이 정확히 두 가지 주요 그룹 사이에서 너무나 완벽하게 중간체인 종이다. 때문에 어느 그룹으로 할당해야 할지 분란의 소지는 "단절고리"에서는 바람직한 것이다. 다윈은 조류가 원시적 파충류로부터 진화되었다고 가정했으며 여기에 많은 과학자들이 그렇다고 믿게 될 증거가 나타났다. 시조새는 오늘날 이제는 더 이상 단절된 것이 아닌 연결고리의 가장 좋은 예로서 남아 있다(〈그림 21〉).

이제 여기에 다윈과 다른 진화론자들이 필요로 했던 "명백한 증거" (*smoking gun*) ― 두 가지 주요 그룹의 척추동물 사이에 있는 화석화된 연결고리가 존재했다. 이것은 진화론의 가설에 강한 신뢰성을 부여했다. 그러므로 강한 열의가 있으면 그러한 발견이 뒤따른다고 가정할 수가 있다. 놀랍게도 이것이 그런 경우는 아니었다.

1861년에 발견된 표본은 1862년에 영국 자연사박물관으로 보내어졌고 즉시 저명한 영국 해부학자 리처드 오언(Richard Owen, 1863)에 의해 조사되었다. 또한 토머스 헨리 헉슬리(Thomas henry Huxley, 1868)에 의해서도 조사되었다. 두 사람 모두 다 시조새에서 오늘날 우리가 여기는 중요성을 보지 못했다. 《종의 기원》4판과 그 후의 판에서 다윈은 색인에 시조새를 위한 항목을 두는데 단지 "기다란 도마뱀 같은 꼬리와 각각의 조인트에 한 쌍의 깃털을 가졌는데 그 날개에 두 개의 발톱이 달린 시조새라는 이상한 조류가 졸렌호펜의 쥐라기 점판암층에서 발견되었다"(《종의 기원》, 1892년 판, p. 266)라고 기술했다. 그러나 5판의 284페이지에 처음 나타나는 다른 언급도 있었다. "한편으로 타조와 멸종된 시조새로 또 다른 한편으로 공룡의 한 종류에 의해서

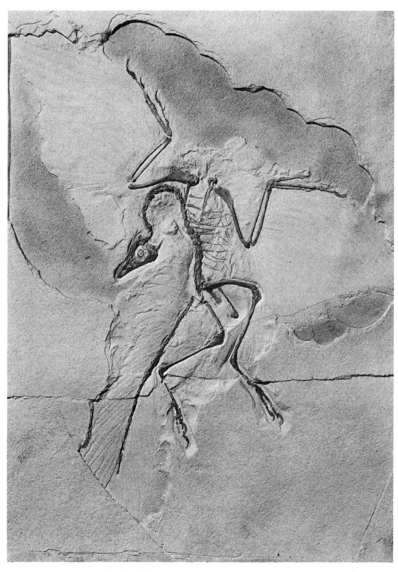

〈그림 21〉 초기 조류인 시조새의 화석 골격. 이 표본은 조류와 파충류의 특징을 모두 갖고 있어 중요하다. 비록 골격은 많은 파충류적인 특징을 가지지만 시조새는 깃털로 덮여 있고 날 수가 있다는 점에서 새와 같다. 따라서 이것은 조류와 파충류 사이의 "단절고리"로 여겨져 조류가 파충류로부터 진화되었다는 가설을 확인하였다.

심지어 조류와 파충류 사이에 나타나는 커다란 간격도 가장 예기치 않은 방식으로 일부가 메워지는 것을 〔헉슬리〕는 보여주었다."

과학에서 새로운 발견의 중요성을 인지하는 속도가 느린 것은 전혀 이상한 일이 아니다. 다른 지식의 분야에서처럼 답이 4라는 것을 알기 전까지는 2에다 2를 합치는 것이 지극히 어렵다.

따라서 주요 그룹의 생물체 간에 중간형태가 있어야만 한다는 결정적 연역추론이 이 경우에는 만족될 수가 있다. 한 가지 경우만으로도 충분한가? 다윈은 자신의 시대에 겨우 하나만 이용할 수 있었다. 차후에 특히 20세기에 더 극적이고 복잡한 예들이 발견되었다. 이들 중 일부는 나중에 언급될 것이다.

진화에 필요한
충분한 시간이 존재했었는가?

연역추론 6: 자연선택에 의한 진화의 가설이 사실이라면 지구의 나이는 아마도 수백만 년을 훨씬 많이 넘을 만큼 많아야 한다.

다윈의 《종의 기원》은 서구에서 가장 교육받은 사람들이 지구가 아주 오래된 것이 아니라고 가정하던 시대에 등장했다. 어셔〔Ussher, 아일랜드의 주교로서 성경에 등장한 인물들의 나이를 바탕으로 1654년에 인류의 출현(창세기) 연대를 계산 ─ 역자〕의 창조연대인 기원전 4004년은 너무나 널리 받아들여져 킹 제임스 판 성경의 〈창세기〉 1장의 여백에 인쇄되어 있었다. 그런데도 지질학자는 점차로 허튼(Hutton)의 의견을 따라 지구가 아주 오래되었다는 의견 쪽으로 기울었다. 다윈이 말하기를 "시간의 경과에 대해 무언가를 알고자 한다면 그 사람은 서로 겹쳐 놓은 지층의 어마어마한 더미를 수년간 혼자서 조사해야 하며 바다가 오래된 암석을 마모하고 새로운 퇴적층을 만드는 것을 지켜보아야만 한다"(《종의 기원》, p. 282) 라고 했다. 그러나 심지어는 이런 직접적인 지질학적 지식을 갖고도 그 진술은 가설이지 사실은 아니었다.

다윈은 자신의 자연선택을 통한 진화의 가설이 뒷받침되려면 엄청난 지구의 나이가 필요하다는 것을 알고 있었다. 최초의 지구 나이에 대한 대략적 추정은 지층 두께에 바탕을 둔 것이다. 지질학자는 퇴적암이 일반적으로 물 밑에 침전된 물질로부터 만들어진 것을 확신했다. 만일 침전율과 퇴적암의 두께를 안다면 이들이 형성되는 데 얼마나 시간이 걸렸는지를 계산할 수가 있을 것이다. 그런 후 모든 퇴적암층의 전체 두께를 알면 퇴적암층이 모두 형성되는 데 얼마나 시간이 걸리는지에 대한 수적 계산이 가능할 것이다. 그리고 이는 지구의 나이에 대한 최소 추정치일 것이다.

이러한 추정치는 어느 것도 정확할 수가 없다. 물질의 퇴적 속도는 강우량, 육지의 경사면, 그리고 침식되는 물질의 성질 등에 의존하는데 모두 다 기나긴 시간에 걸쳐서 변하기 마련이다. 어떤 특정 지층의 바위는 한 장소에서는 아주 두껍고 다른 장소에서는 얇을 수 있다. 모든 지층이 알려져 있는지도 결코 확신할 수가 없다.

그렇다고 하더라도 지질학자는 지구가 아주 오래된 것임에 틀림없다고 믿게 되었다. 당시 영국에서 알려진 지층만 해도 두께가 72,584피트(약 21,800m)에 달했다. 다윈은 미시시피 강의 추정 퇴적률이 10만 년에 6백 피트(180m)인 것을 알고 있었다. 따라서 1피트(30㎝)는 166.67년을 나타낸다. 이것은 영국에서 발견된 퇴적암층이 형성되는

데 1천 2백만 년이 걸린다는 뜻이다. 게다가 아메리카 대륙의 대부분을 적시는 거대한 미시시피 강의 퇴적률이 영국에 비해 아주 높은 것을 참작한다면 더욱 긴 시간이 경과했을 수도 있다.

지구의 나이를 결정하기 위하여 여러 가지 다른 절묘한 방법들이 사용되었다. 해양으로 유입되는 강물의 염도를 측정하기도 했다. 그 것과 해양에서의 총 염분의 양을 알면 해양이 그만큼의 염분을 받아들이는데 어느 만큼의 시간이 걸리는지를 추정할 수가 있다. 또 다른 방법은 지구가 형성되었을 때의 온도를 가정하여 현재의 온도까지 식는 데 얼마나 시간이 걸렸는지를 추정하는 것이다. 어떤 방법이 사용되었던 지구가 아주 오래된 것임에 틀림없는 것으로 보였다. 그러나 어떤 방법도 신뢰할 만한 답을 줄 수는 없었다.

20세기 이후 특히 1940년 이후에야 암석의 나이를 결정하는 신뢰할 방법이 완성되었다. 이 모든 것은 바위에 존재하는 방사성 물질의 붕괴 속도에 의존했다. 이제는 암석의 나이를 겨우 몇 %의 오차범위 내에서 추정할 수가 있다.

비록 다윈은 암석의 연도를 수용할 정도의 정확한 측정 방법을 이용할 수 없었다. 그러나 현재와 가장 오래된 화석 암반층에 묻힌 생물체가 살았던 시기 사이에 거의 상상조차 못할 만큼의 시간이 경과했다는 것은 의심의 여지가 없는 사실인 것처럼 보였다.

자연선택이 변화의 메커니즘인가?

진화는 예전부터 있었던 아이디어였고 자연선택이 새로운 아이디어였다. 다윈은 자연선택을 증명해야만 한다는 것을 깨닫고 있었으며 만일 그럴 수만 있다면 진화의 가설이 더욱 그럴싸해질 것이다.

> 연역추론 7: 자연선택에 의한 진화의 가설이 사실이라면 개체 간의 변이가 있어야만 한다.

이 연역추론은 한 종의 개체들 간에 변이가 있는지 여부를 밝힘으로써 검증할 수가 있다. 생명의 기원은 자연계 생물체의 변이가 아니라 인간이 기르는 생물체의 변이에 대한 현상으로 시작한다. 다윈은 대부분 그의 독자들이 대다수 재배식물과 가축에 의해 나타나는 극적인 변화에 익숙하리라고 자신했다. 19세기 영국에서는 재배식물과 가축의 새로운 변종을 선별하는 데 아주 커다란 관심이 있었다. 그 결과는 인상적이었다. 다윈은 선별된 변종이 "일반적으로 자연상태의 한 종이나 변종에서의 개체들보다 서로 간 훨씬 더 많이 다르다"고 강조했다. 다윈은 선택이 새로운 변종을 탄생시키는 데 신속하고도 강력할 수 있다는 개념을 주입했다. 그의 독자들은 야생집단에서도 비록 정도는 덜 하겠지만 변이가 존재한다는 것을 인식하고 있지 못할 수도 있다. 따라서 그는 현명하게도 그의 주장을 익숙하게 만드는 것부터 시작했다.

다윈은 또한 모든 차이가 신의 창조에 의한 결과일 필요는 없다는 아이디어도 주입했다. 그는 어느 독자도 새로운 품종의 양이나 더 나은 비트(무나 홍당무 따위의 식물 — 역자)가 창조의 결과라고 믿지 않으리라는 것을 자신했다. 재배한 변종이 농부에 의한 인위적 선택의 결과라고 받아들일 것이다. 다윈은 인위적 선택이 매개체에서만 차이가 나는 자연선택에 대한 모델이라고 제안했다. 한 경우에는 자연이 생존과 후손의 생산에 "더 나은"(better) 것을 선택했다. 다른 경우에는 농부가 자신의 목적에 "더 나은" 것, 즉 더 많은 젖을 생산하는 암소, 가슴살이 더 많고 더 많은 알을 낳는 암탉, 더 아름답고 향기로운 장미를 선택했다.

재배와 축산하에서 일어나는 변이는 의심의 여지없이 사실이었다. 종국에 다윈은 헛간이나 농지가 아니라 주로 자연에서 진화의 가능성에 대해 관심을 가졌지만 두 과정이 모두 기본적으로 동일하다고 가정했다. 다윈은 비글호의 원정탐사 동안 여기에 깊은 인상을 받았다. 나중에 추가적인 사실에 대한 동료 과학자들의 논문을 통합하여 그는 피상적인 외형적 특징뿐만 아니라 내부적 특징에서도 변이의 풍부한 예를 찾아내었다. 자연계에서 집단의 변이에 대한 가장 중요한 점은 두 집단이 본질적으로 동일한 데서부터 변종이나 아종 또는 심지어는 "진정한"(good) 종처럼 다른 경우까지 연속적 배열이 존재하는 것처럼 보였다는 것이다.

> 확실히 아직까지는 종과 아종, 즉 일부 자연과학자의 의견으로는 종의 등급에 아주 가깝지만 완전히 도달하지는 못한 형태, 아종과 뚜렷이 식별되는 변종, 덜 뚜렷한 변종과 개체에는 서로 간의 차이를 긋는 분명한 경계선이 없다. 이러한 차이들은 하나의 감지하기 힘든 일련의 시리즈로 서로 섞여 마음속에서는 실제적인 경로라는 생각이 들게끔 인상을 남긴다(《종의 기원》, p. 51).

따라서 다윈은 자연계와 사육 개체군 모두에서 개체의 변이에 대한 충분하고도 확실한 증거를 찾았다. 그러므로 연역추론은 옳고 자연선택에 의한 진화의 가설은 좀더 가능성이 많아졌다 — 적어도 틀린 것은 아니었다.

> 연역추론 8: 자연선택은 생존할 수 있는 것보다 더 많은 자손이 태어날 때에만 작동할 수가 있다.

동물의 많은 자손 중에서 또는 식물의 많은 종자 중에서 겨우 일부만 생존한다는 아이디어도 역시 다윈의 독자가 알고 있거나 추정하고 있던 것이다. 이들은 또한 종의 집단 크기가 언제나 매년 동일하게 남아 있는 것처럼 보이는 걸 관찰했을 것이다. 한 개의 굴이 매년 수백만 개의 알을 낳는데도 바다가 굴로 가득 차지는 않는다. 한 개의 참나무(오크)는 매년 수천 개의 종자를 생산할 수 있지만 자연상태인 지역에서는 참나무의 개수가 대략 같은 수로 남아 있다.

> 모든 유기체가 자연적으로 아주 빠른 속도로 증가한다는 법칙에는 예외가 없기에 만일 파괴되지 않는다면 지구는 곧 한 쌍의 후손에 의해 뒤덮일 것이다. 코끼리는 모든 알려진 동물 중에서 교배시간이 가장 많이 걸리는 동물로 간주되기에 나는 이것의 최소 증가속도를 추정하는 데 상당한 노력을 기울였다. 이들이 30세가 되면 교배를 시작하여 90세까지 계속 교배하여 이 기간 동안에 세 쌍의 새끼를 낳는다고 가정해도 과소평가가 될 것이다. 이런 경우 5세기가 지나면 처음의 한 쌍으로부터 이어 내려온 1천5백만 마리의 코끼리가 살게 될 것이다(《종의 기원》, p. 64).

그런데도 십중팔구 평균적으로 보통 한 쌍은 겨우 2마리 정도 생존하는 자손을 남기게 되고 나머지 14, 999, 998마리는 죽게 될 것이다. 생존 투쟁은 매우 인상적인 자연의 실상이다. 따라서 생존할 수 있는 것보다 더 많은 자손이 생산된다는 연역추론은 사실로 받아들여질 수 있다. 이 검증으로 자연선택에 의한 진화의 가설이 잘못된 것으로 드러나지 않았기 때문에 더 그럴싸해졌다.

〈그림 22〉 암컷 풍선파리는 교미하려는 수컷으로부터 갓 잡은 곤충을 받는다. 더 복잡한 동물의 많은 종에서, 특히 절지동물과 척추동물에서 암컷은 다수의 구애자 중에서 배우자를 선택한다. 이들의 선택 기준은 이 경우처럼 실용적인 것부터 커다랗고 호화스런 수컷의 꼬리 깃털을 선호하는 암컷 공작의 경우처럼 아주 비실용적인 것까지 다양하다. 다른 종들의 수컷은 몸의 크기, 노래, 교미댄스 등으로 암컷을 유인한다. 다윈은 진화에서 암컷의 선택에 대한 중요성을 인지하였는데 그는 이 현상을 성 선택(*sexual selection*)이라고 불렀다.

연역추론 9: 자연선택에 의한 진화의 가설이 사실이라면 생존하고 번
　　　　　　식하는 후손과 그렇지 않은 후손 간에 차이가 있어야만
　　　　　　한다.

　선택은 일부 개체는 선택되고 다른 일부 개체는 버려진다는 의미를
내포한다. 예를 들면, 동물 육종가가 자신의 양떼를 각 개체가 멋대
로 생식하도록 버려둔다면 더부룩한 양털을 가진 새로운 품종을 개발
할 수가 없다. 더 나은 양털을 가진 양을 가진 것들만 교배집단에 남
겨두고 나머지 어린 양들은 시장에 내다 팔아야만 성공적인 품종 개
량을 보장받을 수 있다.
　마찬가지로 자연계에서도 생존과 죽음이 우연적 사건이면 선택은
있을 수 없다. 자연선택의 개념에 가장 핵심적인 이런 중요한 연역추
론에 다윈은 어떤 증거를 제시했는가? 그는 인위선택의 현실성에 대
한 효과적인 주장을 펴곤 동일한 원칙이 자연계에서도 역시 유효하다
고 제시했다.

　　자연선택은 매일 시시각각으로 전 세계에 걸쳐 아무리 작더라도 모든 변
　이를 꼼꼼히 조사하고 있다고 말할 수 있다. 나쁜 것은 거부하고 좋은 것
　은 보존하고 합쳐서 언제 어디서든지 기회가 주어지면 조용히 의식할 수
　없게 생명의 유기적 무기적 조건들과 관련하여 각각의 유기체가 향상되
　도록 작용하면서 말이다. 우리는 기나긴 시간의 경과가 일어나기 전까
　지 이런 느린 변화가 진행되는 것을 전혀 보지 못한다. 그런데다 지난 긴
　과거의 지질학적 시대에 대한 우리의 개관이 너무나 불완전하기에 현재
　의 생명체가 이제 이전의 것과 다르다는 것만 볼 수가 있다(《종의 기
　원》, p. 84).

다윈은 자신의 사례를 데이터가 아니라 이런 논리적 주장에 바탕을 두었다. 그는 생존한 후손과 죽어간 후손 간의 차이를 보여줄 어떤 결정적 증거도 갖고 있지 않았다. 논리적 주장이 강력하긴 하지만 자연선택에 의한 진화의 가설은 자연선택의 현실성에 대한 증거가 제공되기 전까지는 불확실할 것이다. 그러나 19세기의 많은 자연과학자들에게는 이 주장의 고유 논리만으로도 증거는 충분했다. 엄격성이 이렇게나 많이 결여된 분야에서는 가능성이 있는(possible) 것이 있음직한(probable) 것으로, 있음직한 것이 받아들일 만한(acceptable) 것으로 되었다.

심지어 오늘날까지도 자연선택에 대한 실증은 어떤 특정한 상황을 제외하고는 불가능한 것으로 남아 있다. 다윈 자신도 "우리는 기나긴 시간의 경과가 일어나기 전까지는 이런 느린 변화가 진행되는 것을 전혀 보지 못한다"라고 믿었기 때문에 이러한 실증이 가장 어려울 것임을 깨닫고 있었다. 그리고 그는 이런 시대가 관찰자인 인간의 어떤 생애보다 훨씬 더 길거라고 확신했다. 따라서 과학자가 한 종이 다른 종으로 진화하는 것을 관찰하는 일은 결코 가능하지 않을 것이다.

오늘날 우리는 상황을 다음과 같이 보고 있다. 만일 자연선택이 자연개체군에 계속 작동하고 있다면 "우량종"(good)으로 분류될 수 있었을 어떠한 유전적 변이체도 과거 어느 시기에 확실히 나타나서는 선택에 의해 가려졌을 것이다. 따라서 오늘날 우리가 보는 개체군들은 여태까지 등장했던 유전적 변이체들 중에서 선택의 결과로 달성할 수 있는 최상의 것이다. 어떤 관찰자가 자연조건 상태의 자연개체군에서 "더 나은" 진정으로 새로운 유전적 변이체를 찾아낼 만큼 운이 좋을 가능성은 지극히 낮다.

이 연역추론은 결국 다른 수단으로 검증되었고 옳은 것으로 드러났다. 개체군이 예전에는 전혀 겪어보지 못했기 때문에 선택압을 받지 않았던 환경에 놓이자 가장 극적인 증거가 나타났다. 개체군 내 대부분의 구성원이 확실히 적응하지 못하는 새로운 환경에 직면하게 되면 대부분의 개체는 죽는다. 그러나 일부나마 적응을 돕는 유전자를 가진 개체라면 살아남아서 생식하게 된다.

세계의 산업화가 많이 이루어진 지역에서 사는 다른 많은 종들도 마찬가지지만 영국의 얼룩나방(peppered moth, Biston betularia)은 산업혁명 이후에 흑색 무늬를 띤 형태로 진화되었다. 자연과학자들이 오랜 기간 동안 나방을 수집해왔고 그 표본을 박물관에 남겨두었기에 이에 대한 많은 기록이 남아 있다. 따라서 이 개체군의 최근 역사도 알 수 있다. 게다가 원래의 형태와 흑색 무늬를 띤 형태를 교배함으로서 흑색 무늬에 대한 유전을 결정할 수가 있다.

얼룩나방은 나무 몸통에 앉아 지낸다. 영국의 산업화가 일어나지 않은 지역은 나무 몸통에 엷은 색을 띤 지의류가 무성히 자라 있다. 그러한 장소의 나방도 역시 엷은 색이다. 산업화된 지역에서는 매연가스가 지의류를 죽여 짙은 나무 몸통의 색깔이 노출된다. 지난 세기(19세기) 동안 이런 지역에서는 흑색 무늬를 띤 형태의 나방이 흔해졌다.

흑색 무늬를 띤 형태의 돌연변이는 종 범위 전체에 걸쳐 전반적으로 일어난다. 만일 이들이 나무에 지의류가 긴 오염되지 않은 지역에서 나타난다면 엷은 색의 나무 몸통에서 쉽게 새들의 눈에 띄어 잡힐 것이다. 만일 흑색 무늬를 띤 형태가 지의류가 죽게 되고 나무 몸통의 색깔이 짙은 산업화 지역에서 나타난다면 이들은 보호색을 띠게 되어 생존할 가능성이 증가된다. 아주 힘들게 공들인 야외 관찰의 결과로 실제로 이런 일이 벌어지는 것을 확인할 수 있었다. 새의 포식으로 일어나는 이러한 자연선택은 나방의 색소 형성을 조절하는 대립인자의 빈도에 확연한 변화를 유발했다.

비록 상식은 오염된 환경이 어떤 식으로든 직접적으로 색소 형성의 변화를 유발한다고 제시하지만 산업적 메커니즘은 라마르크식 진화(라마르크가 주장한 용불용설에 의한 진화로 많이 사용한 부위가 발달되는 획득형질이 유전되어 선택된다는 이론—역자)의 예가 아니라는 것을 강조해야만 한다. 데이터로 미루어볼 때 흑색 무늬를 띤 형태의 돌연변이는 얼룩나방 속(Biston) 전체에 걸쳐 임의적으로 일어나는 것이 확실해 보였다. 오염된 환경이 흑색 색소를 갖게 되는 돌연변이의 원인이 아니지만 만일 그러한 돌연변이가 생긴다면 자연선택에 의해 흑색 무늬를 띤 형태가 유리해질 것이다.

오늘날 다른 자연선택의 예들로 살충제에 저항성을 갖게 된 아주 많은 수의 곤충과 다른 종류의 절지동물들이 있으며 또한 항생제와 다른 약품에 저항성을 지닌 수많은 종류의 미생물들도 있다. 이런 저항성을 갖게 된 진화의 예들은 질병을 옮기는 운반체의 조절에서 농업과 의약품의 처방에 매우 중요하다. 주의 깊게 분석된 경우들에서 그 원인은 산업화에 의한 흑색 색소증의 경우와 동일하게 설명할 수 있다. 돌연변이는 우연히 일어난다. 만일 그 때문에 새로운 환경—살충제나 항생제가 있는 곳에서 개체들의 생존이 증가한다면 이들의 빈도가 증가한다. 그러나 자연선택에 대한 이러한 종류의 증거는 다윈 이후에 한 세기가 지나서야 나왔고 따라서 다윈은 이를 자신의 비평에 대한 반박으로서 이용할 수가 없었다.

연역추론 10: 자연선택에 의한 진화의 가설이 사실이라면 유전되는 변이들만이 중요하다.

다윈의 시대에는 개체의 특징과 그것의 유전과의 관계는 거의 이해되지 않고 있었다. 물론 많은 것이 유전된다는 것은 명백했다. 닭의 자손은 비둘기가 아니라 닭이다. 반면에 닭 무리 내에서 개체들 사이의 사소한 차이 중 일부는 전해지고 일부는 전해지지 않는다. 이러한 사소한 특징 중 일부는 나중에 여러 세대가 지나서 다시 나타나기도 한다. 만일 그런 경우라면 변이체는 새로운 것인가 아니면 잠복상태 — 그 의미가 무엇이던 간에 — 에서 전달된 것일까?

1859년에는 자연선택의 가설에 필요한 유전적 기초를 제공할 충분한 정보가 존재하지 않았다. 다윈은 새로운 변이들이 어떤 식으로 환경과 관련되어 있지만 라마르크식의 의미에서는 아니라고 가정했다. 즉, 그는 환경이 특정한 적응(예를 들면, 추운 기후에서 긴 머리카락)을 유도한다고 믿지 않았다. 다윈이 할 수 있는 최상은 다음과 같이 결론을 내리는 일이었다.

> 부모로부터 나온 후손에서 나타나는 각 미세한 차이의 원인이 무엇이든 — 그리고 그 차이는 반드시 존재하는데 — 그것은 그 개체에게 유익할 때 자연선택을 통한 이 지구상의 수많은 생명체가 서로 투쟁하도록 그리고 가장 잘 적응된 것이 살아남도록 한결 더 중요한 구조의 변형으로 이끈 차이가 끊임없이 축적된 것이다(《종의 기원》, p. 170).

비록 다윈은 집단 속에 나타나는 새로운 변이들이 있을 수 있다고 수용했지만 많은 과학자의 편에서 보면 이런 변이들이 한 종을 다른 종으로 진화시킬 수 있을 만큼 충분한 규모가 될 수 있는지에 대해 커다란 불확실성이 존재했다. 별난 변종의 비둘기 품종을 — 그러나 이들은 모두 비둘기였다 — 나오게 하려고 모든 종류의 이상한 형질이

선택되었다. 가장 극단적인 품종끼리도 서로 교배가 가능했고 자손을 낳을 수 있는 후손을 생산할 수 있었는데, 교배가 가능하고 자손을 낳을 수 있는 후손을 생산할 수 있는 능력이 당시에는 일반적으로 진정한 종에 대한 검증으로 받아들여졌다. 예를 들면, 다윈은 이전에 개의 품종 중 일부가 야생에 사는 개속의 종들처럼 구조와 행동에서 많이 다르지만 여전히 교배 가능하다고 강조했다. 그렇지만 인위선택에 의해 "새로운 종"은 생산되지 않았다.

다윈의 비판자 중 하나인 플리밍 젠킨(Fleeming Jenkin, 1867)은 새로운 변이체는 결코 어떤 지속적 효과도 만들어낼 수 없다고 아주 강력히 주장하였다. 젠킨에 따르면 만일 한 개체군에서 새로운 변이체가 나타난다면 그 개체군의 다른 구성원과 교배해야 할 필요가 있을 것이다. 당시에는 다른 변이체들이 교배할 때에 혼합유전(blended inheritance, 부모의 두 가지 형질이 서로 섞여 유전된다는 생각, 예를 들면 큰 키와 작은 키를 가진 부모 사이에서는 중간 키를 가진 아이가 나옴—역자)이 법칙으로 받아들여졌다. 즉, 후손은 중간형이 될 것이다. 따라서 변이체와 정상적 개체 사이의 후손은 중간 형태가 될 것이다. 이들의 후손은 거의 확실히 다시 정상적 구성원과 교배할 것이고 따라서 다음 세대는 더욱 정상적 개체처럼 될 것이다. 따라서 어떤 새로운 변이들도 희석되어 사라질 것으로 예상할 수 있다. 만일 혼합유전이 법칙이라면 그런 결과가 나올 것이다—그리고 다윈의 시대에는 이 법칙이 유전에 대해 말할 수 있는 몇 안 되는 확실한 사실 중의 하나로 받아들여졌다. 따라서 젠킨의 주장은 다윈의 가설에 대한 호된 일격이었다. 그러나 이것은 타당하다고 생각되었기에 효과적이었다. 이제 우리가 더 잘 알고 있듯이 유전은 부모의 차이를 섞는 문제가 아니다—그러나 멘델의 연구 결과는 당시에 알려져 있지 않았다.

따라서 다윈은 연역추론 10, 즉 진화에서 중요한 변이들은 유전된다는 것을 확증할 수가 없었다. 이 연역추론이 아주 그럴싸하게 보여서 결국에는 확신할 만한 데이터가 축적되었지만 그래도 이 사실은 연역추론 9 — 자연계에서의 자연선택도 확인될 수 없었다는 사실과 함께 많은 과학자들이 자연선택이 진화적 변화의 메커니즘이라는 가설에 대해 심각하게 의심하도록 만들었다. 그런데도 진화를 수용하는 과학자와 일반인들의 수는 증가하였다. 다윈은 이들에게 진화의 가능성에 대한 자신의 주장을 납득시켰다. 다윈은 단지 무엇이 진화가 일어나도록 했는지를 알지 못했다.

자연선택의 유전적 바탕

만일 유전이 젠킨과 다른 많은 이들이 가정했던 것처럼 모호하고 변덕스런 현상으로 판명되었다면 자연선택은 진화적 변화의 매개체가 될 수가 없다 — 선택할 대상이 없었을 것이다. 자연선택이 작동하려면 유전의 메커니즘은 무엇이 유전되든 그 유전 대상과 개체의 특성 사이에 있는 밀접한 관계에 바탕을 두어야만 할 것이다. 더욱이 그런 메커니즘은 (부모를 닮은 후손을 설명하려면) 세대와 세대에 걸쳐 거의 일정해야만 하면서도 (자연선택이 작동할 수 있는 유전적 변이를 제공하기 위해) 드물게 변형이 되어야만 한다.

이런 기본적 요구조건을 충족할 유전가설은 다윈이 죽은 지 한참 후인 1900년에 1860년대 멘델에 의해 수행되었던 일부 실험의 재발견으로 그 틀이 잡히기 시작했다. 이것이 제3부에서 상세하게 다룰 유전학의 실질적인 시작이다. 그러나 여기서는 이것이 어떻게 다윈주의를 지지하는지를 보여주기에 충분할 만큼의 유전학에 대한 간략한 스케치만이 주어질 것이다.

(1) 한 개체의 특성은 DNA(*deoxyribonucleic acid*, 디옥시리보핵산)로 구성되어 있으며 염색체의 일부분인 수천 개의 다른 유전자에 의해 조절된다.

(2) 각각의 세포는 개별적인 종류의 염색체 두 개를 갖고 있으며 개별적인 종류의 염색체는 독특한 그룹의 유전자들을 갖고 있다. 따라서 각각의 세포에는 개별적인 종류의 유전자가 두 개 존재한다. 각각의 유전자는 염색체에서 특정 자리인 좌위(*locus*)를 차지한다.

(3) 같은 종류의 유전자는 대립인자(*allele*)라고 부르는 보통 두 가지 또는 그 이상의 변이를 가진다. 한 세포의 두 대립인자는 동형접합형(*homozygous*) 조건으로 같을 수 있거나 이형접합형(*heterozygous*) 조건으로 다를 수도 있다.

(4) 유전에 유전자의 혼합은 일어나지 않는다. 이형접합형 세포들에서 푸른 눈이나 갈색 눈처럼 다른 유형의 유전자는 다음 세대들에서 변형되지 않은 형태로 다시 나타나는 것을 볼 수 있듯이 서로 연관되어 변형되지 않는다. 혼합유전이라는 구식 개념은 완벽하게 유효한 관찰에 바탕을 둔 것이다. 만일 현저히 다른 두 개체가 교배한다면 이들의 후손은 대략적으로 중간형이다. 멘델과 그의 추종자들이 모든 형질의 합이 아니라 개별적인 특성에 주안점을 두었을 때에서야 비로소 혼합이 일어나지 않는다는 사실이 분명해졌다.

(5) 한 종류의 대립인자에서 다른 종류로 유전자가 변하는 것이 돌연변이이다. 돌연변이는 드문 사건으로 하나의 특정 대립인자는 약 백만 번의 세포분열당 한 번 정도 보통은 이보다 훨씬 더 드물게 새로운 형태로 변하게 된다.

(6) 우리가 아는 바로는 돌연변이는 관여된 좌위와 일어나는 변화 모두

에서 임의적이다. 돌연변이의 유형은 환경적인 자극과 직접 관련되어 있다는 신(新) 라마르크 견해는 아직 증명되지 않은 상태이다. 돌연변이는 임의적이며 자연선택으로 일부 돌연변이체가 선택되고 다른 것은 제거된다는 신(新) 다윈주의 견해는 이용 가능한 데이터와 일치한다.

(7) 비록 염색체에 있는 어떤 좌위에 대한 돌연변이의 비율이 아주 낮다고 하더라도 아주 많은 수의 좌위를 고려한다면 새로운 변이들은 끊임없이 나타나게 된다. 대부분 종들의 개체가 서로 밀접하게 닮았지만 그래도 여전히 엄청난 양의 숨겨진 유전적 다양성이 존재한다. 모든 좌위의 거의 1/3에 달하는 수가 다형적(*polymorphic*), 즉 둘 또는 그 이상의 다른 대립인자를 갖는 것으로 추정되었다. 더욱이 유성생식에서는 대립인자가 섞이게 되는 유전적 재조합이 상당히 많이 일어난다.

(8) 따라서 돌연변이에다 유전적 재조합을 더하면 아주 다양한 후손이 나타나게 된다. 예를 들면, 일란성 쌍둥이를 제외하고 모든 인간은 전에 결코 존재하지 않았고 인류사에서 앞으로도 나타나지 않을 독특한 유전적 구성을 가진다고 제안되었다. 자연선택이 작용할 충분한 변이들이 존재한다.

(9) 개별적인 유전자가 아니라 개체 전체가 선택의 표적이다. 유전자들은 개체의 부분이기 때문에 개체의 생존여부에 따라 유전자의 생존여부가 결정된다. 생존하는 개체들은 전체적으로 생존과 자손을 남길 가능성이 더 높은 유전자를 갖게 될 것이다. 그러나 생존하는 개체가 심지어 일부 해가 되는 유전자들을 갖게 될 수도 있다. 예를 들면, 어떤 유전자가 너무나 "더 나아서" 그 유전자를 가진 개체는 약간 해가 되는 유전자들을 갖고 있더라도 생존하게 된다. 별로 좋지 않은 유전자는 히치하이크를 하는 격이 된다.

생물체의 다양성에 대한 설명

개체군에서 유전되는 다양성의 실체와 자연선택의 효력을 볼 때 논리적 귀납추론에 따르면 시간에 걸쳐 개체군의 느린 변화가 일어나는 것을 예측할 수 있다. 따라서 30억 년 이상 전 고대의 원핵생물 집단으로 시작하여 어떻게 유전적 변이와 자연선택이 시간을 거쳐 다른 종과 종을 이어 인간으로 이어졌는지에 대한 모델을 만들 수가 있다.

그러나 변이와 자연선택의 상호작용만으로는 오늘날 지구상에 존재하는 수백만의 종이나 과거에 나타났던 엄청나게 많은 수의 종을 설명할 수가 없다. 플리밍 젠킨의 비판에서 분명히 드러났듯이 이것, 즉 "종의 기원은 무엇인가?"가 다윈의 주요 문제였다. 주어진 어느 한 순간마다 나타나는 생명체의 막대한 다양성을 무엇으로 설명할 수 있을까?

다윈과 그를 추종했던 자연과학자들은 두 개체군을 단일 또는 두 종으로 결정하는 문제에서 종종 어려움에 부딪히는 것을 많이 통감하였다. 두 개체군은 외견상 동일한 상태에서 약간 다른 식으로 그리고 아종으로 여길 만큼 충분히 다른 식이거나 너무나 달라서 다른 종으로 받아들여질 만큼 다른 식으로 전 범위에 걸쳐 있을 수 있다. 다윈의 생각에는 이 어려움에 명백한 이유가 있었다 ― 전 범위가 진화적 발산의 다른 정도를 반영하고 있었다. 또다시 이것은 당혹스런 현상이 이론적 측면에서는 이해될 수 있는 하나의 예이다.

다윈과 그 이후의 자연과학자들은 두 개체군 사이에서 분화의 정도가 분산의 장벽과 연관되어 있음을 빈번하게 감지했다. 두 아집단은 산맥이나 생물체에 냉혹하여 건너기가 어려운 다른 조건에 의해 분리될 수가 있다. 이것이 종 분화에 대한 단서처럼 보였다. 모든 개체가

건조한 상태의 정도 →

추위의
강도 ↓

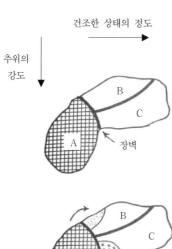

1차 시간대. 단일 종
개체군은 A지역에 한정되어 있다.

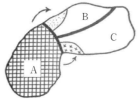

2차 시간대. 단일 종
몇 개체들이 B지역으로, 또 다른 개체들은
C지역으로 이주하여 원래의 개체군과 지리
적으로 격리되었다. 이로 인해 선택은 하나
는 B의 춥고 건조한 환경에 적응되고 다른
하나는 C의 따뜻하고 건조한 환경에 적응
하는 새로운 두 개체군의 발달이 촉진된다.

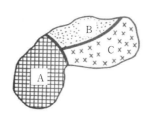

3차 시간대. 세 아종
3개의 격리된 개체군에서의 자발적 돌연
변이의 선택을 통한 진화로 각각의 지역
이 자신만의 적응된 개체군을 갖는 단계
에 도달했다. 이러한 개체군은 비록 서로
약간씩 다르지만 개체군 간의 지리적 장
벽이 사라진다면 여전히 유전자를 서로
교환할 수 있다. 따라서 이들은 아직까지
진정한 종이 아닌 아종이다.

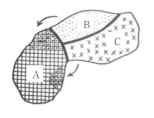

4차 시간대. 세 종
3개의 격리된 개체군은 생리적이고, 행동
적인 격리메커니즘이 유전자의 교환을 차
단하는 단계에 분지하였다. 만일 B지역이
나 C지역에서의 개체들이 A지역으로 다시
이주한다면 이들은 A지역의 종들과 상호
교배하여 특정한 본질을 상실하지 않고 이
종들과 함께 A지역을 점유할 수가 있다.

〈그림 23〉 다양성의 진화에 지배적인 패턴으로 생각되는 지리적 종분화에 대한 모델.

자유로이 교배할 수 있는 기회를 가진 단일 개체군이 어떻게 두 종으로 나뉘는지, 즉 종 분화를 하는지 이해가 불가능했다. 그러니 만일 서로 교배하는 개체군이 자유로운 분산을 막는 어떤 장벽에 의해 물리적으로 나뉘면 어떻게 격리된 아집단이 서서히 서로 간에 차이를 만들어내는지를 상상할 수가 있다. 이런 유형인 "지리적 종 분화"(*geographic speciation*)가 새로운 종들의 기원에 대한 주요 메커니즘이라는 증거는 이제 넘치도록 많아 보인다(〈그림 23〉).

만일 겨우 몇몇 개체들만 개체군의 나머지와 지리적으로 격리되었다면 이러한 몇 개체는 전체 개체군의 대립인자에 대한 표본추출에 지나지 않는다. 이러한 개체를 에른스트 메이어는 "창시자"(*founder*)라고 불렀으며 이로부터 발달하는 어떤 새로운 개체군은 원래의 개체군과 달라서 더 빨리 분산될 것이다. 이런 현상을 일컫는 유전적 부동(*genetic drift*, 개체군에서 자연선택에 기인하지 않는 대립인자 빈도의 무작위적 변화를 총칭 — 역자)은 수십 년간 진화론자들의 관심을 끌었는데 이것의 중요성은 차후에 자연선택을 받게 될 새로운 유전적 상황을 만들어낸다는 점이다. 여하튼 이것은 지리적 종 분화를 통한 유전적 변화의 더 일반적 현상 중 일부에 지나지 않는다. 일단 개체군의 일부가 개체군의 대부분으로부터 격리되거나 개체군의 크기가 아주 줄어들면 필연적으로 다른 유전자 풀을 가질 수밖에 없다. 그 새로운 유전자 풀은 자연선택에 의해 계속 변형될 것이다. 자연선택은 지속적이지만 유전적 부동은 드물면서 간헐적이다.

제9장

진화의 관점에서

19세기 막바지에서 과학자들이 진화이론에 크게 끌렸던 까닭은 이것이 없었다면 당혹스러웠을 뻔했던 산더미 같은 생물학과 지질학의 데이터를 너무나 잘 이해할 수 있도록 했기 때문이다. 진화이론은 또한 비교해부학, 세포학, 유전학, 고생물학 등과 정도는 덜 하지만 계통학과 동물행동학 연구 과정의 방향을 지시하는 데 아주 가치가 높은 것으로 드러났다. 과학에서 모든 중요한 이론은 이런 이중 역할을 하는데 — 이미 존재하는 데이터를 설명하는 것과 추가적인 정보를 취득하는 방법을 제시하는 것이다. 과학은 지식을 탐구하는 방법일 뿐만 아니라 새로운 사실을 발견하는 방법이기도 하다.

이제 용어에서 변화를 꾀해야 할 때이다. 19세기를 25년 남겨놓은 그 시점에서 대부분의 생물학자와 지질학자들에게 비록 그 메커니즘은 잘 이해되지 않았지만 진화는 의심의 여지없이 사실인 것으로 받아들여졌다. 따라서 그 칭호를 "가설"에서 "이론"으로 바꾸는 것이 적절하다.

도브잔스키가 1973년에 "진화의 관점에서가 아니라면 생물학에서 그 어떤 것도 이해될 수가 없다"라고 한 진술은 생물학에 친숙한 과학자에게는 받아들여지기가 쉽다. 즉, 이는 진화를 제외한 다른 어떤 개념도 생물학적 현상에 대해 만족할 만한 답을 제공하지 못한다는 의미이다. 그러나 《브리지워터 학술지》(Brigewater Treatises, 주로 자연신학 분야의 논문을 출간하였는데 창조론을 옹호함 — 역자)의 저자들과 레이(Ray)와 페일리(Paley, 제7장에서 언급되었던 창조론자들 — 역자)의 생물학에서는 (진화의 관점이 아니더라도) 완벽하게 이해될 수가 있었다. 그들에게는 "신의 창조에 의한 관점에서가 아니라면 생물학에서 그 어떤 것도 이해될 수가 없다." 자연신학은 생명의 모든 현상을 설명할 수가 있었지만 그렇게 하려면 초자연현상을 인용해야만 했다.

자연신학은 실익이 없는 사업으로 여겨지게 되었다. 답은 언제나 동일했다. "창조된 것이 현재의 그것이다." 초자연적 힘과 과정은 과학자가 찾아내고 채택할 수 있는 지식의 범위를 훨씬 초월하여 모든 것을 설명할 수 있다. 1859년 이후 지적으로 더 만족스런 대답이 나왔다. "진화된 것이 현재의 그것이다." 진화이론에서 그 어느 것도 직접적 또는 간접적으로 연구하려고 시도하는 과학자의 능력 밖에 있지 않았다. 예를 들면, 생명의 역사와 같은 어떤 문제들은 연구하기가 아주 어려울 수도 있다. 그런 정보에 대해서는 주로 우연히 형성되어 예기치 않게 발견된 화석을 얻는 것에 만족해야만 했다. 오늘날 살아 있는 종들의 총체적이고 미세한 구조가 과거 역사의 증거가 된다고 알게 되었을 때 과거를 엿볼 수 있는 추가적 수단이 가능했다.

비교해부학

심지어 극렬한 창조론자일지라도 현대적 생각에는 생물학적 연관의 개념이 너무나 확고하게 자리 잡혀 있어, 우리는 창조된 종들과 진화된 종들 간의 근본적 차이를 상기해야만 한다. 만일 각각의 종이 창조되어 오늘날까지 본질적으로 같은 형태로 남아 있다면 이제는 유전적이라고 불리는 다른 종간에 생물학적 관련성이 있을 수가 없다. 심지어 교육받지 않은 사람도 개, 늑대, 여우, 그리고 코요테 간에 연관성을 인지할 수가 있다. 그런데도 만일 각각이 별개로 창조되었다면 이들이 하마, 돔발상어, 도도(지금은 멸종한 날지 못하는 큰 새 — 역자) 또는 참나무보다 서로 간에 더 관련이 깊을 수가 없다. 생물학적인 그리고 일반적인 "연관된"이라는 의미는 공통 조상으로 연결되어 있다는 것이다. 별도로 창조된 개속의 종들은 공통 조상을 공유할 수가 없다. 각각의 종은 자신의 종류인 생물체만 조상으로 가질 수 있다.

진화가 가져온 새로운 관점은 개과의 종들이 먼 과거의 어느 시기에 공통 조상을 공유해야만 하고 긴 시간에 걸쳐 오늘날 우리가 아는 종으로 이어지는 계보로 분리되었다는 것이다. 더 커다란 척도에서 진화론자는 척삭동물문의 모든 구성원이 공통 조상을 공유하는데 어떤 오래전 과거에 살았던 예전에 멸종된 원시척삭동물(*protochordate*)이라고 제안할 수도 있다. 이런 개념이 분석할 가치가 있다고 받아들여진다면 이것을 검증할 가설로 여겨 다음의 연역추론을 설정할 수 있다.

연역추론 11: 척삭동물문과 같은 분류학적 단위의 구성원이 공통 조상
을 공유한다면 그 사실이 그들의 구조에 반영되어야만
한다.

공통 조상으로부터의 모든 후손의 구조가 이 혈통의 증거를 보여줄
것이라는 이 개념은 원래 구조의 변형이 아주 천천히 일어날 거라는
믿음에 바탕을 둔 것이다. 결국 부모와 자손 간의 구조적 차이는 병리
적 원인이 아니라면 보통 사소할 수밖에 없다. 따라서 원래 특성의 일
부나 이것들의 명백한 변형이 후손에게 존재할 수밖에 없다.

비교해부학은 생물체들의 공통적 특징을 체계적 방식으로 처음 기
록했던 학문 분야이다. 이것은 놀라운 일이 아닌데 이전에는 생리학
적 지식이 초보적이었고 세포의 구조가 알려져 있지 않았다. 비교해
부학은 16세기부터 19세기가 한참 지날 때까지 생물학자의 주요 활동
분야였다. 골격에 특별한 관심을 두었다. 이들은 연조직에 비해 더
영구적이었을 뿐만 아니라 18세기에 화석의 연구가 활발했을 때 유일
하게 현존 척추동물과 화석동물을 비교하는 게 가능했던 것이 이들의
뼈였다.

베살리우스가 1543년 자신의 저서 《인체해부에 대하여》(*De Humani
Corporis Fabrica*)로 인체해부학에 단단한 기초를 세운 지 12년 후 프랑
스 박물학자 피에르 벨롱(Pierre Belon, 1517~1564)은 조류에 관한 책
을 출간하였는데 여기서 그는 한 새와 인간의 골격을 나란히 보여주
었다. 여기서 그가 한 극적인 일은 인체와 상응하는 부분의 새의 뼈에
동일한 이름을 붙인 것이다. 예를 들면, 겉보기에 너무나 다른 두 구
조인 새의 날개와 인간의 팔이 서로 일치하는 뼈를 갖고 있다는 것을
보여주는 데 전혀 어려움이 없었다.

다른 생물체에서 유사한 부위를 인지하는 것이 "상동성"(homology)의 개념이다. 16세기 벨롱과 이후의 연구자에게는 사람 팔의 기부 뼈(근위골)와 새의 날개가 "동일한 것"의 변형이었다. 회의론자는 "팔과 날개의 외형과 기능이 그렇게 크게 다른데 어떻게 동일한 것이 될 수가 있겠는가?"라고 물을 수 있을 것이다. 그 답은 애매하고 불만족스럽기만 할 것이다. 그러나 진화의 개념은 조류와 포유류의 부위가 어떻게 서로 닮을 수 있는지 밝혔다. 팔과 날개는 진화적 변형을 통해 공통 조상의 앞쪽의 부속지 한 쌍으로부터 유도되었다고 주장할 수도 있다. 그러기에 상동성은 공통 혈통에 바탕을 둔 유사성이다.

이 설명은 모든 척추동물의 앞쪽의 부속지 한 쌍―물고기, 고래, 그리고 돌고래의 가슴지느러미; 새, 박쥐 그리고 익수룡(Pteranodon, 백악기 말에 살았던 비상성 파충류―역자)의 날개; 두더지의 땅 파기용 앞다리; 말과 소의 발굽이 달린 앞다리; 나무늘보의 쥐기에 적당한 팔 등은 도구를 사용하는 인간의 팔이 다른 동물에서 다른 방식으로 변형된 동일한 조상의 구조에 대한 예라고 제시할 정도까지 확장될 수도 있다(〈그림 24〉). 이 이론에 따르면 추진력은 변이에 작용하는 자연선택이다.

척삭동물문에는 진화의 개념이 어떻게 비교해부학의 세부적 사항에 적용되는지에 대한 수없이 멋진 예들이 존재한다. 비교해부학의 데이터만으로도 현존 척삭동물이 아주 일반적인 방식에서 복잡성이 증가되는 식인 10개 아문과 강, 즉, 반삭동물아문, 미삭동물아문, 두삭동물아문, 무악어강, 연골어강, 경골어강, 양서강, 파충강, 조강 및 포유강으로 배열될 수 있다는 것을 제시한다. 처음 3종류는 해양성 원형척삭동물이고 나머지 7종류는 척추동물이다. 척추동물 중에서 무악어강, 연골어강, 그리고 경골어강은 어류이며 양서강, 파충강, 조강 및 포유강은 4개의 다리로 된 생물체인 사지동물이다.

앞의 순서는 또한 아주 간단한 원형척삭동물에서부터 너 복잡한 조류와 포유류로의 진화 결과로 여겨질 수도 있다(〈그림 25〉). 가설에 따르면 다른 그룹들이 주요 계보("주요 계보"는 당연히 우리에게로 이어

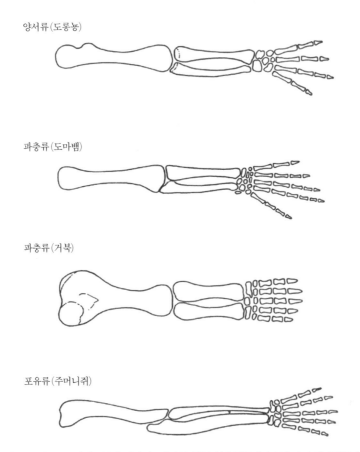

양서류(도롱뇽)

파충류(도마뱀)

파충류(거북)

포유류(주머니쥐)

〈그림 24〉 네 종류 사지동물의 앞다리. 이러한 현존 척추동물에서 부속지의 유사성은 상동성의 예이다. 즉, 각 종들의 앞다리가 공통 조상, 이 경우에는 초기 양서류에서의 동일한 부속지로부터 진화되었다는 것이다. 도롱뇽(맨 윗부분)은 수생 양서류이다. 도마뱀은 구조적으로 원시적인 파충류이다. 거북은 더 특화된 파충류이다. 그리고 주머니쥐는 육상 포유류이다.

지는 라인)에서 갈라져 나와 분지 시기 때의 그들 조상의 일부 특징을 서로 다른 정도로 보유한다는 것이다. 따라서 유명한 두삭동물인 창고기(활유어, *Amphioxus*)는 척삭동물의 진화에서 척추동물 이전 단계의 잔재로 여겨진다. 그 당시 초기 척추동물이던 갑주어(*ostracoderm*)의 피상적 모습과는 너무나 다른 오늘날의 칠성장어와 먹장어는 근본적으로는 갑주어와 너무나 닮았기에 모두 다 함께 동일한 강(*class*)인 무

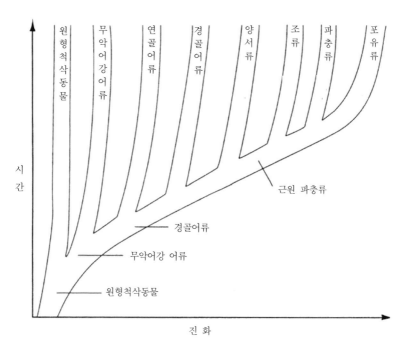

〈그림 25〉 주요 척삭동물 그룹의 진화적 유연관계. 최초의 척삭동물은 원형척삭동물로서 주요 특징은 〈그림 29〉에 나와 있다. 창고기(*Amphioxus*)나 피낭류 같은 이들의 후손 중 일부는 아직도 생존한다. 다른 것들은 최초의 척추동물인 무악어강의 어류로 진화되었다. 이들은 턱이 없는 원시 어류이다. 이들의 후손인 먹장어나 칠성장어는 우리와 현재에 살고 있다. 무악어강의 어류는 연골어강(*Chondrichthyes*)의 어류(상어)와 경골어류의 조상이다. 양서류는 원시 경골어류로부터 진화되었고, 근원 파충류(*Stem reptile*)는 양서류로부터 진화되었다. 조류, 현대 파충류, 포유류는 모두 근원 파충류로부터 진화되었다.

악어강(*Agnatha*)에 속한다. 그러므로 척추동물 진화에서 먼 과거의 무악어류 시대에 대해 무엇인가를 알아내기 위하여 현존 무악어강 동물을 연구할 수가 있다.

척추동물 진화에 대한 대략적인 개요를 보여주는 고생물학적 데이터가 서서히 얻어졌다. 만족스러울 정도로 비교해부학적 데이터에 의해 제시된 순서가 진화의 순서와 일치하는 것으로 드러났다.

제4부에서 더 상세히 보게 되겠지만 발생의 많은 당혹스런 현상이 진화의 관점에서는 이해되었다. 포유류의 귀 뼈는 하등 척추동물의 턱과 연관된 뼈의 변형인 것을 알 수가 있었다(〈그림 26〉). 모든 척추동물의 순환계에서의 변이는 상어 배아의 유형과 비슷한 기본 체제의 진화적 변형으로 볼 수 있다(〈그림 27〉). 그리고 마지막으로 다른 유형의 척추동물 신장은 변화가 동반된 유전의 경우로서 이해할 수 있다(〈그림 28〉).

만일 각각의 종들이 창조되었다면 왜 귀, 순환계 또는 배설계를 만드는 이런 부적당하고 복잡한 방식이 존재해야 할까? 성체의 체제로 시작하는 것이 더 간단하지 않을까? 반면에 만일 진화의 개념이 이를 설명하기 위한 가설로 인용된다면 만족스런 방식으로 데이터를 설명할 수 있을 것이다. 진화에서는 이미 존재하는 것이 변형될 수가 있었다.

포유류와 닮은 파충류로부터 화석 증거를 얻기 전까지는 파충류의 방형골과 관절이 포유류의 추골과 침골로 전환되는 것을 진화에 바탕을 두어야만 설명할 수 있다는 정도로만 말할 수 있었다. 그런 잠정적 관계는 단지 가설이었다. 나중에서야 화석 기록에 의해 그런 연역추리가 의심의 여지없이 사실인 것으로 드러났다. 그러므로 화석은 진화의 가설이 옳은 것에 대한 직접적인 증거를 제공했다. 순환계와 배설계의 경우는 비록 진화에 의해 생긴 변형으로서 "이해가 되더라도"

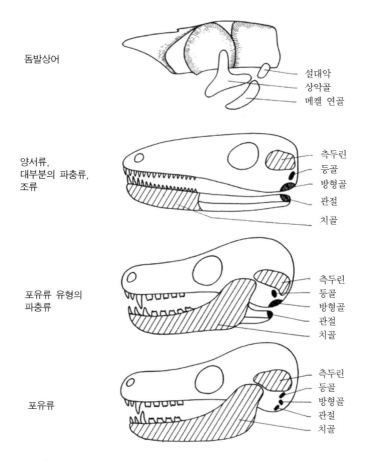

돔발상어

설대악
상악골
메켈 연골

양서류,
대부분의 파충류,
조류

측두린
등골
방형골
관절
치골

포유류 유형의
파충류

측두린
등골
방형골
관절
치골

포유류

측두린
등골
방형골
관절
치골

〈그림 26〉 4가지 척추동물의 턱관절과 이소골. 진화에서 새로운 것이 생겨나기는 하지만 아주 흔한 패턴은 기존구조의 변형이다. 포유류의 3가지 귀 뼈인 등자골(*stapes*), 침골 (*incus*), 추골(*malleus*)은 진정으로 새로 생긴 것이다. 원시 어류에서 설대악의 부분으로 시작된 등자골은 양서류, 파충류, 조류에서 단일 뼈가 되었다. 침골은 원시 어류에서 돌출한 상악골이었지만 양서류, 파충류, 그리고 조류에서 방형골로 퇴보되었다. 이것은 메켈 연골이 변형된 하악에서 관절과 턱관절을 형성한다. 포유류와 닮은 파충류에서 하악의 치골은 확대되기 시작하여 결국 포유류에서 두개골의 상부인 측두인과 새로운 턱관절을 형성한다. 이전 관절의 두 가지 뼈 중에서 방형골은 침골이 되고 관절은 추골이 된다.

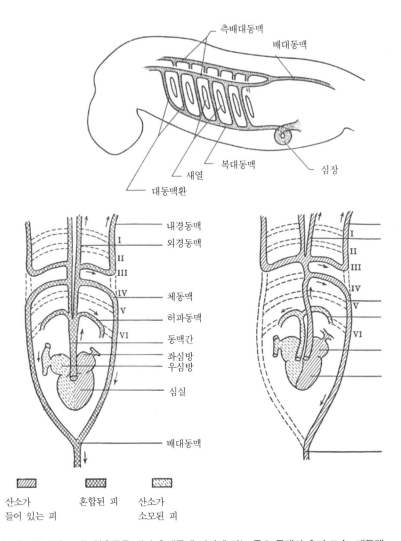

측배대동맥

배대동맥

새열

복대동맥

심장

대동맥환

내경동맥

외경동맥

체동맥

허파동맥

동맥간

좌심방

우심방

심실

배대동맥

산소가
들어 있는 피

혼합된 피

산소가
소모된 피

〈그림 27〉(위 그림) 척추동물 배의 후대동맥 지역에 있는 주요 동맥의 측면 모습. 대동맥
활의 이런 기본 패턴은 모든 척추동물의 배아에서 반복적으로 나타나며 두 가지 예(왼쪽 그
림; 개구리, 오른쪽 그림; 포유류)에서 드러난 것처럼 다양하게 변형된다.

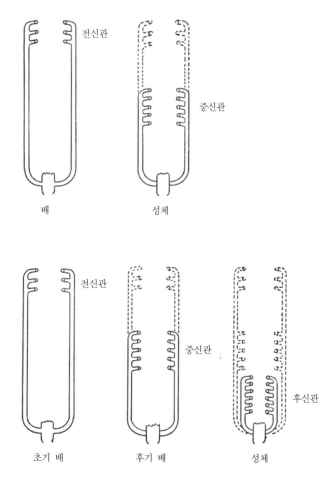

〈그림 28〉 척추동물의 신장에서 나타나는 발생의 변화. 척추동물 배의 첫 번째 신장은 체강의 양쪽 편에 하나씩 있는 전신관이다. 먹장어(무악어강), 돔발상어(연골어강) 및 개구리(양서류)에서 확실한 신장인 중신관은 나중에 발생한다. 파충류, 조류 및 포유류에서는 전신관과 중신관이 반복 발생한 후에 성체의 신장인 후신관이 형성된다.

가설로만 남아 있어야 한다. 순환계와 배설계는 보통 화석 기록으로
보존되지 않는다.

따라서 진화의 개념은 이것이 없었다면 납득하기 어려운 대부분의
데이터를 "이해할 수 있도록" 한다 — 그리고 이것이 위대한 이론의 목
적이다. 이것은 메더워(Medawar, 영국의 면역학자로 1969년에 노벨 의
학상 수상 — 역자)가 다음과 같이 지적하였듯이 이해하기가 쉬운 견해
가 아니다.

> 전문가들이 예외 없이 진화의 가설을 받아들인 이유를 속인들이 납득하
> 기엔 너무 난해하다. 그 이유는 오직 진화적 가설만이 분류학에 의해 드
> 러난 자연계의 질서와 비교해부학의 연구로 드러난 동물의 관계를 이해
> 할 수 있게 하기 때문이다. 생물계통학과 비교동물학에서는 진화적 방
> 식의 사고에 대한 대안은 전혀 사고를 하지 않는 것이다(《굴드의 '판다
> 의 엄지'에 대한 재고》, 1981).

배의 발생

비교해부학으로부터의 이러한 예들을 논의하는 것은 성체의 구조와
발생학 간의 밀접한 관계를 강조하는 일이다. 이것은 놀라운 일이 아
닌데 — 성체의 구조는 배로부터 직접 유도되었기 때문이다. 따라서
다음의 연역추론은 지난번 추론의 자연적 결과이다.

연역추론 12: 주요 분류 단위의 구성원들이 공통 조상을 공유한다면
　　　　　　　그 사실이 그들의 배 발생에 반영되어야만 한다.

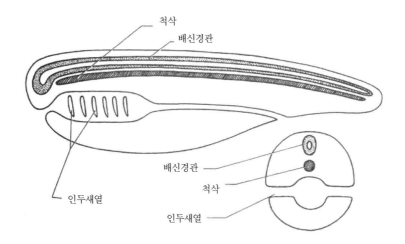

척삭
배신경관
배신경관
척삭
인두새열
인두새열

〈그림 29〉 척삭동물문에 속하는 모든 구성원의 3가지 특징인 생애의 어느 시기에서든 한 번 존재하는 척삭, 배신경관 및 인두새열을 나타내는 이상적 형태의 척삭동물. 위쪽은 측면 모습이고 아래쪽은 아가미 부위에서의 절단면이다.

19세기 초반에 발생학자들은 척삭동물에서 다른 강 사이의 배들이 성체보다 서로 더 밀접하게 닮았다는 것을 알게 되었다(〈그림 29〉). 다윈은 루이 아가시(Louis Agassiz)가 배아를 처음 얻었을 때 부주의로 그것의 라벨을 붙이지 못하자 "그것이 포유류, 조류 또는 파충류의 것인지"를 구분할 수 없었다고 언급했다(《종의 기원》, p. 439). 이런 특이한 유사성의 근본이 무엇일까?

1859년 이후 발생학자는 배가 진화에 대해 무엇인가를 밝혀줄 것이라는 선입관을 갖고 배를 공부했다(이 내용은 제4부의 발생생물학에서 상세히 논의할 것이다). 화석 기록이 오늘날보다 훨씬 더 불충분했던 그 시대에는 발생 과정에서의 변화(개체 발생)가 진화의 과정에서 일어나는 변화(유연관계)를 반영한다고 생각했다. 화석화되지 않는 연조직에서는 진화적 변화에 대한 직접적인 증거가 거의 절대적으로 있을 수가 없었다.

배의 구조와 진화론 간의 상호적 관계도 역시 미묘하면서도 강력하다. 발생에서 배 유형의 다양성이 진화를 반영하는 것으로서 "이해될" 뿐만 아니라 진화가설을 더욱 그럴싸하게 만드는 게 사실이다. 비교 발생학에서 가장 극적인 발견의 하나는 모든 척삭동물의 구조를 기본 형태의 변형으로서 이해될 수가 있다는 것이다. 모두가 척삭과 배신경삭, 그리고 인두새낭을 가진 초기 단계를 거친다. 나중에서야 배아가 성체 피낭류, 상어, 경골어류, 양서류, 파충류, 조류, 그리고 포유류로 다양화된다. 공통적인 발생학적 유형에서 벗어나는 것은 공통조상으로부터 이탈하는 것이다.

분 류

분류는 우리가 일상적인 생물체를 다루는 데 매우 중요한 장치이다. 이것은 공통적으로 갖는 특성 때문에 물체와 개념을 결합시키는 일로 구성되어 있다. 분류는 정보를 묶어서 꾸리는 데 우리가 소유하는 가장 강력한 도구이다. 이것은 너무나 우리 생활의 일부가 되어버려 얼마나 기본적인 것인지를 우리가 잊고 있다.

만일 누군가가 당신이 결코 본 적이 없는 VW(*Volkswagen*, 독일 자동차 폴크스바겐의 약자 — 역자)에 대해서 이야기를 시작한다고 가정하자. 그런데도 당신은 "VW"를 "자동차"로 인지할 것이다. 그렇게 인지하면서 당신은 즉시 이용 가능한 엄청난 정보를 — 모터, 바퀴, 좌석, 배터리, 가솔린, 사고 시 역할, 오염에 대한 관계, 윤활유, 국가 수지, 그리고 많은 다른 상세한 사항들에 대한 — 갖게 될 것이다.

분류는 생물학에서 동일한 정보가 가득 찬 예측적 장치이다. 만일 당신이 주의 깊게 하나의 포유동물을 — 돼지의 태아, 토끼, 흰 쥐 등 어느 것이든지 — 해부하여 연구했다고 가정하자. 그런 후 과학자에 의해 이전에 결코 연구된 적이 없는 새로운 종의 포유동물을 받게 된다. 이 생물체를 만져보지 않고서도 이것의 해부학, 생리학, 생식과 발생에 대해 많은 예측을 할 수가 있을 것이다. 그러한 예측을 조사하였을 때 모두 옳거나 거의 옳은 것으로 드러날 것이다. 바꾸어 말하면 다음의 유명한 격언처럼 된다. "하나의 포유동물을 조사하게 되면 포유류 전체를 알게 된다."

생물학적 종에 대한 다른 분류체계들이 다른 목적으로 사용되었다. 고대의 헤브라이 사람들은 동물을 깨끗하거나 그렇지 않은 동물로 중요히 구분 지었다. 깨끗한 동물은 식용이지만 그렇지 않은 것은 아니다. 생물학에서 너무나 많은 분야의 아버지인 아리스토텔레스는 동물의 분류 분야에서도 아버지로 인정받는다. 그가 채택한 주 원리는 혈액의 유무와 생식 방식이었다.

생물학적 분류의 현대 시기는 (자신을 "카를로스 린네우스; Carlos Linnaeus"라고 명칭한 것을 포함해서) 모든 동식물에 라틴어 명칭을 부여하는 체계를 조직화한 칼 폰 린네(Carl von Linne, 1707~1778)로부터 시작된다. 그의 1758년 저서 《자연의 체계》(Systema Naturae)는 오늘날 우리가 사용하는 분류학의 출발점이다. 린네우스는 아리스토텔레스를 따라서 생물체를 분류하는 데 심장의 본성, 생식 유형, 냉혈 또는 온혈성 등의 아주 소수의 몇 가지 특징만 채택했다. 오직 몇 가지 특징만 사용하는 방식을 인위적 체계(artificial system)라고 부른다.

동물의 해부학과 발생학에 대해 점점 더 많이 알게 되자 인위적 체계가 부적절한 것으로 드러났다. 이 체계는 근본적인 방식에서 다른 종들을 함께 묶는 것처럼 보였다. 분류의 자연 체계(*natural system*)가 지연상태를 더 잘 반영한다고 제안되었다. 자연 체계는 내부 해부학과 발생의 특징을 포함하여 더 많은 특징을 채택하는 점에서 인위체계와 달랐다.

　19세기 중반의 분류학자에 의해 저질러진 두 가지 "잘못"이 어떻게 교정되었는지를 보면 자연 체계가 실제로 적용되는 방식을 이해할 수가 있다. 방사대칭동물(*Radiata*, 몸의 체제가 좌우대칭이 아니라 여러 면으로 대칭인 해면동물, 자포동물, 유즐동물 등을 일컬음─역자)에서 히드로충(*hydroid*, 폴립 형태의 성체─역자)과 메두사(*medusa*, 메두사 모양의 성체─역자)는 각기 다른 강에 배치되었다. 만일 외형적 형태만 사용한다면 이것은 합리적 단계이다. 히드로충은 보통 고착성의 식물처럼 보이는 종이다. 해파리인 메두사 형은 자유 유영의 컵이나 접시 같은 모양의 동물로서 외관상으로 히드로충과 유사한 점이 없다. 나중에 히드로충의 대부분 종들이 출아에 의한 무성생식을 하며 출아체(*bud*)가 메두사로 된다는 것이 발견되었다. 더욱이 많은 메두사가 유성생식을 하며 그 자손이 히드로충이다. 이것이 알려지기 전에는 같은 종의 부모와 자손에 지나지 않는데도 두 가지 아주 다른 형태가 다른 강에 배치되는 경우들이 있었다.

　피낭류(*tunicate*, 해초류라고도 하며 멍게 또는 바닷물총 등이 속하는 미삭동물─역자)와 이매패류(*bivalve*, 바지락 등의 조개류가 속하는 부족강의 연체동물─역자)를 합친 무두강(*Acephala*)에서도 유사한 오류가 일어났다. 껍질이 없는 이매패는 무정형의 생물체이다─반쪽 껍질 위에 놓인 네가 먹은 마지막 굴을 상기해보라. 마찬가지로 피낭류도 보통 선창의 말뚝에 자라는 특색 없는 덩어리이다. 따라서 피낭류와 이매패는 뚜렷하게 표시가 나는 머리를 갖고 있지 않기 때문에 무두강에 배치되었다. 피낭류의 태아가 발견되자 이야기가 달라졌다. 태아는 척삭, 배신경삭 및 인두새열을 가진 올챙이 같은 유생으로 드러났다. 성체는 단지 인두새열만 그대로 보유한다. 따라서 피낭류를 그 3가지 특징을 지닌 다른 종류의 동물 — 척삭동물에 포함시키는 게 더 자연스러워 보인다.

그러나 무엇이 연관된 종의 그룹에 속하게 만드는 근간이 될 수 있을까? 만일 종이 별개로 창조되었다면 유전적으로 연관될 수가 없다는 것을 우리는 이전에 파악했다. 그런데도 생물체의 그룹이 존재하여 종을 구성하는 개체의 그룹, 속으로 통합되는 연관된 종의 그룹, 과 내의 연관된 속, 목 내의 연관된 과, 강 내의 연관된 목 등의 그룹들이 있다.

진화론이 알려지기 전에는 어떻게 자연 그룹들이 존재할 수 있는지 자연적 설명을 제공하기가 어려웠다. 일부 학자는 그럴 필요성을 느끼지도 않았다. 아가시(Agassiz)는 이런 문제점을 파악하여 개인적인 답을 제공했다.

> 분과(branch, 계를 일컬음 — 역자), 강, 목, 과, 속, 종에 다른 동물의 분류는 동물학의 어떤 체계에 관해서도 1차적 질문을 낳게 한다. 그리고 내가 보기에는 모든 사려 깊은 지식인들의 사고가 필요하다. 내게는 이 질서와 배열이 실상은 창조자의 생각을 인간의 언어로 번역한 것에 지나지 않는 것이 명백해 보인다 (《분류에 대한 에세이》, 1859: 8~9).

자연 체계의 목적은 관계를 확인하는 것이다. 19세기에는 자연그룹을 강이나 문과 같은 주요 범주보다는 속이나 과와 같은 더 낮은 범주로 한정하는 것이 훨씬 더 쉬웠다. 따라서 모든 방사대칭생물의 공통 조상과 달리 모든 개 종류의 종들에 대한 공통 조상을 쉽게 상상할 수가 있었다. 진화의 가설이 제안되었을 때 분류체계의 변화는 없었다. 변화가 생긴 것은 처음으로 자연그룹에 대한 자연적 설명이 나왔을 때이다. 잘 정리된 어떤 자연적인 분류그룹에서도 모든 구성원이 공통 조상을 공유한다는 가설에 의해 데이터가 설명될 수 있었다. 따라서,

연역추론 13: 만일 진화적 방사가 유기체 다양성의 바탕이라면 그 사실이 분류체계에 반영되어야만 한다.

자연박물학자들은 그렇다는 사실을 알게 되었다.

미세구조

연역추론 14: 공통 조상으로부터의 계보에 바탕을 둔 생명의 통일성이 있다면 이것이 세포의 구조에 반영되어야만 한다.

그리고 놀라울 정도로 실제로 그렇다. 공통 조상의 존재는 생명의 통일성을 요구하는데 거의 모든 생물체의 몸체가 같은 구조와 기능의 단위인 ─ 세포로 구성되어 있다는 사실보다 더 명확히 이것을 보여주는 것은 없다.

19세기의 후반부 반세기 동안 광학현미경 수준의 해상도로 세포에 대한 상당한 지식을 습득하였다. 세포는 커다란 다양성으로 존재하지만 모두가 바깥의 경계막, 핵, 그리고 연관된 세포질로 구성된 기본 구조를 공유하는 것이 밝혀졌다. 그리고 모든 세포는 다른 세포로부

터 나왔다(제3부를 보시오). 미생물에 대한 의문들이 있었는데 — 박테리아는 정말로 세포인가 그리고 이들이 핵을 갖고 있는가? 이러한 논쟁은 전자현미경의 이용과 향상된 테크닉으로 미세구조의 많은 문제가 해결될 때까지 지속되었다. 이제 우리는 근본적으로 다른 두 가지 유형의 세포 — 원핵세포와 진핵세포가 존재하는 것을 알고 있다. 박테리아와 남세균은 핵이 없는 단일 원핵세포로 구성되어 있다. 모든 고등생물 — 진정한 식물, 곰팡이, 그리고 동물의 몸체는 핵을 가진 진핵세포로 되어 있다.

19세기의 진화론자는 생명체가 적어도 박테리아처럼 단순한 생물로부터 시작되었다는 가설을 대강 수용했다. 그리고 그 중 소수는 그렇게 미세하고 연약한 생물체에 대한 쓸 만한 화석 기록이 존재하리라고 믿을 만큼 낙관적이었다. 그러나 최근에 새로운 표본의 수집과 준비방법으로 35억 년 전에 살았던 생물체에 대한 정보를 얻게 되었다(〈그림 30〉). 현재까지 발견된 것 중 가장 오래된 것은 서부 호주와 남아프리카에서 나온 것이다. 호주의 표본은 북극이라는 해괴한 이름을 가진 부지에서 나왔다. 그곳의 와라우나 층군(Warrawoona Group) 암석에서 거의 35억 년 전으로 추정되는 남세균으로 동정된 표본이 발견되었다. 남아프리카의 피그 트리(Fig Tree) 각암에서는 박테리아와 남세균으로 보이는 것이 발굴되었다. 이러한 최초의 생명체 형태는 현존하는 원핵생물과 아주 유사하다.

현존하는 원핵생물은 모두 작아서 보통은 $10\mu m$(마이크로미터) 이하이며 일부는 겨우 $0.2\mu m$이다. 모든 세포와 공통적으로 바깥의 경계막 또는 원형질막이 존재한다. 세포의 내용물은 구획화되어 있지 않다. 리보솜은 존재하지만 미토콘드리아나 골지체, 엽록체, 그리고 리소좀은 없다. 핵, 즉 염색체를 함유하는 막으로 싸인 연관된 소낭이 없다.

물론 DNA(또는 RNA)는 존재한다. 이것은 이중나선의 형태인데 단백질과 결합되어 있지 않고 세포에 자유로이 존재한다. 전자현미경으로 보면 DNA는 뉴클레오이드(*nucleoid*)라는 엉킨 덩어리를 형성한다.

따라서 원핵세포의 특징은 원형질막, RNA 함유 리보솜, 그리고 노출된 DNA이다. 현재 우리는 이것이 지구상에서 생명체가 존재한 대

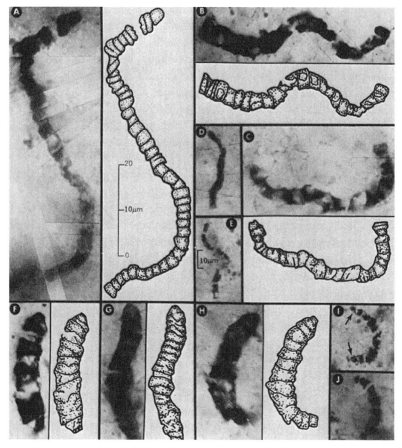

〈그림 30〉 가장 오래된 것으로 알려진 화석. 이러한 미세한 생물체는 약 35억 년 전에 호주의 전캄브리아기 암석에서 발견되었다. 이들은 현재의 남세균과 관련이 있다.

부분 시기 동안 진화적인 복잡성의 한계인 것을 알고 있다. 일반적으로 수긍하는 지구 형성의 시기는 45억 년 전이다. 가장 오래된 것으로 알려진 원핵생물은 35억 년 전으로 거슬러 올라간다.

생명은 10억 년 전에 어쩌면 심지어 20억 년 전에 진핵세포가 존재하게 되었을 때 중대한 단계를 거쳤다. 원핵세포와 진핵세포의 중요한 차이로는 진핵세포의 내용물 중 일부가 구획화되어 있다는 점이다. 즉, 동일한 기능에 관여하는 연관된 세트의 분자들이 격리가 되도록 하여 구획 안팎으로 물질의 이동을 조절하는 막으로 둘러싸여 있다. 이제 단백질과 결합되어 있는 DNA는 핵공을 가진 핵막으로 싸여 있다. 에너지 방출 반응은 미토콘드리아 내에 구획되어 있다. 녹색식물의 광합성 반응은 엽록체에 격리되어 있다. 일부 분비과정은 골지체에 한정되어 있다. 소포체와 그에 결합된 리보솜같이 다른 막 시스템은 세포의 단백질 합성 기구를 제공한다.

최근에 진핵세포의 특정 소기관의 기원에 대한 흥미로운 가설이 점차 많은 지지를 받고 있다. 그 제안은 미토콘드리아나 엽록체 같은 세포 내 구조물이 독립생활을 하던 원핵세포로부터 시작되었다는 것이다. 이들은 다른 세포로 들어가서 그곳에서 공생자가 되었다. 그 결과가 진핵세포이다. 공생의 예들은 오래전부터 알려져 있었다: 조류와 균류가 협동하여 지의류를 형성한다. 조류가 거대 조개를 포함하여 여러 종류의 동물세포 내에서 살면서 광합성 반응을 통해 영양분을 공급한다.

일단 세포의 기능이 진핵세포의 조직 수준에서 구획화되면 진정한 노동의 분담이 생기게 된다. 시간이 지난 결과 일부 세포는 서로 다른 다세포 생물체의 진화가 일어나도록 했다. 그러자 특정화된 세포의 그룹이 독립적인 생리적 기능을 차지하게 되었다. 그런데도 가장 크고 복잡한 생물체에서도 구조와 기능의 기본 단위는 세포로 남게 된다. 진핵생물체의 세포들은 통합된 전체를 형성한다. 복잡한 진핵생물체의 개개 세포의 기능은 생물체의 생활에 필요한 것으로 여겨질 수 있다. 생물체의 기능이 주로 개개 세포의 생활과 관련되어 있는 것처럼 보이듯이.

세포의 본질과 역할은 그들의 진화역사의 반영이기 때문에 세포에서 대부분 구조와 기능의 세부사항은 이치에 맞다.

분자적 과정

연역추론 15: 만일 진화에 바탕을 둔 생명체의 통일성이 있다면 그 사실이 생물체들의 분자적 과정에 반영되어야만 한다.

생물체를 나눈 5가지 생물계(모네라계: *Monera*, 박테리아와 남세균; 원생생물계: *Protista*, 원생동물과 녹조류; 균계: *Fungi*, 효모, 곰팡이 및 버섯류; 동물계: *Aniamlia*, 다세포동물; 식물계: *Plantae*, 홍조류, 갈조류, 이끼 및 관다발식물. 일반적으로 조류는 원생생물계에 포함시킨다 — 역자)의 종들에서는 구조, 생리학, 그리고 행동학에서 엄청난 다양성이 존재한다. 이들의 몸체를 구성하는 세포에는 훨씬 더 적은 다양성이 존재한다. 모든 세포에서 일어나는 기본적인 분자반응 과정은 이보다도 더 적은 다양성이 존재한다. 이런 사실은 겨우 최근에서야 세포에서 분자적인 사건을 연구하는 새로운 테크닉이 풍부하게 이용되면서 분명해졌다.

모든 생물체의 세포에서 일어나는 기본 대사반응이 너무나 유사하다는 사실은 이 반응들이 생명의 첫 단계에서 개발되어 후손에게 거의 변형 없이 존속되었다고 해석될 수가 있다. 또 다른 자연스런 설명을 찾기는 어렵다. 우리는 호주의 노스 폴(North Pole) 퇴적암이나 남아프리카의 피그 트리 각암에서 나온 그런 고대의 남세균과 박테리아의 분자반응을 연구할 수는 없다. 그렇다고 하더라도 이런 고대의 조상들은 아주 유사한 현존하는 대응되는 생물체를 갖고 있어 이들을 연구함으로써 과거에 어떤 일이 일어났는지에 대해 합리적인 추측을 할 수 있다.

일부 눈에 띄는 이러한 분자적 획일성은 다음과 같다.

(1) 모든 세포는 동일한 계층의 유기화합물 — 뉴클레오티드, 단백질, 지질, 그리고 탄수화물로 구성되어 있다.

(2) 이러한 유기화합물들이 관여하는 반응은 모든 세포에서 같은 계층의 단백질인 효소에 의해 조절된다.

(3) DNA는 세포의 생명을 조절하며 그 정보를 다음 세대에 전달하는 암호화된 정보를 함유하고 있다. 몇몇 소수 유형의 바이러스에서는 아주 유사한 RNA가 동일한 기능을 수행한다.

(4) 모든 생물체에서 DNA는 거의 전적으로 6가지 종류 분자의 조합 — 두 개의 피리미딘(티민과 시토신), 두 개의 퓨린(아데닌과 구아닌), 한 개의 당(디옥시리보오스), 그리고 인산으로 구성되어 있다. 퓨린과 피리미딘 염기는 가끔 화학적으로 변형되어 있다.

(5) 모든 생물체에서 RNA는 6가지 종류 분자의 조합 — 두 개의 피리미딘(우라실과 시토신), 두 개의 퓨린(아데닌과 구아닌), 한 개의 당(리보오스), 그리고 인산으로 구성되어 있다. 여기서도 퓨린과 피리미딘 염기는 가끔 화학적으로 변형되어 있다.

(6) 세대를 거쳐 유전 정보를 전달하며 세포 내 합성과 조절에 대한 정보를 제공하는 DNA 부호는 퓨린과 피리미딘 염기가 배열된 서열로

구성되어 있다. 각각의 특정 염기 삼중부호(*triplet*)는 특정한 아미노산과 연관되어 있다. 부호는 모든 형태의 생명체에서 공통적으로 나타나는데 정말 놀라운 사실이다.

(7) 모든 생물체에서 DNA에 부호화된 특정 정보는 특정 전령RNA (mRNA)의 주형으로 작용한다. 특정 전령RNA 분자에 의해 조직화된 효소들은 전달RNA(tRNA)와 협동하여 아미노산을 연결시켜 단백질을 형성한다.

(8) 모든 세포에서 단백질은 약 20가지 종류의 아미노산으로 합성된다. DNA, RNA 및 ATP와 일부 조효소를 포함한 다른 특정 분자의 5탄당을 제외하곤 세포의 주요 탄수화물은 포도당과 같은 6탄당이나 녹말이나 셀룰로오스와 같이 6탄당의 중합체로 구성되어 있다. 모든 세포에서 지질은 글리세롤과 세 분자의 지방산 또는 두 분자의 지방산에다가 한 분자의 인산 함유 화합물로 구성되어 있다. 핵산, 단백질, 탄수화물, 그리고 지질이 생명체의 거의 모든 유기화합물에 해당되며 이러한 주요 그룹 내에서 엄청난 수의 특정 종류가 존재한다. 그렇다고 하더라도 이런 엄청난 다양성은 비교적 소수의 빌딩 블록(*building block*)에 바탕을 둔 것이다 — 마치 겨우 26자 중 일부 문자의 조합으로 풍부한 어휘의 영어가 영어 대사전을 채웠듯이.

(9) 모든 세포는 해당과정 — 포도당이 피루브산으로 발효되는 무기호흡에서처럼 환원된 화합물을 산화시킴으로써 에너지를 얻는다. 해당과정에서 화학에너지가 전달되어 ADP가 ATP로 전환된다. ATP는 세포의 즉각적인 에너지원이다. 일부 원핵생물과 대부분의 진핵생물은 피루브산이 유기적으로 이산화탄소와 물로 분해되듯이 주요 전자수용체로 산소를 사용한다. 이러한 유기적 과정에서는 무기반응과 비교하면 훨씬 더 많은 에너지가 ADP를 ATP로 전환되는 데 전달된다. 이것은 모든 세포에서 많은 기본적 대사경로가 동일하거나 유사하다는 사실에 대한 뚜렷한 예이다. 생명체를 위한 대부분의 에너지는 광합성 반응을 통해 녹색식물에게 포획되어 탄수화물

로 저장된 태양에너지이다. 화학합성 박테리아는 비록 태양에너지
보다는 메탄과 같은 환원된 화합물로부터 반응에 필요한 에너지를
받지만 다른 생물체의 반응과 아주 유사한 과정을 수행한다.

(10) 사람과 같은 고등생물체의 유전자가 박테리아에 삽입될 수 있다는
것을 보여준 실험보다 더 극적으로 생물체의 생화학적 통일성을 보
여준 것은 없다. 여기서 박테리아의 합성기구를 사용하여 인간의
유전자가 인간 유형의 단백질이 합성되도록 지시한다.

비록 방금 열거한 종류의 데이터가 진화의 증거는 아니지만 이들을
이해하기에 진화만큼 자연스러운 설명은 없다. 마찬가지로 진화의 개
념이 틀린 것을 입증할 만한 분자적 데이터도 없다. 무엇보다도 분자
적 데이터는 공통 조상에 바탕을 둔 생명의 통일성을 시사하고 있다.

오늘날 분자생물학적 과정을 이용한 진화의 연구는 아주 활발한 연
구 분야이다. 이 탐구의 세련성, 방법의 철저함, 그리고 답의 정확성
은 진화 과정에 대해 더 깊이 이해하는 것을 가능하도록 한다. 분자적
수준에서 진화의 연구는 진화적 변화의 근본적인 분자, 즉 DNA와
DNA의 산물로 만들어지는 분자인 단백질에 대한 연구이다. 말과 사
람의 뼈를 비교하고는 이들의 헤모글로빈 분자를 비교할 때, 이 방법
론은 기본적으로 동일하여 구조를 비교하는 것이다. 그러나 헤모글로
빈 분자는 유전자 작용의 즉각적 결과인 반면에 뼈는 세포와 세포 내
분자들이 장기간에 걸친 배아 발생 시 일어나는 복잡한 상호작용의
결과이다. 단백질은 기본이며 뼈는 파생적인 것이다.

유연관계를 추정하는 고전 진화생물학의 연구 과정은 세밀하지 못
했다. 한 가지 방법이 잡종교배였다. 유사한 종들 중에서 만일 A와 B
의 교배가 가능하고 둘 중 어느 것도 C와 교배할 수 없다면 A와 B는
C보다 서로 더 밀접하게 관련되어 있다고 가정했다. 만일 잡종교배가

불가능하면 구조를 비교하는 데 의존해야만 했다 ― 구조적 유사성이 가까울수록 유연관계가 가깝고 추측상 공통 조상으로부터 시간차가 더 짧다.

이제는 다른 종들의 다른 DNA의 염기서열과 단백질의 아미노산서열을 상세히 비교할 수 있다. DNA의 경우 이것이 유전자의 작용을 드러내는 게 아니라 단순히 이들의 염기서열이 유사한지 여부만 알려준다. 다른 종의 개구리나 파리를 비교하였을 때 염기서열은 전체 DNA의 약 81~89%가 동일하다. 쥐의 다른 두 종은 서열의 95%가 동일하다. 정말로 놀라운 일은 사람과 침팬지의 염기서열이 99% 같다는 사실을 알게 되는 것이다.

많은 다른 척추동물 단백질의 아미노산서열을 비교한 유사한 실험은 사람의 단백질이 다른 영장류와 밀접하게 닮았고 다음의 순서대로 이런 단백질의 유사성이 감소한다. 설치류, 개, 유대류, 단공류, 조류, 그리고 양서류의 순서대로. 이것은 분자적 비교가 가능하기 전에 다른 증거에 바탕을 두고 진화론자가 제안한 유연관계와 동일한 순서이다.

분자 진화 분야는 이제 검증 단계의 시기에 있다. 이 분야에서의 발견은 이전의 방법들이 진화생물학의 주요 개념으로 확립한 것과 부합한다 ― 만일 그렇지 않았다면 우리는 심각한 곤경에 처했을 것이다. 현재까지 분자 진화의 주된 기여는 생물학적 분류와 진화의 속도와 관련된 중요한 질문들에 대해 더 상세하고 정확한 답을 제공하는 것이었다.

분자생물학에서 진화와 관련된 가장 놀라운 발견 중 하나는 단백질을 암호화하는 유전자 좌위(locus)의 적어도 20~50%가 다형질이라는 사실이다. 이 사실이 알려지기 전까지는 일반적으로 자연선택에 의해 각각의 좌위에 이용 가능한 최상의 대립인자가 주어지리라고 가정했다. 그 대안으로는 만일 개체가 이형접합성일 때 두 가지 다른 대립인자가 더 나은 적응을 제공하는 것이다. 이 경우에는 두 대립인자가 모두 선택될 것이다. 기무라(Kimura, 1983)를 위시한 다른 학자들은 개체군 내에서 많은 양의 유전적 다양성이 자연선택 탓이 아니라 대체적으로 생존에 전혀 또는 거의 영향을 미치지 않는— 즉, 중립적이거나 본질적으로 그런 임의적 돌연변이의 탓이다. 선택이 중립적 대립인자에 작용하지 않을 것이므로 이들은 전적으로 임의적 방법에 의해 나타나고 변할 수가 있다. 이것은 뜨겁게 논쟁이 벌어지는 주제이지만 아직 해결되지 않고 있다. 명확한 가능성으로 중립 대립인자가 분자에서 필수적이지 않은 부위에서만 다른 단백질을 생산하여 자연선택의 영향을 받게 되지 않는 것이다. 지금까지 중립이론은 분자적 진화에만 한정하여 적용되고 있다. 형태적 진화는 자연선택의 결과로 여겨지고 있다.

이것으로 다윈주의에 대한 우리의 공식적 분석을 끝내겠는데 주로 "만일 진화의 가설이 옳다면 …"이라는 제안으로부터 나온 일련의 연역추론에 의해 이루어졌다. 처음 10가지의 연역추론들은 가설을 직접 시험하려고 했다. 마지막의 5가지 연역추론들은 현대 생물학과 지질학의 데이터를 합리적 질서로 맞추는 데 가설의 역할을 강조하였다.

과학자에게 깊은 인상을 준 것은 이와 같은 진화개념의 두 번째 기능이다. 앞서 인용한 두 가지 진술 — "진화의 관점에서가 아니면 생물학에서 어느 것도 사리에 맞지 않는다"는 도브잔스키의 진술과 "진화적 관점이 아닌 다른 대안적 사고는 전혀 사고하는 것이 아니다"라는 메더워의 진술은 생물학과 지질학의 데이터에 익숙한 과학자들에게 상당한 수준까지 전적으로 받아들여진다.

생명체의 변천

《종의 기원》 최종판은 1872년에 출간되었고 다윈은 1882년 4월 26일 웨스트민스터 사원 내 영국이 배출한 또 다른 저명한 인물인 아이작 뉴턴 경이 누운 곳에서 1m 남짓 떨어진 장소에 안장되었다. 이들은 함께 생물학과 물리학의 혁명을 불러일으켰다. 다윈 사후 직·간접적으로 진화생물학과 관련되어 한 세기 동안 수행된 연구는 양적으로 엄청났지만 개념적 진보에서는 그렇게 대단하지 않았다. 대부분의 연구는 토머스 쿤(Thomas Kuhn)이 과학혁명에 뒤따르는 청소활동을 호칭할 때 사용했던 것처럼 "정상과학"(*normal science*)에 지나지 않았다.

오늘날 다윈 시대에 가능했던 것보다 생명체의 역사에 대해 훨씬 더 많은 것을 이야기할 수 있다. 수세대에 걸쳐 고생물학자는 지구표면의 대부분을 뒤져 박물관을 화석으로 채워놓았다. 한 세기 전에 나온 진화의 개념을 뒷받침할 고생물학 데이터는 이제 수용할 자세만 된다면 완전한 증거라고 여길 수 있는 상태에 도달했다. 그럼에도 불구하고 아직 배워야 할 게 많이 남아 있다. 모든 과학에서 그러하듯이 새로운 발견은 답보다는 더 많은 질문을 남기게 마련이다.

다윈은 "지질학적 기록의 불완전성"을 탓하곤 했다. 그 기록은 여전히 불완진하지만 그 이유는 디 이려운 질문들이 나온 결과이다. 다윈의 시대에서 얻고자 한 주 정보는 진화의 가설이 요구했듯이 주요 그룹 사이의 중간층인 생물체의 존재 여부였다. 시조새(Archaeopteryx)의 화석이 그렇다는 증거이다. 그러나 일단 그 문제가 해결되면 과학자가 익룡류(archosaurian)와 시조새 사이와 시조새와 현대조류 간의 연결고리를 찾고자 바라는 것은 너무나 당연하다. 따라서 각각의 새로 발견된 단절고리마다 찾아야 할 연결고리가 두 개 더 생겼다.

고생물학의 궁극적 목표는 가능한 한 넓은 범위까지 생명체의 계보를 기록하는 것이다. 이것이 달성되기는 하였지만 심지어 계보상의 화석을 발견할 가능성이 가장 높은 척삭동물에서조차 단지 아주 초보적 형식으로만 이루어졌다. 예를 들면, 척삭동물문(Chordata, 새열과 척삭을 모두 갖고 있는 동물군으로 미삭동물인 피낭 또는 멍게류, 두삭동물인 창고기, 그리고 척추동물을 포함한다 — 역자)의 조상 문제처럼 일부 아주 중요한 문제에 대해서도 확고한 정보가 거의 없다.

데이터의 해석과 연관된 한 가지 문제점을 언급해야만 하겠다. 일부 고생물학자는 현명하게도 특정 화석이 후세의 화석종이나 현존하는 종의 직접적인 조상 라인에 있는지 여부를 털어놓고 말하기를 꺼린다. 뚜렷한 확신을 갖고 그러한 의견을 내놓으려면 잠정적인 조상부터 잠정적인 후손에 이르기까지 전 기간을 포괄하는 약간씩 다른 시대의 바위로부터 엄청난 양의 화석 샘플이 필요할 것이다. 그렇게 완전한 기록이 이용 가능했던 적은 없었다. 그러나 이것이 기본 질문을 답하기에 필수적인 것은 아니다. 필요한 것은 중간 단계의 구조를 가진데다 중간 단계의 나이를 가진 지층에서 나온 화석이다.

다음 절에서 나는 오늘날 우리가 아는 생명체, 특히 동물계의 역사에 관해서 요약할 것이다.

생명의 기원

지질학적 기록은 생물체의 기원과 아주 초기의 진화에 대한 증거를
거의 제공하지 못한다. 따라서 우리는 이러한 초기 사건들에 대해 우
리가 생각하는 방향으로 이끌 가설에 의존해야만 한다. 이러한 가설
은 더 최근 생물체의 진화에 관해 우리가 아는 사실, 생명이 기원했던
시기 지구상에 존재했다고 생각되는 조건들을 모방하여 행한 실험들,
그리고 가장 덜 복잡한 생명체, 주로 시원세균(*Archaeobacteria*, 메탄세
균이나 호열세균 등의 특정 지역에 사는 세균들 — 역자)에 대한 상세한
조사 등에 바탕을 둔 것이다. 다음 진술이 계속적으로 시험되고 다듬
어져 일반적으로 받아들여지는 가설이다.

약 40억 년 전 유기물질이 풍부한 무생물적 환경에서 생명체로 이
어진 첫 단계가 취해졌다. 짧은 길이의 뉴클레오티드와 아미노산 중
합체가 반투과성인 인지질 막으로 싸인 주머니에 들어가게 되었다.
이 주머니는 환경으로부터 유기물과 무기물을 뽑아내어 그들처럼 생
긴 더 많은 폴리뉴클레오티드(*polynucleotide*, 뉴클레오티드의 중합체로
DNA와 RNA 같은 핵산 — 역자)와 폴리펩티드(*polypeptide*, 아미노산의
중합체로 단백질 — 역자)를 합성하였다. 이 결과로 생장이 일어났고 어
떤 단계에서 원래의 구조와 똑같거나 거의 동일한 개체를 복제하고
증식하는 능력이 생겨났다.

합성과 복제의 조절은 모두 폴리뉴클레오티드(처음에는 아마도 리보
뉴클레오티드. RNA의 단위체 — 역자)에서 이루어졌다. 이들은 복제할

수 있었지만 복제가 완벽하게 정확하지는 않았기에 그 결과로 돌연변이가 일어났다. 뉴클레오티드는 특정한 아미노산의 배열을 가진 폴리펩티드의 합성을 지시하였다. 이 폴리펩티드 중 일부는 촉매능력을 갖게 되었다.

처음에는 전세포(pre-cell) 주머니의 합성과 에너지에 필요한 모든 분자가 환경에서 추출되었다. 이 주머니는 환경의 풀이 필요한 분자를 치른 대가로 생식할 수 있기 때문에 맬서스(Malthus)의 《인구론》에 따른 파국이 불가피해졌다. 환경의 풀은 한정되어 있고 생식의 산물은 이론적으로 무한한 탓으로. 그러나 일부 전세포가 돌연변이를 일으켜 전에는 사용할 수 없었던 간단한 분자로부터 그들이 필요로 하는 분자의 일부를 합성할 능력을 획득함으로써 이런 파국을 모면할 수 있었다. 그러한 전세포는 새로운 합성능력이 결여된 것을 희생양으로 삼아 증가되었다.

약 38억 년 전에 등장한 세포는 기본적 수준의 구조와 기능을 갖추었다. 이들은 지금도 지구상에 넘쳐나는 존재인 시원세균과 같은 원핵생물을 닮았을 것이다. 세포가 생명체의 구조적, 기능적 단위가 되었고 오늘날까지 그 상태를 유지하고 있다. 두 단계 수준의 복잡성을 가진 생물체가 등장했는데 단순한 원핵세포와 더 복잡한 진핵세포이다. 이 중 진핵세포는 아마도 20억 년에서 13억 년 전 사이에 출현한 것 같다.

새로운 합성능력으로 맬서스가 예측한 파국이 영구히 방지될 수는 없다. 에너지로 사용할 분자의 공급이 일단 소멸되면 생명이 계속될 수 없기 때문이다. 그러나 일부 원핵세포는 세포 내 합성을 위해 태양에너지를 사용하는 능력을 완비하게 되었다. 그렇게 되자 광합성으로 모든 생명체가 두 가지 기본 영양 패턴으로 나뉘었다. 광합성으로 에너지를 얻는 독립영양생물(*autotroph*)과 독립영양생물이 생산한 에너지가 풍부한 분자에 의존하는 종속영양생물(*heterotroph*)이 바로 그것이다. 광합성의 부산물 중 하나인 산소의 생산이 점차 증가되어 어느 시기에 이르자 대기의 주요 구성부분이 되었다.

핵산에 바탕을 둔 유전성 변이와 환경에 의한 자연선택이라는 두 가지 현상으로 각 개체의 생존과 생식을 위한 능력이 극대화되었다. 생존은 자원의 획득, 파멸의 회피, 그리고 자손 유지에 의존하게 되었다.

부족한 자원의 추구에 대한 부단한 압력으로 새로운 방식의 생명체가 진화되어 전에는 건드리지 않았던 자원의 활용이 가능해졌다. 새로운 환경을 활용하는 능력에는 그 환경에 대한 적응적 변화가 뒤따라야 했다. 생명체는 점차 전문가로 변했고 한 환경에서는 뛰어난 능력을 발휘하면서도 동시에 다른 환경에서는 성공할 수가 없었다. 특정 환경에 대해 높아지는 적응력은 한편으로 생명활동 과정을 최대화시킬 수 있는 더 조절된 (항상적인) 내부 환경을 필요로 했다.

동일한 조상세포에서 파생되어 본질적으로 동일한 구조와 생리과정을 가진 후손개체들은 한 종으로 인식될 수 있다. 유성생식의 출발과 더불어 종은 서로 간에 유전자를 교환할 수 있지만 보통 다른 종과는 유전자를 교환할 수 없는 그룹이 되었다. 따라서 종은 유전적 실험의 단위이자 진화적 연속성의 단위가 되었다.

돌연변이와 자연선택의 과정은 습기 찬 육상이나 수중환경 모두에서 원핵생물종이 잘 지내도록 만들었다. 약 20억 년 동안 이들은 지구상의 유일한 생명체였다. 20억 년에서 13억 년 전 사이 원핵세포가 진핵세포로 진화했을 때 공생이 중요한 역할을 한 것처럼 보인다. 그 예로 진핵세포에서 미토콘드리아의 기원에 대한 그럴 듯한 가설은 미토콘드리아가 다른 원핵생물을 침입한 시원세균에서 기원하여 그곳에 공생체로 남았다는 것을 들 수 있다. 진핵세포는 자원의 탐색 방법에서 새로운 실험을 의미했다.

원생동물(*Protozoa*)은 일반화한 진핵세포를 토대로 한 여러 변이체로 생각할 수 있다. 이전에는 동물계의 단일 문(*phylum*)에 속한다고 분류되었지만 이제 이들은 원생생물계(*Protista* 또는 *Protoctista*, 생물을 기존의 동물과 식물의 두 가지 계가 아니라 5가지 계로 나눌 때 단세포 진핵생물이 속하는 계 — 역자) 내의 많은 문으로 분획되어 있으며 형태학적이나 생리학적 유형에서 커다란 변이를 보이는 수천의 종들이 여기에 존재한다. 일부 종은 편모로 이동하고 일부는 섬모나 위족으로 이동하며 일부는 아예 이동수단을 갖고 있지 않다. 이들은 단세포이기 때문에 기관을 갖고 있지 않으면서도 일부 종은 유난히 복잡한 구조를 갖고 있다. 축축한 토양이나 담수 또는 해양에서 독립적으로 생활하는 종들이 발견되었다. 일부 종은 기생생활을 하는데 변형동물 속(*Plasmodium*)에 속하는 여러 종들은 중요한 인간 질병인 말라리아를 유발한다.

각 개체의 원생동물은 단일 세포이기 때문에 환경과 밀접하게 접촉하고 있어서 다세포성의 특정한 생리적 문제들로부터 자유롭다. 먹이는 삼키거나 흡수한다. 호흡용 가스와 남은 분자의 이동은 주로 확산을 통해 이뤄지지만 때로는 수축포와 같은 특화된 세포 구조물의 도움을 받기도 한다. 대부분의 종은 오로지 무성생식만 하지만 일부 소수는 감수분열이 동반된 유성생식을 한다.

다세포 생물체의 출현

지금까지 발견된 복잡한 후생동물의 가장 초기 자취는 6억 7천만 년 전의 에디아카라 지층(*Ediacarian strata*)에서 나왔다(〈그림 20〉 참조). 따라서 만일 그 생명체의 기원에서부터 최초로 알려진 화석이 만들어지는 데 걸린 시간을 약 3천만 년으로 추정한다면 다세포 동물이 약 7억 년 전에 기원했다는 현재 주도적 가설과 같은 결론에 도달하게 된다.

현생누대(*Phanerozoic*, 화석이 많이 발견되는 고생대 이후의 시기, 고생대, 중생대, 신생대의 세 시기를 일컬으며 이전의 선캄브리아기에서는 화석이 거의 발견되지 않으므로 이 시기를 은생누대라고 한다—역자)는 일반적으로 후생동물의 시대로 여겨진다. 초기 현생누대의 지구는 오늘날 우리의 지구와는 아주 다른 곳이었다. 당시의 세상은 약 3억 년 동안 지속된 광대한 빙하작용이라는 극한 조건과 그로 인해 감소한 생물체의 수와 다양성을 회복시키는 중이었다. 생물체가 병목현상을 겪고 있었지만 그처럼 끝이 없어 보이던 (육상 척추동물의 진화에 걸린 거의 전 시간만큼이나 긴) 시기 동안에 후생동물의 생활방식에 대한 첫 시험이 틀림없이 이루어졌을 것이다. 빙하가 녹아내리자 대륙의 저지대 부분이 범람하여 생명체에게 가장 생산적인 서식처인 얕은 바다가 매우 증가했다.

약 6억 년 전, 고생대 초의 세계지도는 오늘날의 대륙지도와 매우 다르다. 오늘날 대륙이 생기기 전의 이전 대륙은 현재의 위치와 거의 관계가 없는 크고 작은 섬으로 구성되어 있었다. 지질시대를 거치면서 대륙은 상승하거나 하강하기도 하였으며 충돌과 분리도 일어났다. 우리의 개인적 경험으로는 지구가 거의 안정한 상태인 걸로 알고 있지만 광대한 지질학적 시간으로 측정하면 지각은 끊임없는 유동상태에 있다는 것이 지난 몇 십 년 동안 의심의 여지없이 분명해졌다(인간 수명은 대부분의 지질학적 재앙을 감지하기에는 적절한 시간이 될 수가 없다. 예를 들면, 지난 수백만 년 동안 그래왔던 것처럼 지금도 인도 대륙이 아시아 대륙판과 충돌하여 히말라야산맥을 점차 더 높이고 있다는 것을 우리가 감각적으로 느끼지 못한다).

에디아카라 시기에는 육상에 생명체가 없었기 때문에 대륙은 생물학자에게 별 관심거리가 되지 못한다. 대륙에는 아직까지 독립영양생물이 점유하고 있지 않아 종속영양생활을 하는 후생생물은 필연적으로 광합성생물이 사는 바다에 한정될 수밖에 없었다.

심지어 대기도 달랐다. 원시대기에는 거의 모든 현대 종속영양생물체에게 필수적인 산소가 존재하지 않았던 것으로 보인다. 산소는 원핵생물과 조류(algae)의 광합성에 의한 부산물로 만들어졌다.

처음에는 대부분의 산소가 철과 결합되어 있어 종속영양생물체가 이를 이용할 수가 없었다. 그러나 광합성으로 종국에는 대기에 잔존하는 산소가 생겨났다. 에디아카라 시기 초엽인 6억 7천만 년 전에 이르렀을 때 대기의 산소 농도는 (부피로 보아) 현재의 21%가 아니라 약 1.6% 정도였다. 이 정도라도 생명체가 살아가기에 충분한 농도였을 것이다.

겨우 최근에 들어서야 에디아카라 시기의 후생생물이 발견되고 기재되었다. 그전에는 후생생물에 대한 가장 초기의 화석 증거가 약 5억 7천만 년에서 5억 5천만 년 전에 시작된 캄브리아기의 지층에서 나왔다. 에디아카라의 동물상은 이들이 발견된 장소를 따서 이름이 붙여진 것이다. 후생동물이 들어 있는 선캄브리아 지층에 대한 최초의 중요한 발견은 1946년에 호주 애들레이드(Adelaide) 시 북쪽에 위치한 에디아카라 힐스(Ediacara Hills)에서 이루어졌다. 여태까지 여기서 발견된 모든 화석은 연체성 동물로서 겨우 자국만 남아 있는 것이다. 이러한 화석을 해석하는 데 상당히 문제가 많지만 만일 확인된다면 가장 놀라운 사실은 대부분의 에디아카라 화석이 현존하는 문에 할당될 수 있다는 점이다. 그 말은 현존하는 일부 강장동물이나 환형동물, 그리고 절지동물이 에디아카라 시기 이후로 별로 변한 것이 없어서 현존하는 종과 알려진 가장 초기의 후생동물이 같은 문의 구성원으로 인식될 수 있다는 의미이다.

문이란 무엇인가?

동물의 문(*Phylum*)은 생물체가 체세포에서 필요로 하는 분자를 확보하고 노폐물을 제거하는 방식에서의 중요한 특화과정을 각기 대표한다. 주요 문에 할당된 종들은 동일한 기본 체제에 의해 만들어졌다. 예를 들면, 척삭동물문의 모든 종은 기본 체제인 소화관을 가졌으며 발생의 어느 단계에서 인두에 새열을 가지며 척삭(*notochord*)과 배신경관을 가진 기다란 실린더 형의 동물로 상상할 수 있다.

그런데도 각각의 문 내에서 보통은 다른 종들이 아주 다른 방식으로 살 수 있도록 만든 적응방사(*adaptive radiation*)가 광범위하게 일어난다. 문 내에서의 이런 놀라운 적응방사는 자연 분류에 따른 문에서 기본 체제의 정의를 어렵게 만든다. "자연 분류"(*natural*)에서의 문은 기본체형 구조와 공통 조상을 공유하는 모든 종들을 함유하지만 그것을 한정하기가 쉽지 않다.

오늘날 많은 분류학자는 대부분의 다세포동물이 다음의 9가지 문 중 하나에 속한다고 믿는다. 이제 생명의 역사에 대한 탐구를 계속하기 전에 이러한 주요 동물그룹의 특징을 간략히 살펴볼 것이다.

해면동물문(*Phylum Porifera*)

해면동물은 다세포일 뿐만 아니라 일부는 엄청나게 크다. 그런데도 이들은 아주 낮은 단계의 구조적 분화를 보이고 있다. 많은 종들은 일정한 형태를 갖고 있지 않지만 더 명확한 구조를 가진 종들은 방사대칭을 보인다. 기관은 존재하지 않으며 심지어는 윤곽이 뚜렷한 조직도 없다. 모두가 수중생활을 하며 이들의 몸체는 동정세포(*choanocyte*)의 편모가 요동쳐서 물이 이동할 수 있는 공간과 채널로 차 있다. 이 물은 모든 세포 주변에 닿아 음식 부스러기와 산소를 가져다주며 대사 노폐물을 제거한다. 일부 종은 독립영양생활을 하는 남세균과 공생하여 해면세포의 영양요구를 일부 충족시킨다. 많은 종은 칼슘이나 규소화합물 성분의 골편(*spicule*)으로 구성된 골격을 갖고 있다. 해면동물은 쉽게 화석화될 수 있는 골편으로 인해 고생대 초기 이후 화석기록의 일부가 되었다. 대부분의 현존 종은 해양생활을 하며 종에 따라 바닷가에서부터 심연에 걸친 다양한 서식처를 점하고 있다. 몇몇 종은 담수에 산다. 해면동물의 구조적 복잡성은 원생동물(*Protozoa*)과 진정후생동물(*Eumetazoa*)의 중간 단계로 보이며 어쩌면 진화적으로도 중간 단계일 수도 있지만 일반적으로는 이들이 진화의 막다른 골목에 처했던 것으로 믿고 있다.

강장동물문(*Phylum Coelenterata*)

강장동물도 역시 대부분 해양 종이며 지질학적으로 아주 오래된 종이다. 이들의 기본구조 체제는 방사대칭과 주머니 같은 몸을 가진 생물체로 여길 수 있다. 체벽은 외부로 통하는 한 개의 구멍만이 뚫린 중심강을 싸고 있는 두 층의 세포로 구성되어 있다. 그 유일한 구멍이 입이자 항문의 기능을 하며 먹이를 포획하는 원형의 촉수가 주위를 둘러싸고 있다. 강장동물은 표피에 자포(*nematocyst*)를 함유하는 독특한 유형의 찌르는 세포를 갖고 있다. 이 세포는 뇌관이 터지면 보호와 먹이 포획을 위한 다트를 발사한다. 단순한 신경계를 가지며 메두사형(해파리)은 단순한 도관계도 갖고 있다. 해양강장동물은 엄청난 다양성을 나타내어 일부는 작은 식물과 같은 생명체이고 산호, 부채꼴산호, 말미잘 등도 있다.

유성이나 무성으로 생식할 수 있는 종들이 강장동물에는 흔히 있으며 다른 많은 문들에서도 역시 나타나고 있다. 성공적인 개체의 복제에 해당하는 무성생식은 유전적으로 잘 적응된 개체에게는 이득이 된다. 그러나 이 생식전략에도 불리한 점은 있다. 고정된 유전형(*genotype*)으로 인해 약간 다른 환경에서도 성공적으로 유지되거나 친숙한 환경에 상당한 변화가 일어났을 때 생존할 수 있는 개체가 생길 수 없다. 따라서 일부 조건에서는 다른 유전형을 가진 개체가 유리해질 수 있다.

이러한 주장은 현실 상황과는 괴리가 있어 보일 수도 있다. 원핵생물은 모든 생물 중에서 수적으로 가장 풍부한 생물체이지만 그런데도 이들 가운데서 유성생식은 드물다. 진핵생물 중에서도 아메바와 그와 가까운 유연관계의 종에서는 유성생식이 알려져 있지 않다. 원핵생물은 포유류보다 지구상에 훨씬 더 오래 존재해온 아주 고대의 생물이다. 따라서 이들이 아주 성공적인 존재로 여겨져야 하는데도 이들이 아주 두드러지게 진화한 것이 아니라는 사실을 주목해야 한다. 원핵 생물의 일부 후손이 우연히 유성생식의 메커니즘을 획득하고 나서야 놀라운 진화적 방사가 가능해졌다.

편형동물문(*Phylum Platyhelminthes*)

편형동물은 강장동물에 비해 중요한 진보를 많이 보이고 있지만 여전히 구조가 비교적 단순하다. 이들은 나머지 모든 주요 문들의 생물체와 마찬가지로, 방사대칭형이 아니라 좌우대칭형이다. 몸체가 왼편과 오른편으로 나뉘어 있을 뿐만 아니라 앞쪽과 뒤쪽으로도 나뉘어 있으며 움직일 때 거의 항상 앞쪽 부분이 먼저 이동한다. 따라서 편형동물에서는 머리와 꼬리가 제 모습을 드러낸다.

전형적인 편형동물은 좌우대칭으로 보통 내강이 없는 납작한 몸체, 출입구가 하나밖에 없는 소화강, 단순한 신경계와 배설계를 가진 것으로 생각하는데 이 기본 테마로부터의 변이는 엄청나다. 일부 종은 소화강을 갖고 있지 않아 음식이 직접 세포로 전달된다. 가장 일반화된 종은 수중생활을 하므로 주로 염수 및 담수, 습기가 찬 육상환경에서 발견된다. 간흡충(*Clonorchis*, 〈그림 31〉), 주혈흡충(*Schistosoma*), 촌충(*Taenia*) 등의 많은 종류가 다른 동물의 기생충이 되었다. 기생생활은 종종 일부 구조와 기능의 쇠퇴와 더불어 다른 기능의 증가, 현저한 숙주 특이성, 한 숙주 개체에서 다른 숙주로 기생충의 이동을 가능하게 만드는 정교한 행동 패턴의 소유 등과 연관이 있다.

〈그림 31〉 인간에 기생하는 간흡충. 편형동물에 속하며 모든 기관체계가 더 복잡한 형태로
존재하여 무척추동물 가운데 기관화의 중요한 단계를 보여준다.

선형동물문(*Phylum Nematoda*)

선형동물은 여러 가지 형태학적 특징에서 편형동물과 다른데 일부는
구조적 복잡성의 진보로 나타난다. 그 중의 하나가 강장동물이나 편
형동물의 주머니 모양 같은 소화계와 대조적인 소화관의 존재이다.
음식은 입에서 항문으로 오직 한 방향으로만 소화관 내를 지나간다.

이것은 소화관의 각 부분이 다른 식으로 전문화되어 있어 소화가 조립 라인의 효율성으로 이뤄지는 것을 의미한다.

선형동물의 또 다른 특징은 특별한 유형의 체액이 차 있는 체강인 의체강(*pseudocoel*)을 갖고 있다는 것이다. 의체강은 견고성과 어떤 면에서는 골격 체계를 제공하는데 이동에도 아주 중요한 역할을 한다. 의체강의 체액은 또한 제한적이긴 하지만 세포 간의 분자이동을 가속화시키는 데 일정한 역할을 한다. 게다가 의체강은 세포로 이루어진 곳이 아니기에 대사적 에너지가 필요 없는 공간이다. 구조적으로 더 복잡한 문의 생물체는 전형적으로 진체강을 갖고 있다.

선형동물의 많은 종은 담수, 해수, 토양, 그리고 동식물의 기생동물로 존재한다. 실제 개체수로는 선형동물이 후생동물이 속한 다른 모든 문의 동물보다 더 많을 가능성이 높다.

이 사실로 미루어 이들의 형태적 유형이 방대한 범위에 걸쳐 있을 거라고 추측하겠지만 사실은 정반대이다. 선형동물의 많은 종은 뚜렷하게 일정한 형태를 갖고 있으며 전방위 목적의 체형 설계도를 갖도록 진화한 것처럼 보인다. 전방위 목적의 체형을 가진 덕택으로 독립생활을 하는 종이 수상과 육상 모든 환경에서 거주가 가능하도록 했을 뿐만 아니라 많은 종류의 동식물에서 기생생활을 하는 것도 가능해졌다.

물론 이 말이 많은 기생형 편형동물에서 관찰되는 구조의 퇴보가 기생형 선형동물에서 나타나지 않는다는 뜻은 아니다. 따라서 동일한 서식처가 유사한 유형을 선택할 필요는 없다는 중요한 결론에 도달하게 된다. 선형동물과 촌충은 동일인의 내장에 거주할지라도 여전히 아주 다른 생물체로 남아 있게 된다. 일부 기생형 선형동물은 한 숙주에서 다른 숙주로 옮길 수 있는 뛰어난 적응력을 갖고 있지만 많은 종은 엄청난 수의 알을 낳아서 오염된 물이나 음식을 통해 우연히 새로운 숙주로 들어가게 된다. 이것은 중간 숙주들과 복잡한 유형의 유충을 가진 흡충이나 촌충의 완벽한 살포 수단과는 아주 다르게 알을 퍼뜨리는 수단이다. 또다시 동일한 생물학적 문제가 다른 생물체에 의해 다른 방식으로 해결된 예가 된다.

환형동물문(*Phylum Annelida*)

구조적 복잡성이 증가된 단계가 계속되면서 다음 단계의 주요 문이 환형동물문(〈그림 32〉)이다. 모든 주요 기관체계가 존재하여 이제까지 논하였던 후생동물에서는 관찰되지 않았던 수준의 활동이 가능해졌다. 환형동물은 이전에 살펴보았던 문들의 생물체에 비해 진체강(*coelom*)이라고 부르는 체강, 폐쇄순환계, 그리고 체절성(*metamerism*)의 3가지 중요한 구조적 진보를 이룩했다. 진체강은 많은 기관체계가 자리 잡은 공간이다. 폐쇄혈관계는 혈액이 언제나 순환계 관내인 심장, 동맥혈관, 모세혈관, 그리고 정맥혈관 내에서만 존재하도록 한다. 체절성은 몸체가 길게 유사한 단편의 길이로 나뉜 것이다. 흔히 볼 수 있는 환형동물인 지렁이(*Lumbricus*)에서는 거의 모든 체절마다 한 쌍의 신관(*nephridium*, 분비기관)과 확대된 복부 신경삭이 있으며 머리 방향 쪽 몇 개의 체절마다 한 쌍의 심장과 유사한 혈관 및 말초신경이 존재한다. 따라서 각각의 체절은 대부분의 주 기관계의 일부분을 함유하고 있다.

　가장 다양한 종이 사는 바다를 비롯하여 담수와 육상, 주요 서식처마다 다른 종의 환형동물이 존재한다. 육상에 거주하는 종은 습기 찬 환경에 한정되어 있는데 비온 후에 보도 위에서 말라 죽어가는 지렁

〈그림 32〉해양 환형동물인 갯지렁이(*Nereis*). 편형동물과 비교하여 환형동물류는 체절로
나뉘어 있으며(체절성) 부속지를 갖고 있다는 점에서 중요한 진보를 보인다. 이 경우 부속지
는 각 체절마다 날개판처럼 생긴 구조이다.

이의 예처럼 이들은 아주 건조한 서식처에서 물의 상실을 방지하는 메커니즘을 갖고 있지 않기 때문이다. 환형동물의 한 강에 속하는 거머리류에는 척추동물과 무척추동물의 피를 빨아먹는 외부 기생충 및 다른 무척추동물을 잡아먹으며 독립생활을 하는 종도 있다.

절지동물문(*Phylum Arthropoda*)

절지동물에서는 다른 모든 문의 동물보다 더 많은 종이 기재되어 있다. 다양성과 개체의 수 모두에서 이 문은 경이적인데 갑각류, 거미류, 참진드기류, 전갈류, 곤충류를 망라하여 기본적으로 모든 기어다니며 꿈적거리는 존재가 여기에 속한다. 절지동물은 육상, 담수 및 해양을 망라한 모든 주요 서식처에서 풍부하게 존재하며 걷거나 날고 땅속을 파서 살거나 유영생활을 한다. 분명히 절지동물이 살아가는 방식은 진화에서 지극히 성공적이었다.

절지동물은 건조한 땅을 성공적으로 점유한 최초의 동물문이다. 뒤를 이은 성공적인 두 문이 연체동물과 척삭동물이다. 실제로 일부 절지동물 종(예를 들면 거저리과 곤충인 거저리; *Tribolium*)은 물이나 습기가 있는 환경에서 자유롭게 벗어나 심지어 아주 마른 음식을 대사하는 과정에서 얻은 물에만 의존해서 살아갈 수 있다. 절지동물은 또한 비행이 가능한 종을 갖게 된 최초의 문이다.

건조 육상에서 살아갈 수 있게 된 능력의 열쇠는 물이 투과될 수 없어 건조를 방지할 수 있는 외부 껍질의 존재이다. 이 껍질은 상피세포에서 분비되는 키틴으로 된 외부 골격인데 얇을 땐 유연하지만 두꺼워지거나 칼슘화가 일어나면 딱딱해진다. 생장은 외부 골격이 탈피되고 더 큰 새로운 골격이 형성되어야만 일어난다. 이것은 별로 효율적인 방식이 아닌 것처럼 보이지만 이들의 대단한 성공을 고려해볼 때 절지동물의 방식이 비효율적이라고 함부로 주장할 수는 없다.

절지동물의 다른 주요 특징은 쌍으로 된 관절을 가진 부속지, 체절성 몸체, 환형동물(아마도 이들로부터 절지동물이 진화된)과 비교하여 크게 축소된 진체강, 그리고 개방순환계 등이다. 이 중 마지막에 든 특징은 환형동물과는 대조적이다. 환형동물에서 혈액은 거의 언제나 혈관 속에 있다. 절지동물에서는 혈액이 심장을 떠나 동맥에서 혈강(*hemocoel*)이라고 부르는 공간으로 흘러 들어가서는 몸 전체로 투과되어 모든 세포에 가까이 가게 된다.

연체동물문(*Phylum Mollusca*)

무척추동물에서 절지동물과 연체동물은 구조적으로 가장 복잡하며 두 문은 서로 연관되어 있을 가능성이 높은데 현재 최상의 가설로는 두 문이 모두 원시적인 환형동물이나 환형동물의 전 단계에 있던 생물체에서 진화했다고 여겨진다. 그렇다고 하더라도 절지동물과 연체동물 사이에 피상적으로 닮은 점은 거의 없다.

또다시 진화는 방만하여 믿지 못할 수의 연체동물 종을 낳았는데 각각은 자신만의 방식으로 생명의 필요성을 충족시키며 독특한 행동 패턴을 드러내고 있다. 진화의 결과로 연체동물 종은 건조한 육상생활과 해양 및 담수생활에 적응하게 되었다.

연체동물은 좌우대칭에다 잘 발달된 소화기관, 배설기관, (보통은 개방형인) 순환계 및 신경계를 가진 점에서 환형동물이나 절지동물과 유사하다 — 비록 이런 체계가 근본적인 방식에서 환형동물이나 절지동물과는 다르긴 하지만. 연체동물의 특이한 중요 특징은 종종 껍질로 덮인 부드러운 몸체와 체절성이 결여된 것이다. 갑각류나 곤충류와 같은 다른 많은 절지동물과 비교하면 대부분의 연체동물은 꽤 둔하고 느린 생물체로 감각기관이 잘 발달되어 있지 않다. 오징어와 문어는 두드러진 예외이다. 바닷가재(절지동물)와 오징어는 모두 유사한 단계의 복잡성에 도달했지만, 전자가 체절성이나 후자는 체절성이 아니어서 진화가 다양한 방법으로 종점에 도달한 셈이다.

극피동물문(*Phylum Echinodermata*)

무척추동물로만 구성된 마지막 동물문은 체제가 다른 문의 동물과는 아주 다른 극피동물로 이루어져 있다. 더욱이 얼핏 보기에 다른 문들과 아주 다른 극피동물에게서 드러나는 가장 큰 특징은 외골격과 방사대칭, 이 두 가지이다. 그러나 알고 보면 사실이 아니다. 우리에게 익숙한 불가사리와 성게는 외골격을 가져 절지동물과 닮아 보이지만 사실상 이 골격은 바깥 상피조직의 아래편에서 형성된 내부적인 것이다. 외견상의 방사대칭은 배아에서는 명백하며 성체에서도 흔적이 남아 있는 진정으로 좌우대칭인 몸의 체제에서 2차적으로 유도된 것이다.

극피동물의 몸 체제는 그러기에 내골격, 이동, 내부 수송에 중요한 수관계를 가진 오방사대칭으로 덮인 커다란 좌우대칭동물 체제이다. 내부기관은 오방사대칭의 체형을 반영하고 있다. 특화된 분비기관이 없으며 신경계도 별로 인상적이지 않아 극피동물의 상당히 느릿한 행동을 반영하고 있다.

극피동물은 해양생활을 하는데 조간대에서 심해에 이르기까지 모든 지역을 점유한다. 아주 다양한 종이 진화되었으며 몸의 체제는 식물처럼 생긴 바다나리류부터 달팽이 같은 해삼류, 머핀 모양의 성게류

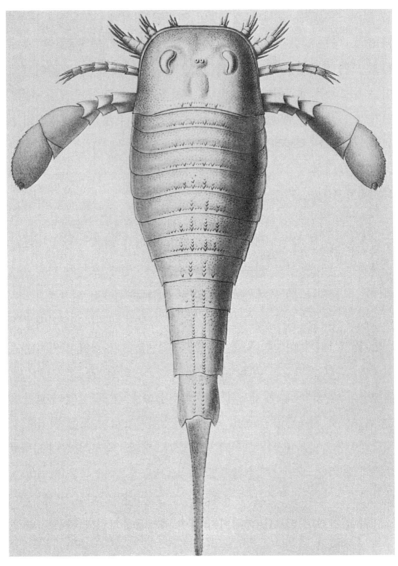

〈그림 33〉 실루리아기에 뉴욕 주 북부에 살았던 해양성 절지동물인 바다전갈류 유립테루스(*Eurypterus remipes*). 바다전갈류는 고대 해양의 난폭한 포획자로서 일부는 그 길이가 2m에 달했다.

와 뚜렷한 오방사대칭의 불가사리류에 이르기까지 변이를 보인다.

척삭동물문(*Phylum Chordata*)

우리 자신이 속한 이 문은 친숙한 척추동물과 창고기, 피낭류, 그리고 벌레처럼 생긴 반삭동물처럼 모두 등뼈가 없는 더 원시적인 형태의 동물로 구성되어 있다. 여기서 다시 적응방사가 엄청나게 일어나서 척삭동물은 모든 주요 서식처를 점유하고 있다. 기본 체제는 잘 발달된 기관계에 3가지 독특한 특징인 배신경관, 그 아래의 척삭, 새열주머니를 가진 기다란 실린더 형의 체절을 가진 좌우대칭형 동물이다. 성체 단계에 있는 창고기가 그러하듯이 척삭동물의 배아는 이런 3가지 필수 특징을 갖고 있다. 척추동물의 성체에는 척삭이 없고 새열주머니는 많이 변형되어 있으며 오직 배신경관만 뇌와 척수로서 남아 있다.

척삭동물과 다른 문의 동물과의 관계에 대해서는 별로 알려진 게 없다. 가장 강력한 단서는 비교발생학에서 나온 것으로 척삭동물이 극피동물과 가장 가까운 유연관계를 가진다고 제시한다. 이제 시간에 걸쳐 변천된 생명체의 이야기로 되돌아가자.

버제스 이판암층의
후생동물들(Burgess Shale Metazoans)

1억 5천만 년과 1만 4천 4백 km의 여정을 거치면 호주의 에디아카라 언덕에서 캐나다의 브리티시컬럼비아(British Columbia) 주에 위치한 또 다른 예외적인 화석생물체의 지역에 닿게 된다. 이는 약 5억 3천만 년 전에 형성된 캄브리아 중기의 버제스 이판암층(혈암)이다. 버제스 이판암층은 미국의 저명한 무척추 고생물학자인 찰스 월콧(Charles D. Walcott)에 의해 발견되어 처음 연구가 되었다. 가장 최근에는 아주 대단위의 표본을 수집한 해리 블랙모어 휘팅턴(Harry Blackmore Whittington, 1988)이 월콧이 수집한 재료들을 새로 조사하여 얻은 정보를 요약하였다. 그는 해면동물, 강장동물, 완족동물, 연체동물, 환형동물, 극피동물, 절지동물, 척삭동물 그리고 최소한 11개의 후생동물문에 속하는 약 129종의 소규모 그룹을 동정했다. 그리고 현존하는 어떤 문에도 속하지 않는 17개의 문제 종(Problematica)도 있었다. 따라서 이 캄브리아 중기의 화석지대에는 주요 분류군이 매우 풍부하였으며 환형동물, 절지동물, 연체동물, 그리고 척삭동물 등 구조적으로 더 복잡한 문의 동물들도 모두 존재했다(〈그림 34〉).

알려진 가장 오래된 척삭동물은 알려진 가장 오래된 척추동물과는 달리 피카이아 그라실렌스(Pikaia gracilens)로서 버제스 이판암층에서 나온 종이다. 월콧에 의해 환형동물문에 속한 벌레로 기재되었지만 휘팅턴은 더 많은 표본과 심화연구를 바탕으로 이것이 최초의 척삭동물이라고 여긴다.

가장 풍부한 캄브리아기의 화석은 딱딱한 외골격과 많은 부속지를 가진 삼엽충으로서 화석종의 대략 60%에 해당한다. 삼엽충은 절지동

〈그림 34〉 브리티시컬럼비아의 캄브리아기 버제스 이판암층에서 나온 동물의 소수 샘플. 이 엄청난 퇴적층의 뛰어난 보존 상태로 아주 먼 고대의 무척추동물에 대해 많이 알게 되었다.

물이 되기 위한 초기의 실험동물이었다. 이들은 약 3천 5백만 년 동안 성공적으로 살았지만 페름기 말 대규모 멸종 시에 거의 사라졌다.

완족동물은 캄브리아기에 삼엽충만큼 풍부하지는 않았지만 확연히 드러난 생물체로 화석종의 대략 30%를 차지한다. 이들은 껍질을 가진 생물체로 연체동물과 피상적으로 닮았지만 자신만의 고유한 문에 배치되었다.

에디아카라기와 캄브리아기는 함께 약 1천 5백만 년 동안 후생동물의 폭발적인 증가를 가져왔다. 대기 산소 농도가 약 2%에 도달하자 껍질 부분을 지닌 생물체가 풍부해졌다. 대표적인 주요 후생동물로 해면동물, 아캐오시아신(archaeocyathine, 해면동물과 유사하며 멸종된 것으로 유일하게 인정되는 문), 완족동물, 이끼벌레류(bryozoan) 연체동물, 환형동물, 그리고 절지동물이 있었다. 우리와 관련 있는 생물체인 극피동물, 필석류(graptolite), 그리고 어쩌면 척삭동물도 존재했다. 화석으로만 알려진 필석류는 이제 별벌레아재비류(Balanoglossus)가 대표적인 현존 생물체인 반삭동물과 관련이 있다고 여겨진다. 필석류는 군집생활을 하고 막대기처럼 생긴 해양생물이다. 따라서 척추동물을 제외하곤 몸에 딱딱한 부위를 지닌 종이 포함된 모든 주요 그룹이 알려져 있다.

캄브리아기 후생동물의 모든 분류군은 오르도비스기에서도 계속 존재했다. 화석 자취로는 한때 우세했던 삼엽충이 감소하였고 완족동물이 우점그룹이 되었다. 필석류, 갑각류, 해면동물, 연체동물 중 두족류가 대표적으로 나타났다. 오르도비스기의 지층에서 가장 초기로 알려진 꽤 보존상태가 좋은 척추동물의 화석이 나왔다. 실루리아기의 잘 보존된 갑주어(ostracoderm)와 같은 유형의 비늘로 동정된 비늘 조각이 캄브리아 중기에서 나왔다. 오르도비스기 동안 모든 생명체는 여전히 바다에서 살았다. 대륙 덩어리는 계속해서 움직였고 오늘날의 대륙과는 전혀 다른 형태를 갖고 있었다.

실루리아기에서 가장 지대한 결과를 초래한 사건은 녹색식물이 건조한 육상을 점유하기 시작한 일이다. 실루리아기의 바다는 다양한 무척추동물의 거처로서 완족류, 삼엽충류, 필적류 등이 풍부하면서도 다양했다. 실루리아기의 가장 무서운 해양생물체는 광익류(바다전갈, *eurypterid*)로서 강인한 외골격을 가진 포획성 절지동물이다.

완족동물과 극피동물은 데본기의 바다에서도 여전히 풍부했는데 암모나이트(연체동물의 화석)는 더욱 수가 늘어났다. 거미류, 참진드기류, 갑각류, 곤충류, 배각류 등의 모든 절지동물이 데본기에서는 육상에 거주했다. 가장 초기로 알려진 곤충류는 톡토기류(*collembola*)로서 지금도 여전히 존재하고 있다. 현존 양치류와 석송 및 쇠뜨기와도 연관이 있는 육상식물이 데본기 말엽에 풍부히 존재했다.

척추동물의 초기 진화

캄브리아 후기에서부터 척추동물의 단편적인 자취가 알려져 있긴 하지만 실루리아 후기에 이르러서야 비로소 잘 보존된 화석이 발굴된다.

실루리아기 동안에 육상에는 척추동물이 없었지만 바다에는 많은 종류가 존재했다. 갑주어와 같은 무악어류가 풍부했으며 데본기에 이르러 전성기를 이루게 될 다른 주요 분류군의 어류가 출현하였다.

갑주어는 여전히 살아남은 몇몇 무악어류(칠성장어와 먹장어)와 아마도 다른 모든 척추동물의 조상인 무악어강(*Agnatha*)에 속한 무악어류의 한 그룹이다. 갑주어는 실루리아기와 데본기에 번성했지만 데본기 말엽에 사라졌다.

갑주어(〈그림 35〉, 일부가 뼈와 같은 외골격을 갖고 있기 때문에 그 이름이 연유됨)는 세계의 많은 지역에서 알려져 있다. 스피츠베르겐(*Spitzbergen*)에서 나온 화석들이 모든 척추동물의 화석 중에서 가장 주목할 만한데 머리의 내부 해부구조에서 얻은 정보의 양 때문이다. 개체가 죽게 되면 몸체는 바닥 층에 묻히게 된다. 연조직은 분해되어 뼈로 된 구조만 남게 된다. 머리 부위의 대부분은 신경계와 순환계가 차지한 부위를 제외하곤 뼈로 된 구조이다. 이 빈 공간은 진흙으로 채워진다. 점차적으로 뼈와 진흙이 채워진 공간이 돌로 변하지만 약간 다른 색깔을 띤다. 스웨덴의 고생물학자 스텐시오(E. Stensiö)는 화석을 절단하고 뇌를 위시하여 두개골 내의 신경계와 혈관 등에 대해 놀랍도록 상세한 내용을 밝혔다. 종국에 스텐시오는 갑주어 머리의 해부구조를 거의 현존 무악어류만큼 잘 밝혀내었다.

실루리아 후기와 데본기 전 기간에 걸쳐서 가시상어류(*acanthodian*), 판피류(*placoderm*), 상어류 등의 턱을 가진 다양한 종류의 물고기가 존재했다. 처음 두 그룹은 경골어류이며 마지막 그룹은 연골 골격을 갖고 있다. 데본기에는 어류가 수적으로 아주 많은데다 다양하여 이 시기를 어류의 시대라고 부른다. 이 턱을 가진 어류가 아주 초기의 무악어류에서 진화되었다는 가설은 타당해 보인다. 물론 그것이 진화의 공통된 패턴으로서 중요한 다양화가 그룹의 진화 초기에 일어난다.

가시상어류는 무악어류에 비해 턱과 쌍으로 된 부속지라는 두 가지 중요한 진보를 보이고 있다. 두 가지가 결여된 무악어류는 장기적으로는 진화적으로 성공하지 못했다. 턱과 쌍으로 된 부속지는 고등척추동물의 성공에 결정적으로 중요했다. 가슴과 배지느러미는 그 자체로도 중요한 운동기관이지만 이들의 진화적 중요성은 훨씬 더 크다.

〈그림 35〉 실루리아기 말의 갑주어 헤미시클랍시스(*Hemicyclapsis*). 갑주어는 가장 초기의 무악어류이자 가장 원시적인 척추동물이었다.

이들은 네발 척추동물의 앞다리와 뒷다리로 변했기 때문이다.

비록 초기 척추동물의 진화에 대해서는 겨우 일반적인 개요만이 알려져 있지만 어류에서 양서류로의 전이에 대한 내용은 훨씬 더 완전하다. 데본기에서 처음 기록된 수많은 그룹의 어류 가운데 하나가 엽상 지느러미 어류인 총기류(*crossopterygian*)이다. 이들은 오랫동안 백악기 말 대멸종 시에 사라졌다고 여겨졌는데, 1939년 아프리카의 동부 해안에서 한 마리가 잡힌 이래로 더 많이 수집되었으며 이들을 공극류(*Latimeria*)라고 부른다.

총기류는 양서류의 직계 조상이다. 이 두 그룹에서 두개골의 세부 구조는 아주 유사하며 고등척추동물에서처럼 콧구멍이 입과 연결되어 있다. 가슴과 배지느러미의 골격은 최초 양서류의 앞뒤다리와 아주

〈그림 36〉 트라이아스기의 총기류 디플루루스(*Diplurus*). 이 그룹의 경골어류에서 가슴과 배지느러미는 양서류와 다른 육상 척추동물의 앞·뒷다리로 진화될 수 있는 종류이다. 이 증거를 위시한 여러 증거에 바탕을 두어 총기류는 양서류의 조상으로 여겨진다. 이들 중의 하나인 라티메리아(*Latimeria*, 공극류)를 제외한 대부분은 멸종되었다.

유사하다. 대부분 어류의 지느러미 쌍은 기저부에서 넓고 끝으로 갈수록 좁아진다. 엽상 지느러미는 몸에 붙은 부위가 좁다는 점에서 차이를 보인다. 이것은 회전할 수 있는 팔과 다리의 발달에 필수적인데 그런 연유로 육상에서 운동을 하기 위한 기능적인 부속지로 변하게 되었다(〈그림 37〉).

데본기 말에 이르러서는 최초의 양서류가 등장했다. 이들 중 하나인 이크티오스테가(*Ichthyostega*)는 총기류와 양서류의 특징이 거의 완벽하게 섞인 경우이다. 이들을 진보된 총기류 또는 원시적인 양서류라고 불러도 무방할 테지만 보통은 최초의 양서류 중의 하나로 여긴다. 이들은 주요 분류군 간의 연결고리가 다행히 사라지지 않고 남은 경우이다.

석탄기 초에는 미치류(*labyrinthodont*)로 알려져 있는 원시적인 양서류가 흔했다. 이들은 오늘날의 양서류와는 거의 닮은 데가 없는데 총기류의 머리를 덮고 있는 것과 아주 유사한 갑옷 같은 경골판이 머리를 덮고 있다. 미치류의 가장 두드러진 외부 특징은 총기류의 엽상 지느러미로부터 유도된 다리의 존재이다. 성체가 아가미를 갖고 있었다는 증거는 없지만 배아단계에서는 아가미를 갖고 있었다.

생물체의 주변 환경이 물에서 공기로 대체된 결과, 거의 모든 체계

〈그림 37〉 이크티오스테가와 유사하지만 더 진보된 카본기의 원시적인 양서류인 디플로베르테브론(*Diplovertebron*).

와 많은 행동 패턴에 변화가 일어났다. 그 이유는 세포 자체와 그 구성 성분 탓에 기인한다. 세포는 주로 물로 구성되어 있는데 세포막은 물을 투과하며 세포는 물을 이용할 수 있어야만 한다. 수중생물체에서 대기하의 육상생물체로의 진화는 광대한 구조와 생리의 변형을 필요로 했다.

항상 건조한 환경에서 사는 모든 육상생물종은 대체적으로 물이 투과되지 않는 외투를 갖고 있다. 그러나 동식물을 망라하여 어떤 육상생물체라도 물이 완전히 투과될 수 없는 표면을 가진 채 환경과 분리될 수는 없다. 그 이유는 산소(그리고 또한 식물의 경우 이산화탄소)는 오직 젖은 세포막을 통해서만 체내로 들어올 수가 있기 때문이다. 따라서 건조대기하에서 생명체는 대부분의 체표면이 물에 아주 높은 비투과성을 띠어야 하지만 일부 체표면은 젖은 상태로 남아서 호흡기능을 수행해야 한다.

어떤 의미로는 절지동물의 경우 견고한 외골격을 갖고 있기 때문에 육상생활에 미리 적응했다고 할 수 있다. 곤충류는 내부의 습도를 높게 유지한 작은 기관에서 세포로 직접 산소를 운반함으로써 문제를 해결했다. 육상 척추동물은 상대습도를 높은 수준으로 유지할 수 있는 체내의 폐에 호흡용 표면을 가짐으로써 이 문제를 해결했다.

수중생물체와 육상생물체 간의 또 다른 차이는 수중생활을 하는 종속영양생물체는 고착성 생활의 영위가 가능하지만 육상생활을 하는 종속영양생물체에게는 어려운 일이다. 많은 종류의 무척추동물은—몇 가지 예를 들자면 히드로충류, 바다나리류, 따개비류, 홍합류 및 피낭류는—자신들에게 먹이와 산소를 가져다 줄 해수의 일정한 흐름에 의존한다. 대기의 일정한 흐름은 육상의 종속영양생물체에게 산소는 공급해주겠지만 먹이는 그럴 수 없다. 비록 독립영양생물체인 녹색식물은 대기로부터 이산화탄소는 얻을 수 있지만 물과 무기염을 얻으려면 뿌리는 습기 찬 환경에 놓여 있어야만 한다.

완전한 수중환경의 생활에서 건조한 육상생활로의 전이는 오랜 시간이 걸렸음에 틀림없고 처음에는 축축한 육상 서식처에서의 생활에 대한 적응이 관여했을 것이다. 많은 현종 생물종이 이 전략을 채택했다. 대부분의 양서류는 피부에서의 증발로 너무 많은 수분을 손실하기에 자주 물로 돌아가는 것이 필요하다. 많은 다른 육상생물종은—토양생물체의 많은 종, 육상생활을 하는 편형동물류, 지렁이류, 그리고 일부 갑각류 등은—아주 습기 찬 환경에서만 살 수 있다.

생물체가 물에 대해 몸을 지지하던 수중환경에서 육상으로 옮기게 되면 몸을 지지하기 위한 외골격과 내골격이 필요하다. 주로 절지동물, 연체동물 및 척추동물 등에 해당하는 육상으로 전이를 한 생물체는 이미 골격을 갖고 있었다는 점에서 미리 적응이 되어 있었던 경우이다.

육상 후생동물의 배가 건조한 상황에서 살아남으려면 아주 특별한 적응이 필요하다. 이 문제는 두 가지 주요 방식으로 해결되었다. 첫번째 해결책은 알과 발생 중인 배를 거의 완전히 물이 투과되지 않는 막으로 보호하는 방법이다. 이 방법은 고생대 동안 일부 파충류에 의해 완벽해져 건조한 땅에 알을 낳더라도 배는 수중환경에서 유지된다. 많은 현존 파충류, 모든 조류, 그리고 단공류는 양막성 알이라는 수단을 통해 건조한 땅에서 이런 적응법을 보유하고 있다. 건조한 환경에서 발생하는 육상 무척추동물의 배는 산소를 제외하곤 자신들이 독립적으로 살아갈 수 있는 단계에 이를 때까지 필요한 모든 것을 공급하는 유사한 장치를 진화시켰다.

두 번째 해결책은 태생생물종이 취득한 방법이다. 배는 모체의 수중환경이나 축축한 환경 내에서 유지된다. 태반 포유류의 배는 양수에 떠 있으며 배의 순환계는 태반에서 모체의 모세혈관을 통해 물질 이동을 한다. 태어난 후에야 건조한 육상에서의 생활에 적응하기 시작한다.

석탄기의 말엽과 특히 고생대가 막을 내리는 페름기 동안에 광활한 빙하가 형성되었다. 이 시기는 육상과 바다의 후생동물 모두에게 고통스런 시대로, 종지부를 찍기 전에 생명체의 대멸종이 일어났다. 해양 후생동물이 속한 과들 중에서 절반 정도가 사멸하였다. 아주 원시적인 파충류(〈그림 38〉)와 포유류 같은 파충류를 연결하는 단궁형 파충류(synapsid)로 알려진 그룹이 포함된 우리 자신의 계보에서도 상황이 별다를 바 없었다. 페름기의 대멸종에서 오직 몇몇 속의 포유류 같은 파충류가 살아남았다. 하지만 이들은 중생대에 더욱 흔해져 결국 포유류로 진화했다.

고생대 동안 대륙과 바다의 관계에도 계속 많은 변화가 일어났다. 여러 시대에 대륙덩어리는 하강했다가 나중에 다시 융기되었다. 또한 광범위한 지각의 이동도 일어났다. 석탄기와 페름기에 이르러서 지구는 놀랍도록 오늘날과 달랐을 가능성이 높았을 것이다. 실제로는 단일 초대륙인 판게아(Pangea)만이 존재했다. 판게아는 나중에 쪼개어져 북아메리카, 유럽, (인도를 제외한) 아시아 등으로 될 북쪽의 로라시아(Laurasia)와 나중에 아프리카, 남극, 호주, 인도, 남아메리카 등이 될 남쪽의 곤드와나(Gondwana)의 두 주요 지역으로 구성되어 있었다. 대서양이나 태평양은 존재하지 않았고 단지 하나의 거대한 차단되지 않은 물 덩어리가 있었다.

현재 남극대륙이 된 지역은 지질시대의 위도(paleolatitude)로 보면 열대와 온대에 위치하고 있었다(지구의 적도도 역시 이동하였다). 따라서 그곳에서 고온 다습한 기후를 암시하는 석탄광의 발견에 대한 의문은 풀렸다. 판게아의 일부였던 시기에 남극은 따뜻하고 습기가 많은 지역이었다.

〈그림 38〉 원시적인 파충류 세이무리아(*Seymouria*).

공룡의 시대

중생대는 현대적인 세상을 몰고 왔다. 페름기의 대학살로 기존 종은 말끔히 청소되어 생명체의 새로운 증식을 위한 길을 열어 놓았다.

전 세계적으로 판게아가 갈라지기 시작하여 대륙판은 장대한 분리가 일어나기 시작했다. 초대륙은 처음에 로라시아와 곤드와나로 갈라진 후 조금씩 서서히 오늘날 자리 잡은 위치로 이동하기 시작했다. 이 대륙이동의 개념(지각 구조지질학; *plate tectonics*)은 겨우 최근에 들어서서야 완전히 확립되었다. 명백히 대륙의 이동과 재배치는 육상생물체와 이들의 분포에 현저한 영향을 미쳤다.

중생대는 약 2억 5천만 년 전에 트라이아스기로부터 시작되었다. 비록 진화는 지속적이고 매우 혁신적인 방식으로 소규모 분류군을 창출하고 있었지만 3가지 주요 유형의 생물체인 포유류, 조류, 그리고 현화식물(속씨식물)은 아직 등장하지 않았다. 중생대에서도 고생대의 아주 전형적 현상인 새로운 생물체의 출현과 번성 및 멸종의 과정을 겪었다. 고생대가 그러하듯 중생대도 동물상의 급격한 변화와 일치하는 시기로 나뉜다. 문의 수준을 제외하곤 모든 분류군이 이런 변화에 관여했다. 캄브리아기에서만 알려진 아캐오시아신 문(*archaeocyathid*)의 경우는 유일한 예외지만 캄브리아기 이후로 어떤 다른 문이 자취를 감춘 경우가 없으며 새로운 어떤 문이 생겨났다는 증거도 없다. 비록 몇 가지 이상의 종을 갖고 있지 않으며 연체성 몸을 가진 동물이 대표적 특징이 될 문이 생길 가능성은 열려 있지만.

중생대 동안 척추동물의 진화는 눈부셨다. 미치류는 트라이아스기 말엽에 이르러서는 사라졌다. 고생대 말에 시작된 파충류의 급속한 다양화는 계속되었지만 트라이아스기 초에 훨씬 더 현저해졌다.

〈그림 39〉 포유류 같은 파충류인 수궁류의 일종인 리캐에놉스(*Lycaenops*).

알려진 최초의 조류화석 시조새(*Archaeopteryx*)는 쥐라기의 것이다. 다음 시기인 백악기에서는 다섯 과의 조류가 알려져 있지만 어느 것도 신생대의 제3기까지 남아 있지 못했다. 비록 다른 과의 것들은 생존했음이 틀림없지만. 조류의 대규모 다양화는 제3기에 들어서 일어났다.

포유류 같은 파충류에서 포유류로의 전이는 중생대 초에 일어났다(〈그림 39〉). 알려진 최초의 포유류는 트라이아스기와 쥐라기가 경계를 이루는 무렵에 나타났다. 중생대의 전 시기에 걸쳐 포유류는 몸집이 작았으며 화석이 드문 점을 고려하면 아마도 흔치 않았을 것이다. 중생대의 포유류는 파충류의 상대가 되지 못했다고 가정한다.

파충류는 중생대 세계의 지배자였다. 다시 말해 파충류는 전 주요 서식처를 점유하는 데 성공한 종으로 진화되었다. 가장 장관이었던 종은 공룡으로서 트라이아스기 말에 출현하여 쥐라기와 백악기에 전성기를 누렸다. 이들에 대한 최초의 광범위한 정보는 미국의 서부 지방에서 나왔는데 특히 와이오밍 주의 코모 블러프(Como Bluff)에서 얻은 것이다.

1877년 그 지방 학교선생이었던 아서 레이크스(Arthur Lakes)에 의해 처음으로 코모 블러프에서 화석탐사가 이루어졌는데 그는 여러 표본을 예일대학의 오스닐 찰스 마쉬(Othniel Charles Marsh) 교수에게 보냈다. 또 한편으론 자신의 발견을 필라델피아의 에드워드 드링커콥(Edward Drinker Cope) 교수(당시에는 대학에 적을 두지 않은 채 현장조사 중이었고 나중에 펜실베이니아대학 교수가 됨—역자)에게도 보고했다. 이후 십 년간 마쉬는 표본수집을 위해 많은 지역민을 고용했는데 암석에서 화석을 잘라내어 포장한 후에 최종적인 표본 준비와 연구를 위해 예일대학으로 보냈다. 콥도 일부 화석을 얻었지만 마쉬가 얻은 수준에는 못 미쳤다.

마쉬가 자신의 프로젝트를 완결했던 1899년에 이르러서 그는 26개의 새로운 공룡 종과 45개의 새로운 포유류 종을 얻었다.

코모 블러프와 그 주변에서 수집한 공룡은 여태껏 발굴된 것 중 처음으로 상태가 훌륭한 것이었다. 유럽에서 공룡의 단편이 알려져 있었지만 코모 블러프의 표본은 최초로 공룡의 크기와 일반적인 구조를 암시하기에 충분할 만큼 완전했다.

19세기 말 동안 미국 고생물학 분야는 새로 발견되고 기술된 풍요로운 화석에서뿐만 아니라 마쉬와 콥 사이의 유명한 논쟁으로 인해서도 주목을 받았다. 두 사람 모두의 인생 목표가 미국 서부에서 발굴된 훌륭한 화석을 기술하는 것이었고, 또한 강인하고 자존심이 세며 소유욕이 강한데다 경쟁심이 많고 강박관념을 가진 사람들이었다. 새로운 생물체의 기술을 먼저 출판하는 사람이 월계관을 차지하기에 콥과 마쉬는 광적인 속도로 일했으며 그 결과로 때로는 심각한 오류가 발생했다. 현장에서 각자의 표본 수집인은 상대방에게 유망한 지역을 노출시키지 않기 위해 가능한 한 비밀을 유지하려고 했다. 마쉬의 고용인들이 일하던 코모 블러프에 콥 교수가 처음 방문했을 때는 소동도 벌어졌다. 심지어는 표본을 훔쳤다는 고발도 있었으며 한 곳으로 배송이 예정되었던 운송용 상자에 담긴 화석이 다른 곳으로 가기도 했다.

조류, 포유류, 그리고 현화식물

중생대는 백악기로 막을 내렸다. 그리고 또다시 후생동물의 대멸종이 일어났는데 그 중 가장 인상적인 사건이 공룡의 멸종이다.

신생대는 여러 가지 방법으로 나뉘지만 우리 목적상 두 시기로 분류하겠다. 약 6천 5백만 년 전에 시작하여 다섯 시대로 나뉘는 제 3기 (*Tertiary*) 와 약 160만 년 전에 시작되어 가장 최근의 빙하기가 포함되는 홍적세(플라이스토세; *Pleistocene Epoch*), 약 10만 년 전에 마지막 빙하기의 종말과 더불어 시작하여 현재까지 이어져오는 현세(*Recent Epoch*) 로 나뉘는 제 4기(*Quaternary*) 가 바로 그것이다.

신생대의 3가지 주요 진화사건인 현화식물, 조류 및 포유류의 방사는 공통점이 많다. 모두가 중생대 말에 서서히 시작되다가 제 3기에 폭발적으로 일어났다.

중생대의 초식성 척추동물은 한심스러울 정도로 보잘것없는 식물성 먹이로 겨우 연명해야 했다. 식도락가 같은 섭식행위가 진화에서는 지배적인 힘이 아니기에 그런 초식성 동물은 있는 그대로, 말하자면 이끼류, 석송류, 양치류와 그 부류들, 쇠뜨기류, 겉씨식물 등과 같은 오래전에 석탄을 형성했던 원시적인 식물을 먹을 수밖에 없었다. 세포벽에 규소가 침투되어 있는 쇠뜨기류는 영국 식민지하 미국에서 수세미로 사용되었기에 이들을 먹는 것은 마치 브리오(*Brillo*; 탄소 검댕을 긁어내는 데 사용하는 철수세미의 상표명 — 역자)를 먹는 것과 같았을 것이다.

현화식물은 동물, 특히 곤충류, 조류 및 포유류의 진화에도 중요한 역할을 했을 것이다. 현화식물의 한 과인 초본과의 풀은 특히 중요했다. 이들의 화석 자취는 제 3기 초엽부터 나타나기 시작하며 많은 조류와 초식성 포유류 생활의 근간이 되었다. 이들의 종자와 열매는 잎보다 더 풍부한 영양원이다. 밀을 위시한 벼와 옥수수, 이 세 종류의 풀 종자는 약 1만 년 전에 농업이 시작된 이래로 인간 영양분의 주 원천이 되었다. 농업에 중요한 다른 풀의 종자로 호밀, 기장, 보리, 수수, 귀리 등이 있다. 콩과 완두와 같은 다른 현화식물의 종자도 인간의 식품으로서 단백질을 제공한다.

조류는 현존 척추동물 중에서 가장 성공적인 그룹인데도 불구하고 이들의 화석 기록은 빈약하다. 조류의 뼈는 일반적으로 얇고 쉽게 부러지는데다 화석화되는 빈도가 낮다. 그러나 조류의 진화에 대해 알려진 바로는 이들의 진화가 중생대의 실험적 시기를 거쳐 제 3기 초에 급속히 다양화되는 식인 현화식물과 포유류의 진화와 나란히 일어났다고 제시한다. 오늘날 대부분 조류의 과는 마땅한 화석 기록을 갖고 있지 않으며 화석 기록이 남은 현존하는 과는 대개가 오직 제 3기로부터 알려진 것이다. 오직 몇 개의 과만이 중생대 말에 생긴 것이다.

비록 포유류가 중생대에서 시작되었지만 제 3기 이전까지는 별로 눈에 띄지 않는 생물상의 일부를 이루고 있었다. 오늘날 생존하는 포유강에는 3가지 주요 유형이 있다. 그것은 바로 단공류, 유대류, 태반류로 학계에서 수용되는 권위자의 체계에 따라 각 분류군이 다른 단계에 할당된다. 콜버터(Colbert, 1980)는 두 개의 아강(subclass)을 인정하여 단공류를 원수아강(Eotheria)에 유대류와 태반류를 함께 수아강(Theria)에 두었다.

원수아강에 속하는 생물은 아주 원시적인 중생대 포유류이다. 호주 대륙에서만 한정되어 사는 오리너구리와 각기 다른 속의 가시두더지(개미핥기; anteater) 두 종을 제외하곤 모두 멸종되었다. 이런 과거의 유물 같은 생물은 파충류와 포유류의 특징이 흥미롭게 조화되어 있다. 이들은 털을 갖고 있으며 어린놈에게 젖을 먹이는데 이는 모두 포유류의 주요 특징이다. 그러나 어린놈은 파충류 형태의 알에서 부화하며 그 후에 어미 복부의 변형된 땀샘에서 분비되는 젖을 빨게 된다. 골격의 특징은 파충류와 포유류가 혼합된 상태이다. 현존 단공류와 더 원시적인 중생대 단공류 사이의 연결고리가 되는 중생대의 단공류에 대한 화석 기록이 존재한다.

유대류의 배는 자궁에서 짧은 기간 동안만 발달하여 기껏해야 초기 태반을 가진 채 아주 작은 생물체로 태어나서는 보통 어미의 주머니 속에서 계속 발달하게 된다. 유대류의 방사는 중생대 말에 처음 일어났으며 목 수준에서는 일부만 소멸되었지만 많은 종이 멸종되었다.

대부분의 현존 포유류는 태반류로서 이름이 암시하듯이 대표적 특징 중의 하나가 태반이다. 이 그룹은 모든 신생대 포유류의 약 95%를 차지한다. 가장 원시적인 태반류의 화석은 (현존 뒤쥐, 두더지, 고슴도치 등을 포함하는) 식충류의 것으로 백악기에서부터 알려져 있다. 다른 모든 포유류가 식충류로부터 진화했을 가능성이 높은데 이 사건은 아마 주로 제3기의 초엽에 일어났을 것이다.

영장류의 진화에 대한 화석 기록은 다른 일부 태반류 ─ 예를 들어 말에 비하면 완전치 못하지만 일반적인 패턴은 제3기 초엽에 처음에는 여우원숭이(*lemur*)의 뒤를 이어 안경원숭이(*tarsier*), 나무타기쥐(*Tupaia*)가 출현한 후 나중에 긴꼬리원숭이류, 대원숭이류, 인간류로 갈라졌다.

태반 포유류의 화석은 이것에 대한 연구를 단순하고 더 정확하게 할 가능성이 있는 중요한 특징을 갖고 있다. 한 가지는 이들의 진화가 지질학적으로 최근 시대에 일어났기 때문에 화석이 파괴될 가능성이 적으며, 화석이 담긴 지층이 지표면 근처라서 작업하기도 쉽다. 그러나 이들의 가장 중요한 특징은 복잡한 패턴의 치관을 지녀 커다란 변이를 보이는 이빨이다. 단 한 개의 치아만 조사해도 보통 태반 포유류의 과나 심지어는 속까지 결정하기에 충분하다.

태반 포유류에는 29개의 목이 있으며 근본적으로 모두 다 태반류의 진화 역사에서 아주 일찍 진화했다. 이 29개의 목은 태반 포유류가 되는 법에 대한 실험으로 간주할 수 있다. 13개의 목은 장기적으로 성공하지 못해 소멸되었다. 16개의 살아남은 목은 커다란 적응적 다양화를 보여 줘, 두더지, 박쥐, 원숭이, 사람, 가시두더지, 토끼, 고래, 사자, 땅돼지, 말, 소, 코끼리, 해우 등 다른 많은 유형을 낳았다.

초기 중생대 포유류의 주목할 만한 방사는 제3기 말 공룡의 멸종과 상관이 있다. 종종 이 극적인 사건들 간에는 인과관계가 있다고 생각되지만 설사 그렇다고 하더라도 그 관계는 밝혀져 있지 않다.

그런데 또 한 차례 멸종의 물결, 홍적세의 멸종이 약 160만 년 전에 시작되었다. 홍적세는 빙하가 북반구 대부분을 덮었던 시기로 지금도 그 흔적이 남아 있다. 척추동물에서 일어났던 가장 극적인 사건은 거대 포유류의 대멸종이었다. 이 일은 전 대륙에 걸쳐 일어났으며 가장 최근의 대멸종이기에 비교적 상세히 알려져 있다.

란초 라 브레아의
타르 갱(The Rancho La Brea Tar Pits)

홍적세 화석이 발굴된 최상의 지역 중 하나는 로스앤젤레스(Los Angeles) 시의 중심가 근처에 위치하고 있다. 이곳은 약 30만 년 전에 시작되어 1만 년 전에 끝난 홍적세 말기 연대에 속하는 일련의 타르 갱이 굳은 층이다. 이러한 타르 갱은 모래와 아스팔트의 혼합물을 함유하고 있어 마치 유사(quicksand, 사막에서 모래 늪을 형성하는 가는 모래) 같은 질감을 갖고 있다. 때문에 아주 다양한 생물체를 함정에 빠뜨려 멋지게 보존하고 있었다. 이들은 약 4만 년 전부터 8천 년 전까지 그 지역 생물체에 대한 기록을 제공한다.

홍적세 말기 북아메리카의 생명체는 오늘날과는 아주 달랐다. 가장 인상적인 차이는 위스콘신(마지막) 빙하기 동안과 그 얼마 후에 무대에서 사라진 거대한 포유류의 숫자이다. 멸종된 우점종 중에는 거대 나무늘보, 글립토돈(조치수, glyptodont), 아르마딜로(armadillos)와 같은 빈치류(edentate)에 속한 많은 종이 있다. 이들 중의 일부는 거대한데 예를 들면, 한 글립토돈은 길이가 약 3m에 키가 약 1.5m나 된다. 이 그룹은 북아메리카와 남아메리카 대륙이 서로 떨어져 있던 제 3기의 대부분 기간 동안 남아메리카에서 진화했다. 제 3기 말에 두 대륙이 파나마 지협에서 다시 연결되었을 때 빈치류의 많은 종이 남아메리카에서 북아메리카로 이주하였는데 홍적세 말에 전부 멸종하였다(미국의 남부 지역에서 현재 발견되는 아르마딜로는 아주 최근에 그 지역에 흩어진 것들이다).

개, 늑대, 하이에나를 비롯하여 고양이 과의 종이 포함된 아주 다양한 육식성 동물들도 있었다. 라 브레아에서 가장 흔한 화석은 이리류인데 오늘날 아주 커다란 늑대 정도의 크기이며 사납고 커다란 이빨을 갖고 있다. 다음으로 흔한 화석은 거대한 윗송곳니를 가진 검치호(호랑이)이다. 아주 커다란 사자도 있었다.

신세계는 처음 말이 등장하여 주요한 진화가 진행되었던 곳이다. 플라이오세 말과 홍적세에는 참말, 얼룩말, 영양말, 당나귀, 야생당나귀를 포함하여 약 40종이 있었다. 약 8천 년 전에 모두 북아메리카에서 사라져갔다. 오늘날 미국 서부의 야생마는 유럽에서 들여온 말의 후손이다. 이들은 멸종을 면함으로써 오늘날의 환경이 야생마에게 적합하다는 것을 증명하고 있다. 말 종족의 소멸은 매우 놀라운 일인데, 이에 대한 만족할 만한 설명이 아직 나오지 않고 있다.

신세계는 또한 대부분의 낙타가 진화된 지역이다. 사실상 낙타는 제3기 말까지 아시아, 유럽, 아프리카 등에 도달하지 않았다. 북아메리카에는 홍적세 동안 6가지 속이 존재했는데 홍적세가 끝나자 모두 사라져버렸다. 또한 거대한 홍적세의 들소도 있었는데 이들도 역시 멸종되었다. 아마도 오늘날에도 여전히 존재하는 작은 들소와의 경쟁에서 도태한 탓일 것이다.

모두들 가운데서도 가장 장대한 동물은 북아메리카에 널리 퍼져 있던 코끼리같이 생긴 매머드와 마스토돈(mastodon)이다. 그러나 이들 또한 약 만 년 전에 사라졌다.

비록 홍적세 말에 작은 포유류는 별로 멸종되지 않았지만 많은 종이 플라이오세 말과 홍적세 초에 멸종하였다. 때문에 홍적세는 전반적으로 북아메리카의 포유류 동물상을 급격하게 바꾼 격이었다. 플라이오세 시기 북아메리카의 포유류 동물상은 오늘날 북아메리카의 동물상보다는 아프리카의 동물상과 더 닮았다. 홍적세의 대규모 포유류 멸종이 북아메리카에만 한정된 것은 아니다. 모든 대륙에서 같은 현상이 일어났다.

　이런 대멸종을 설명하고자 일부 학자는 인류가 매머드를 포함하여 거대한 포유류를 사냥했다는 증거를 들어 인간 사냥꾼에 의한 몰살을 제안했다. 그러나 커다란 포유류가 매우 많았기 때문에 인류는 그러한 대학살을 성취할 수 없을 거라는 반증으로 제시되기도 한다.

인류의 진화

다윈은 그의 저서 《종의 기원》에서 가장 중요한 질문인 인간의 기원에 대한 질문을 회피하고 단지 "인간의 기원과 그 역사에 대해서도 여명이 밝혀지게 될 것이다"라고만 말했다. 그러한 여명은 인간이 특별한 창조의 정점에 있다고 여겼던 유대-크리스천 교조를 절대적으로 신봉하던 빅토리아 시대의 많은 사람들에게는 매우 위협적이었을 것이다. 그러나 다윈은 인간이 진화를 했을 뿐만 아니라 다른 포유동물과 공통 조상을 공유할 수도 있다고 제시하였다.

　어떤 다른 포유류를 의미하는가? 자연과학자는 인간이 대원숭이류, 특히 고릴라나 침팬지와 해부학적으로 밀접하게 닮았다는 사실을 완전히 인식하고 있었다. 따라서 만일 다윈의 가설을 받아들인다면 이 밀접한 유사성은 공통 조상을 공유한 결과임에 틀림없다. 그러기에 이 가설을 시험하려면 두 가지 종류의 증거가 필요하다. 바로 점차 먼 과거로부터 일련의 인류 잔해물(화석)을 추적하는 것, 그리고 인간과 대원숭이류의 잠정적인 공통 조상을 발견하는 것이다. 두 가지 유형의 증거는 아주 느리게 나타났다. 예를 들면, 말과 같은 일부 포유류와는 달리 인간과 대원숭이류의 화석은 아주 드물게 발견되었다. 그런데도 이러한 문제에 대한 지대한 관심 탓에 화석 증거를 찾기 위한 아주 집중적인 탐사가 진행되었다. 끊임없이 새로운 발견이 나오면서 새로운 설명이 나오고 있지만 전반적인 개요만 명백해지고 있다.

약 4백만 년에서 2백만 년 전에 아프리카에는 최초의 인간으로 받아들여지는 오스트랄로피테쿠스(*Australopithecus*) 속에 속한 종이 여럿 있었다. 이들은 약 4백㎤ 정도의 작은 뇌와 대원숭이류의 특징을 많이 갖고 있으며 불이나 도구는 사용할 줄 몰랐을 것이다. 탄자니아에서 나온 화석 발자국은 이들이 두발보행을 했다고 암시한다. 약 2백만 년 조금 더 전에 또 다른 인간 유형인 호모 하빌리스(*Homo habilis*, 〈그림 40a〉)가 아프리카에서 등장했다. 구조적으로 이들은 많은 대원숭이류의 특징을 가져 오스트랄로피테쿠스(*Australopithecine*) 족과 현대인의 중간 즈음에 있었으며 또한 조잡한 도구를 사용했다. 약 160만 년 전에 세 번째 주요 인간 유형이 등장했는데 호모 에렉투스(*Homo erectus*, 〈그림 40b〉)이다. 뇌의 크기가 약 900㎤ 정도로 증가했고 골격은 현대의 호모 사피엔스(*Homo sapiens*)와 아주 유사했다. 한 가설은 매우 다른 형태의 호모 사피엔스는 호모 에렉투스로부터 서로 독립적으로 진화되었다고 주장한다. 한 형태가 약 50만 년 전에 등장한 유럽의 네안데르탈인(*Neanderthal*)이며 네안데르탈인을 교체한 또 다른 형태가 약 20만 년 전에 아프리카에서 진화했다. 약 3만 4천 년 전에 유럽의 네안데르탈인은 급속히 현대의 호모 사피엔스로 교체되었다.

오스트랄로피테쿠스와 호모 속에 속하는 여러 종간의 진화적 관계가 해결되기에는 아직 요원하다. 그러나 데이터에 따르면 약 4백만 년부터 대원숭이류의 형태로 시작하여 일련의 인간 유형이 점차로 현대인에 접근한 것을 알 수 있다.

〈그림 40a〉 화석을 바탕으로 그린 초기 인류인 호모 하빌리스 삽화.

〈그림 40b〉 호모 에렉투스.

〈그림 40c〉 네안데르탈인.

오스트랄로피테쿠스 이전 더 먼 과거의 상세한 진화적 사건은 별로 알려져 있지 않지만 일반적인 개략은 짐작할 수 있다. 원시적인 대원숭이류는 약 2천만 년 전의 올리고세(Oligocene)에서부터 알려져 있으며 마이오세(Miocene) 동안에 많은 종류가 나타났다. 마이오세 초기의 프로콘술(Proconsul)과 마이오세 중기의 라마피테쿠스(Ramapithecus)와 시바피테쿠스(Sivapithecus)가 인간과 대원숭이류 모두의 조상으로 여겨지는 것이 일반화되었다. 더 적절한 정보는 약 1천 2백만 년에서 4백만 년 전 사이에 이르는 추가 화석이 발견되어야 얻게 될 것이다.

진화에서 멸종의 역할

분류군(taxon)의 멸종은 지질학적 연대에 걸쳐 일어났다. 그리고 그것은 고생물학적 기록의 가장 현저한 특징 중 하나인 다른 연대마다 다른 종류의 생물체가 다른 지층으로 층화되어 존재하는 결과를 낳았다. 비록 한 분류군이나 다른 분류군의 멸종이 끊임없이 일어나고 있지만 기록이 잘 남겨진 전체 생물상의 커다란 부분이 사라지게 된 대멸종의 사례들이 있다. 그러한 집단의 소멸로 많은 서식처가 비게 되거나 부분적으로만 채워져 모든 대멸종 뒤에는 이를 채우기 위해 파멸을 면한 일부 생물상의 급속한 방사가 일어나는 것을 고생물학적 기록을 통해 볼 수 있다. 이전의 상태로 되돌아가는 일은 전혀 없었던 것 같으며 새로운 시대에 새로운 종들이 진화되었다.

이런 현상의 발생과 멸종의 결과로 각 지질학적 연대는 특징적인 생물상을 지니고 있다. 사실상 지질학적 연대는 그 시대 대부분 동안 존재했거나 또는 그 연대 말기에 멸종했거나 그 수가 크게 감소되었던 동식물의 독특한 종들에 의해 처음 특징이 규정되었다. 일부 종은 연대의 특징을 아주 잘 드러내고 특정 시대에 풍부하여 특정 지층을 알아내는 "추적화석"(trace fossil)으로 사용된다. 비록 지질학적 연대가 갑자기 끝날 수 있지만 지질학적 연대의 의미에서 "갑자기"라는 언어에는 수천 년이 관여될 수도 있다.

대규모 멸종은 캄브리아기, 오르도비스기, 데본기, 페름기, 트라이아스기, 백악기의 끝과 그리고 최근 만 년 전의 위스콘신 빙하기 끝에도 일어났다. 페름기의 끝 부분이 특히 심해서 동물이 속한 과(family)의 반 정도가 사라졌다. 어떤 그룹에서는 멸종비율이 더 높았다. 예를 들면, 양서류에 속한 과의 75%와 파충류에 속한 과의 80%가 사라졌다. 라웁(Raup, 1979)의 추정에 의하면 페름기 말에 멸종한 비율이 강으로는 14%, 목으로는 17%, 과로는 52%, 그리고 해양생물체의 종으로는 많게는 아마도 88%에서 96%에 이른다. 뉴웰(Newell, 1963)은 페름기의 대규모 멸종에 이르기 전에 그 정도로 다양한 종류의 동물이 나타나기까지는 천5백만 년에서 2천만 년 정도 걸렸다고 추정했다.

작거나 일정하든 또는 눈에 띄지 않는 소규모이거나 대규모이든 멸종의 원인이 느리게나마 서서히 이해되고 있다. 눈에 띄지 않는 소규모 비율의 멸종은 일정하게 일어난다. 아마도 생물체 간의 경쟁 결과인 것 같은데 더 성공적인 생활방식의 분류군이 진화하면 적응이 덜 된 분류군을 대체하게 된다. 크지 않은 환경 변화도 역시 한 분류군을 다른 분류군에 비해 유리해지도록 한다.

급격한 환경 변화가 드물게 일어나는 대규모 멸종사례의 원인으로 추측되기도 한다. 아마도 낮은 온도가 중요했을 것이다. 고생대의 종반부 페름기에 광활한 빙하가 형성된 것으로 알려져 있다. 게다가 대류 덩어리는 이동하며 충돌하였다. 광범위한 화산활동과 산맥 형성도 일어났다. 모든 종에게서 거주의 디전인 주변 환경이 변하고 있었다. 해양생물의 풍부성과 연관이 있는 해수면의 정기적인 변화도 상당히 중요하다. 대륙이 가라앉아 저지대가 바다로 잠기자 해양생명체는 더 많은 생활공간을 이용할 수 있었다. 대륙이 융기하여 바다가 줄어들면 해양생물체의 거주지역은 사라지고 육상생물체가 다시 이를 이용하였다.

중생대 말인 백악기/제3기(*Cretaceous/Tertiary*, 약자로 K/T인데 K는 백악기의 독일어 *Kreide*의 약자이다) 경계지층에 대규모 멸종이 일어난 후 뒤를 이은 생명체의 변천이 나타났다. 그 사건은 특히 주목할 만하다. 그로 인해 파충류의 지구 지배가 끝나고 태반 포유류, 조류, 그리고 현화식물의 극적인 진화적 다양화가 시작되었기 때문이다. 해양 플랑크톤도 마찬가지로 극적인 변화를 겪었다.

이 K/T 대규모 멸종의 원인은 직경 약 10km 정도의 커다란 유성이 지구에 충돌했기 때문이라는 알바레즈 등(1980)의 제안 이후에 이 사건에 대한 관심이 재부각되고 있다. 일부 과학자들은 관찰된 결과를 얻으려면 반경이 100km에서 200km 정도인 유성이 필요하다고 제안했다. 그러한 크기의 미사일 탄두는 아주 긴 기간 동안 태양을 뒤덮어 어둡게 만들 수 있어서 거의 모든 생명체에 필요한 기본 과정인 광합성을 정지시킬 먼지구름을 일으킬 것이다. 이 가설이 제안된 이유는 K/T 경계지층에서 많은 양의 이리듐이 발견되었기 때문이다. 이는 얇은 층의 보통 지표면에서 발견되는 양의 30배에서 160배에 이르는 다량의 이리듐이 발견되었기 때문이다. 이리듐은 지각 층에 아주 드물지만 유성에는 많이 존재한다. 따라서 K/T 경계지층에 존재하는 이리듐이 지구와 충돌한 커다란 유성의 분해로 만들어졌다고 제안된 것이다. 외계로부터 그러한 물체의 충돌에 대한 가능성은 극렬한 논쟁의 대상이 되었고 아직도 가설로 남아 있다.

볼바하(Wolbach, 1985) 등은 K/T 경계지층 근처에서 전 세계에 걸친 흑연 탄소 층에 주목하여 전 지구에 걸친 자연 화재가 탄소 층의 기원이라고 제안하였다. 그러한 자연 화재는 하늘을 까맣게 뒤덮어 광합성을 방해하고 기온을 변화시킬 막대한 양의 연기를 만들었을 것이다. 물론 자연화재는 유성에 의해 발화되었을 수 있다. 부르주아(Bourgeois, 1988) 등은 텍사스 해안을 강타하여 내륙으로 밀려든 파고가 50~100m에 이르는 지진해일〔쓰나미; *tsunami*, 해소라고도 하는데 해저(海底)에서의 급격한 지각변동으로 발생하는 파장이 긴 해일을 일컬으며 대개 진원이 얕은 진도 7 이상의 지진과 함께 일어나거나 해저화산이나 해저에서의 사태에 의해 토사가 함몰되거나 핵폭발 등에 의해서 발생한다―역자〕의 증거를 보고했다. 이렇게 거대한 파도의 지질학적 증거는 이리듐 지층에 존재한다. 그들은 이것이 아마도 유성에 의해 발생했다고 추측했다.

조심스러워야 할 이유도 충분히 있다. 많은 종들이 박멸되지 않았는데 예를 들면, 식물은 K/T 경계지층에서 급격히 변화된 증거를 보이지 않지만 이보다 25만 년 전에 중요한 변화가 있었다(Kerr, 1988). 또한 극적인 변화가 사소하게 보이는 환경 변화에 의해서도 초래될 수 있다는 사실을 명심해야 한다. 몇 년 전에 북아메리카 서부 해안에 엘니뇨현상이 일어났다. 태평양의 해수 표면 온도는 겨우 몇 도 올라갔지만 그것만으로도 커다란 변화를 일으키기에 충분했다. 그 변화는 바다 새들의 먹이였던 일부 해양생물체를 일시적으로 멸종시켜 바다 새들의 교배를 저하시켰다. 거대한 운석이 지표면에서 생물체를 문자 그대로 쓸어버릴 필요는 없다. 그것의 영향은 비교적 작은 환경의 동요를 낳을 수도 있지만 중요한 결과가 나오게 되는 연쇄적 사건의 사슬을 당길 수도 있다.

(2권에서 계속)

존 무어 (John A. Moore, 1915~2002)
캘리포니아주립대학 리버사이드 분교(University of California at River-side) 생물학 명예교수였다. 그는 지난 수십 년간 철학자와 과학자가 추구하던 생명의 본질에 대한 질문을 강조하며 생물학 강사와 교사에게 생물학 교수법을 가르쳤다. 주요 저서로는《창세기에서 유전학까지: 진화와 창조론의 경우》,《유전과 발생》등이 있다.

전성수
서울대 식물학과 이학사, 동대학원 이학석사. 미국 브랜다이스대학 생물학과 이학박사. 미국 브라운대학 생화학과 연구원과 네덜란드 위트레흐트대학 분자생물학과 연구원을 역임하였다. 현재 가천대 과학영재교육원 교수로 재직 중이다. 역서로는《게놈》,《이브의 일곱 딸》,《인간되기》,《식물생리학》,《생명과학》등이 있다.